金沙江乌东德水电站
降水天气分析与预报实践

董先勇 邹 阳 张成稳 师义成 王 将◎著

气象出版社
China Meteorological Press

内容简介

本书全面阐述了金沙江乌东德水电站流域、气候、工程以及气象服务情况，侧重降水天气分析、预报服务实践总结和对水电气象服务前景的思考，构建降尺度技术的降水预报模型，取得了较好的试验效果。内容包括：乌东德坝区降水气候特征分析、暴雨雷达回波分析、短时强降水典型环流形势分型、数值预报本地化应用研究等。同时，本书总结了若干暴雨雷达回波、短时强降水典型个例，可供气象、水利、水电、环保、水文、防灾减灾、高校科研院所等部门相关人员参考借鉴。

图书在版编目（ＣＩＰ）数据

金沙江乌东德水电站降水天气分析与预报实践 ／ 董先勇等著. -- 北京：气象出版社，2023.3
ISBN 978-7-5029-7940-9

Ⅰ．①金… Ⅱ．①董… Ⅲ．①金沙江—水力发电站—降水—水文分析②金沙江—水力发电站—降水预报 Ⅳ．①P333.1②P457.6

中国国家版本馆CIP数据核字（2023）第047421号

Jinsha Jiang Wudongde Shuidianzhan Jiangshui Tianqi Fenxi yu Yubao Shijian

金沙江乌东德水电站降水天气分析与预报实践

董先勇　邹　阳　张成稳　师义成　王　将　著

出版发行：气象出版社

地　　址：北京市海淀区中关村南大街 46 号	**邮政编码：**100081
电　　话：010-68407112（总编室）　010-68408042（发行部）	
网　　址：http：//www.qxcbs.com	**E-mail：**qxcbs@cma.gov.cn
责任编辑：颜娇珑	**终　审：**张　斌
责任校对：张硕杰	**责任技编：**赵相宁
封面设计：艺点设计	
印　　刷：北京建宏印刷有限公司	
开　　本：787 mm×1092 mm　1/16	**印　张：**17.75
字　　数：400 千字	
版　　次：2023 年 3 月第 1 版	**印　次：**2023 年 3 月第 1 次印刷
定　　价：120.00 元	

本书如存在文字不清、漏印以及缺页、倒页、脱页等，请与本社发行部联系调换。

本书作者

中国三峡建工（集团）有限公司：

董先勇　师义成　秦蕾蕾　游家兴　杜泽东

张　锋　姚孟迪

昆明市气象局：

邹　阳　张成稳　王　将　王占良　孙俊奎　康道俊

潘娅婷　江　龙　梁立为　杨秀洪　谢洪斌　张昭晖

刘　祎　丁红文

　　近年来，金沙江流域的水力发电清洁能源持续快速发展，与气象事业进一步融合发展。中国气象局提出了促进水电能源经济协同发展气象保障服务的规划，相关地方气象局探索建立水电气象保障核心技术、水电气象服务模式，通过创新机制，优化功能布局，形成便捷和高效的水电气象保障服务的完整体系。

　　乌东德水电站是实施"西电东送"的国家重大工程，是金沙江下游四个梯级电站（乌东德、白鹤滩、溪洛渡、向家坝）的最上游一级，是跨入千万千瓦级行列的巨型水电站。乌东德水电站坝区（简称坝区）位于云南省禄劝县和四川省会东县交界的金沙江干流上，地处两岸自然边坡高差近千米的金沙江干热峡谷河段，谷坡基本对称，呈狭窄的"V"形横向谷。坝区位于青藏高原东南缘、川西南山地与云贵高原交界过渡地带，属低纬高原季风区，干湿季分明。由于受热带、副热带、高原各种天气系统和冷空气及复杂地形的共同影响，局地性大风、暴雨、短时强降水、雷暴、强降温、高温等灾害性天气多发，其中短时强降水、暴雨等灾害性天气对工程建设及电站安全运行影响较大。

　　降水天气预报准确性和及时性是水电气象服务的核心，依托中国气象局数值预报业务系统，实现数值预报本地化释用业务化，实现基于集合预报的预报思路，逐步发展水电气象数值预报，完成在水电站重要天气预报、气象数值预报释用、短时临近预警预报、气象信息融合、天气综合探测、水电气象信息管理等方面的技术开发。基于对乌东德水电站多年降水预报的实践经验与总结，以及相关理论研究成果，针对金沙江河谷地区水电站建设和运行对气象保障服务的需求，通过多年的现场保障服务工作，掌握了坝区上下游天气气候特点，探索了数值预报本地化降尺度预报方法研究，积累了多年保障服务实践经验，总结归纳了坝区气象预报指标和预报方法，为后续顺利圆满保障水电站施工和运行安全，做好水电站气象预报工作打下坚实基础。昆明市气象局和中国三峡建工（集团）有限公司展开深入合作，携手推进坝区天气预报相关内容的梳理工作，尤其是对坝区降尺度技术的精细化降水量预报、短时强降水过程时空分布与主要天气形势、强降水典型天气过程雷达回波特征及其极端降水事件变化特征等做了详细的分析，构成了本书的主要内容。

全书共分6章，第1章主要介绍了乌东德水电站流域、气候、工程、气象服务等概况；第2章介绍了坝区降水气候特征和极端降水事件气候特征；第3章介绍了坝区降水的天气雷达回波识别与分析、暴雨的基本情况、暴雨天气过程的雷达回波特征及分类；第4章介绍了坝区短时强降水时空分布特征、短时强降水过程6种典型天气环流分型；第5章介绍了坝区统计降尺度技术的内容、方法、降水影响因子选取、降水量预报模型构建及检验结果对比；第6章主要介绍了乌东德水电站气象服务实践总结与发展趋势；附录1为坝区暴雨雷达回波分析典型个例集；附录2为坝区短时强降水过程典型个例集；附录3为坝区降水预报结构图。

本书第1章由邹阳、师义成、姚孟迪撰写；第2章由孙俊奎、师义成、潘娅婷、康道俊撰写；第3章由杨秀洪、游家兴撰写；第4章由王将、秦蕾蕾撰写；第5章由梁立为、杜泽东撰写；第6章由邹阳、师义成、张锋撰写。本书由邹阳、董先勇、张成稳、师义成、王将、王占良共同全面策划、谋篇布局和审定统稿。

本书在编写过程中得到了中国三峡建工（集团）有限公司、三峡建工乌东德建设部、三峡梯调中心金沙江水文气象中心、云南省气象局、四川省气象局领导以及众多专家的鼓励、支持和帮助，在此谨向他们致以衷心的感谢！由于作者水平有限，书中难免有不足之处，恳请读者批评指正。

著者

2022 年 7 月于昆明

目 录 ⫶⫶

第 3 章　暴雨雷达回波分析

第 4 章　短时强降水典型环流形势分型

第5章 坝区降水量短期预报

第 6 章　乌东德水电站气象服务实践总结与发展趋势

第 1 章
乌东德水电站基本情况

乌东德水电站为 I 等大（1）型工程，大坝为混凝土双曲拱坝，最大坝高 270 m，是一座以发电为主、兼顾防洪的特大型水电站。电站位于四川省会东县和云南省禄劝县交界的金沙江河道上，是金沙江下游河段（攀枝花市至宜宾市）4 个水电梯级的第一级。

ᴵᴵᴵᴵ 1.1 流域概况

长江发源于青海省境内唐古拉山脉格拉丹冬雪山群。沱沱河为长江江源段，沱沱河—巴塘河口（通常也以直门达表示）称通天河，巴塘河口—宜宾河段称金沙江。自宜宾进入长江的流域范围涉及青藏高原、云贵高原和四川盆地的西部边缘，位于 90°23′~104°37′E，24°28′~35°46′N，跨越青海、西藏、四川、云南、贵州 5 省（自治区）。金沙江是长江上游来水最大的河流，流域面积 47.3 万 km²（包括通天河、沱沱河），约占长江流域总面积的 26.3%；河流全长约 3500 km，为长江全长的 55.5% 左右；江面落差约 5100 m，约占长江干流落差的 95%。

金沙江流域地质构造复杂，切割剧烈，是典型的高山峡谷地貌，山地面积约占流域总面积的 93%。金沙江干流为典型的深谷河段，大多江面狭窄、弯多流急、险滩密布，峡谷河段占金沙江全长的 65%。峡谷以石鼓下游的虎跳峡大峡谷最为闻名，险滩集中在中江街至宜宾河段，最为著名的为老君滩。金沙江支流大多呈南北向，直门达以下左岸较大支流有松麦河、水洛河、雅砻江、普隆河、鲹鱼河，右岸有龙川江、勐果河、普渡河、牛栏江、横江等。

金沙江流域跨越了青藏高原东缘的川西高原、横断山地、陇南川滇山地及四川盆地 4 个地貌区。流域自然地理差异较大，地形北高南低。直门达以上河流自西向东流，分水岭高程一般在 6000 m 左右，山顶终年积雪，除高大雪峰外，地势较为平坦，河流切割不深，河谷宽浅，流速缓慢。直门达以下，进入横断山褶皱带，流域呈狭长的南北带状，河流穿行于高山峡谷之中，水流急，比降大。过石鼓后，流向由东南折向东北，形成奇特的万里长江第一弯，随后进入举世闻名的虎跳峡，至水洛河口河道又急转向南，至金江街后脱离横断山脉区，区内地貌为典型的高山深谷，峰顶海拔高程超出 5000 m，岭谷高差达 2500~3000 m，河宽 60~80 m，最窄处仅 30 余 m。由于地形的影响，气候、植被多呈垂直分布，海拔高程在 3000~4000 m 时多为云杉及冷杉林带，3000 m 以下植被稀疏，多为灌丛、禾草，散见阔叶林带（图 1.1）。

金沙江干流巴塘河口至宜宾全长 2316 km，由于水流长期侵蚀切割作用，河谷深切，相对高差最大在 2500 m 以上。巴塘河口至石鼓为金沙江上段，区间流域面积 7.65 万 km²，河段长 984 km，河道平均比降 1.75‰，水力资源理论蕴藏量平均功率约 13060 MW；石鼓至攀枝花为金沙江中段，区间流域面积 4.5 万 km²，河段长约 564 km，河道平均比降 1.48‰，水力资源理论蕴藏量平均功率约 13220 MW；攀枝花至宜宾为金沙江下段，区间流域面积 21.4 万 km²，河段长 768 km，河道平均比降 0.93‰，水力资源理论蕴藏量平均功率约 29080 MW。

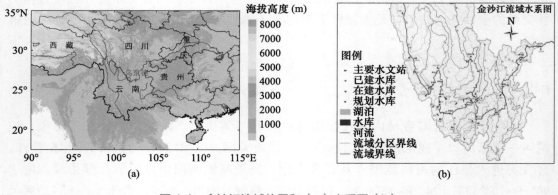

图 1.1　金沙江流域位置和（a）水系图（b）

ᵢₗₗ 1.2　气候概况

金沙江流域属高原气候区，流域跨越 14 个经度、11 个纬度，地形地势海拔高度相差 4000 多米，自北向南可分为高原亚寒带亚干旱气候区、高原亚寒带湿润气候区、高原温带湿润气候区，华弹以下则属暖温带气候区。金沙江流域气温自上游向下游增高，江源区年平均气温在 0 ℃以下，下游段年平均气温达 20 ℃以上。流域内多年平均降水量在 300~1600 mm，总体分布是自西北向东南递增。

流域受天气系统、地形、地貌等因素影响，气候特征具有明显的地区、时间差别。冬半年（11 月至次年 4 月）主要受西风带气流影响，青藏高原使西风急流分成南北两支，通过云贵高原的南支气流由于缺少孟加拉湾水汽的供应，具有大陆性气团特性，因此会带来晴朗干燥天气；流域东北部在昆明静止锋和西南气流影响下，阴湿多雨。夏半年（5—10 月）西风带北缩，对流层中下层受太平洋副热带高压的位置、强度有关的辐合线以及西南气流的影响，其中雅砻江下游直至龙川江一线以东地区，受海洋西南季风与东北季风的影响，形成降水。该线以南地区，受盛行的海洋性东南季风和偏北季风的共同影响形成降水。流域内的暴雨主要发生在干流奔子栏至雅砻江泸宁一线以南、安宁河及以东地区。形成暴雨的天气系统主要是低槽、切变、低涡及涡切变等。

乌东德水电站坝区（以下简称"坝区"）位于四川省会东县和云南省禄劝县交界的金沙江河道上，处于金沙江干热河谷气候区内。从气候要素特征来看，坝区年平均气温较高，坝区 9 个站均在 20 ℃以上，极端最低气温接近 0 ℃，极端最高气温可达 45 ℃左右。坝区各站月平均气温最低值出现于冬季（12 月至次年 2 月），其中，2014—2020 年前期营地站的月平均气温最低，为 11.9 ℃，出现于 2014 年 12 月；月平均气温最高值出现于春夏之交（5—6 月），其中，2014—2020 年右岸缆机站的月平均气温最高，为 32.4 ℃，出现于 2019 年 6 月，3—4 月、7—11 月的月平均气温在 20.7~29.5 ℃（图 1.2）。坝区所有站点极端最低气温在 0.2~4.9 ℃，极端最低气温 0.2 ℃出现于前期营地站（2016 年 1 月 24 日）；各站极端最高气温在 40.1~45.9 ℃，极端最高气温 45.9 ℃出现在左导进站（2014 年 6 月 2 日）（图 1.3）。坝区代表站乌东德站多年平均日极端最高气温（2014—2020 年平均值）≥ 35 ℃的天数为 84 d；≥ 37 ℃的天数为 59 d；≥ 40 ℃的天数为 11 d。其中海拔较低的左导进、大茶铺、雷家包站日极端最高气温≥ 35 ℃的天数在 60~120 d，≥ 37 ℃的天数在 30~90 d，≥ 40 ℃的天数在 17~41 d；海拔相对较高的左岸缆机和右岸缆机站年日极端最高气温≥ 35 ℃的天数在 16~80 d，≥ 37 ℃的天数在 2~45 d，≥ 40 ℃的天数在 0~5 d，其中右岸缆机站没有观测到日极端最高气温≥ 40 ℃的日子。另外，2019 年的左导进站日极端最高气温≥ 35 ℃的天数最多，为 120 d；2016 年的前期营地站极端最高气温≥ 35 ℃的天数最少，为 12 d。

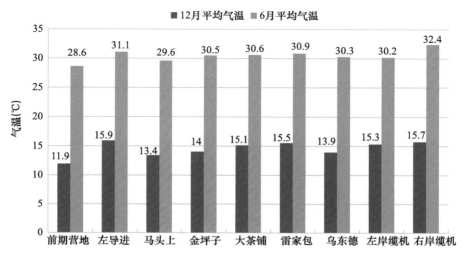

图 1.2　2014—2020 年坝区各站 6 月平均气温最高值和 12 月平均气温最低值

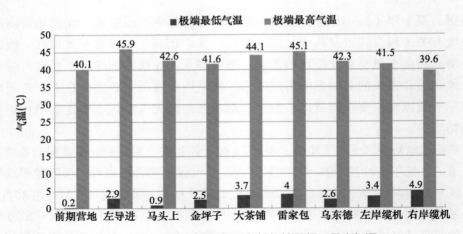

图 1.3 2014—2020 年坝区各站极端最低、最高气温

坝区多年（2014—2019 年）平均降水量为 636 mm，较禄劝气象站同期降水量（925 mm）偏少 289 mm，偏少幅度为 31%。前期营地站的多年平均降水量是坝区最大值（732.1 mm），雷家包站的多年平均降水量为坝区最小值（517.3 mm）。坝区降水量呈现自西向东递减的特征，干季平均降水量为 54 mm，约占平均降水量的 8.6%；雨季平均降水量为 571.9 mm，占平均降水量的 91.4%。

坝区 6 个测风站年平均风速在 2~4 m/s，各站间年平均风速差异较小，但坝区各站瞬时风速极大值差异明显。在 2014—2020 年，坝区 6 个测风站点瞬时风速极大值均超过 19 m/s，其中 4 站突破 30 m/s，大茶铺站甚至达到 42.9 m/s。选取 2014—2020 年每年逐级风力出现日期最多的站点作为代表，计算多年平均值，从瞬时大风日数来看，≥ 7 级的天数为 67 d，≥ 8 级的天数为 28 d，≥ 9 级的天数为 7 d，≥ 10 级的天数为 2 d，与所属禄劝气象站同期大风日数相比，坝区近年瞬时大风日数属偏多情况。

多年平均日照时数为 2315.7 h（乌东德站），远大于禄劝气象站同期平均日照时数（2080 h）。其中，干季日照时数大于雨季，5 月日照时数为全年最高。年均相对湿度在 40%~50%，均低于禄劝气象站的年均相对湿度，历年最小相对湿度为 0（乌东德站，2020 年 5 月 22 日）。坝区年均蒸发量为 1837.3 mm，蒸发 - 降水（636 mm）比接近 3，2019 年蒸发 - 降水比最大为 3.8，2015 年最小为 2.3，该数值远高于禄劝气象站的蒸发 - 降水比值（0.69）。

ıllı 1.3 工程概况

坝区是金沙江下游河段（攀枝花市至宜宾市）4 个水电梯级（乌东德、白鹤滩、溪洛渡、向家坝）的最上游（图 1.4），坝址上距攀枝花市 213.9 km，下距白鹤滩水电站 182.5 km，控制流域面积 40.61 万 km²，占金沙江流域总面积的 86%，坝址多年平均流量 3830 m³/s。坝区南邻马鹿塘乡，西接皎平渡镇，距禄劝县城 135 km，与四川省会东、会理县的洛佐、新马、珂河、龙树、铁柳等乡镇隔金沙江相望，和太平、安龙小河切割。

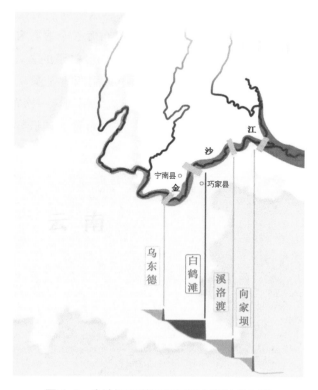

图 1.4　金沙江下游河段巨型水电站分布图

坝区地处云贵高原西北，山梁纵横、沟壑交错，山高、坡陡，最高海拔为风帽岭（3301 m），最低海拔为施期渡口（800 m）。地势南高北低，由冷凉山区向干热河谷地区降低，立体气候明显，自然环境恶劣。金沙江河谷狭窄，岸坡陡峭，形成典型的深"V"形河谷。

乌东德水电站坝址位于金沙江干流下段。电站装机容量 10 200 MW，设计多年平均年发电量 389.1 亿 kW·h/376.9 亿 kW·h（考虑龙盘 / 不考虑龙盘，下同），保证出力（P=95%）3150 MW/2290 MW。工程建成后，通过乌东德水电站的调节，可增加下游白鹤滩、溪洛渡、向家坝 3 个梯级保证出力 142 MW/292 MW，增加多年平均年发电量 2.0 亿 kW·h/6.5 亿 kW·h。

乌东德水电站正常蓄水位为 975 m，死水位 945 m，调节库容 30.2 亿 m³，库容系数 2.50%，具有季调节性能。防洪限制水位 952 m，相应防洪库容 24.4 亿 m³，防洪任务为配合下游白鹤滩、溪洛渡、向家坝水库运用，进一步提高川江河段的抗洪能力；配合三峡水库对长江中下游补偿调度，进一步提高荆江河段的防洪标准，削减长江中下游成灾洪量。

枢纽工程主要由混凝土双曲拱坝、泄洪消能建筑物、左右岸引水发电系统及导流建筑物等组成。混凝土双曲拱坝坝顶高程988 m、最大坝高270 m，采用坝身泄洪表孔、中孔与岸边泄洪洞联合泄洪的方式泄洪；坝后采用天然水垫塘消能，设置碾压混凝土重力式二道坝，泄洪洞出口采用人工水垫塘消能；坝身布置5个表孔和6个中孔，3条泄洪洞均于左岸靠山侧布置；电站厂房采用两岸各布置6台机组的首（中）部式地下厂房，均靠河侧布置，引水系统采用单机单洞，尾水系统采用两机一洞，两岸尾水出口均在基坑下游，均有2条尾水洞与导流隧洞结合；施工导流采用河床一次截流、围堰全年挡水、隧洞导流的方案，两岸导流隧洞均靠山侧布置，左岸布置2条低导流隧洞，右岸布置2条低导流隧洞、1条高导流隧洞（图1.5）。

图1.5　乌东德水电站大坝形象图（许健　摄影）

水电站以发电为主，兼顾防洪、航运和促进地方经济社会发展，于2015年4月实现大江截流，2015年12月正式开工建设，2016年第一季度开始基坑开挖，四季度开始大坝混凝土浇筑，2020年6月底首台机组投产发电，2021年6月全部机组投产发电。

1.4　气象服务概况

乌东德水电站气象台（以下简称"乌东德气象台"）隶属金沙江水文气象中心，同时接受昆明市气象局行业管理和业务指导。乌东德水电气象服务由昆明市气象局、昆明市公共气象服务中心、乌东德气象台三级服务机构承担（三级气象服务机构包括昆明市气象台和禄劝县气象站）。在业务运行体系方面，已建设了14个自动气象站、雷电监测自动站、辐射自动站，构建了立体的气象观测、监测系统，准确地提供水电站施工活动所需的气象信息，建立了分级预警预报与服务模式，为施工安全提供气象保障服务。逐步形成了一体化的资源共享、优势互补、协调高效的水电气象保障服务模式。

1.4.1　水电气象观测和监测

1.4.1.1　自动气象观测站服务情况

乌东德水电站已经建立起了从海拔 875 m 到海拔 1330 m，金沙江左岸到右岸不同高程、不同方位的 14 个自动气象站，对电站施工实施立体气象观测，为水电站施工安全、资料积累全天 24 h 服务。坝区所有自动气象站进行 1 min/ 次的实时加密观测，探测密度约在 1.85 km × 1.85 km。观测站平均海拔高度 1077 km，前期营地站海拔最高，为 1330 km。

1.4.1.2　雷达及卫星云图服务情况

昆明市气象局多普勒雷达和禄劝杨梅山 X 波段雷达互为补充，对坝区上空的降水云层实施 24 h 不间断跟踪监测，在水电站防灾减灾、防洪度汛、预警服务中起到了决定性作用。中国气象局建设的 CMACast 气象卫星接收站资料已在坝区水文气象中心投入运用，红外卫星云图、可见光卫星云图、卫星水汽云图实时为水电站建设服务。

1.4.1.3　特殊要素服务情况

由中国科学院空间中心雷电监测室开发的 DNDY 大气电场仪雷电监测预警系统全天 24 h 服务。江苏省无线电科学研究所研制的太阳辐射自动站已经建立并投入使用。

此外，昆明市气象应急移动指挥车可以对电站工程实施移动式、加密式气象保障服务。

1.4.2　水电气象资料收集与处理

1.4.2.1　水电站观测资料

在水电站大坝混凝土浇筑气象保障中，金沙江水文气象中心乌东德气象台预报员作为后方技术人员充分发挥主观能动性，结合乌东德工程建设部需求，建成坝区气象保障技术支持系统、乌东德气象资料实况查询系统及水电气象数据库备份系统。整合现有气象资源，实现气象信息快速交换和共享的服务模式，建立气象信息共享与服务系统。

1.4.2.2　数值预报产品

收集整理丰富的数值预报产品。主要需要通过 CIMISS（全国综合气象信息共享平台）的云端数据、MICAPS 的 MDFS 数据系统接口获取 ECMWF（欧洲中期天气预报中心产品，高分辨率，东北亚地区）、美国 GFS（全球预报系统）、中国 T639（全球中期天气数值预报产品，高分辨率，东北半球），以及 WRF（天气预报）模式、CMA-MESO 中尺度天气数值预报系统产品资料等。

气象数据统一服务接口（Meteorological Unified Service Interface Community），基于中国气象局统一的数据环境（CIMISS），面向气象业务和科研，提供全国统一、标准、丰富的数据访问服务和应用编程接口（API），为国、省、地、县各级应用系统提供唯一权威的数据接入服务。

乌东德气象台自助开发的坝区 ECMWF 数值预报产品插值平台，大大提升了现场制作预报预警的能力和监测灾害性天气的方式方法，从而进一步减轻了预报员的工作压力。

1.4.3 水电气象预报预警

1.4.3.1 预报预警产品

水电气象服务是基于对水电站工程和运行有影响的分级、分类的预报预警与服务模式，无法实现无缝隙化和精细化的水电气象预报预警和服务。

从时间范围来看，包括实况观测资料，4 h 预报——大坝浇筑期的开仓等重要活动的逐时天气预报（风、降水和气温等），6 h 灾害性天气预警（基于天气雷达外推或者与坝区其他气象要素融合的产品，实现大风预报预警、强降水预报预警和高温预报预警等），12 h、24 h 预报（云、风、温度及降水），未来一周预报水文气象周报和大坝浇筑周报，旬预报（趋势预报、天气过程预报），以及每月的气候趋势预测。

从空间范围来看，主要还是以"点"预报预警为主，未来可以从"点"到"线"（金沙江河道）再到"面"（金沙江流域 4 个电站）的覆盖范围。

从要素来看，已经包括水电气象所关注的全部要素，包括风速、云、温度、天气现象（雷暴、降水）等数据，可根据用户的不同需求制作不同的产品，未来还可以扩大预报范围。

1.4.3.2 预报方法及技术手段

乌东德水电站的预报技术主要采用数值预报产品简单的主观解释应用技术为主，技术手段和方法比较落后，属于天气学范畴的定性预报，是基于预报员的主观预报。而乌东德水电站大坝浇筑期对降水量的定时、定点、定量预报需求较高，于是高精度、无缝隙化预报是当务之急。

1.4.4 水电气象服务方式

1.4.4.1 互联网服务方式

用户可以通过互联网、移动客户端等，查看实时气象信息。该方式具有很强的针对性和时效性。

1.4.4.2 传统方式

用户可根据服务协议，通过接收手机短信、QQ 群信息，拨打气象服务专用电话等方式获取气象信息。该方式可及时详细了解坝区天气状况，以及未来 4 h、6 h、12 h、24 h 内或指定时间范围内的预报预警情况。

1.4.4.3 现场气象服务方式

用户可自行前往气象部门或者参与设立专门气象席位的主要会议获取气象信息。气象岗位 24 h 值班，每天定时或不定时为用户面对面讲解天气，该方式可更加专业地提供未来 4 h、6 h、12 h、24 h 内或用户指定时间范围内的天气情况。

第 2 章
坝区降水气候特征

　　乌东德水电站坝区位于云南省禄劝县与四川省会东县交界金沙江中游河道，金沙江深切于川滇高原之下，具有特殊的深切峡谷地形，处于低纬高原季风区，属典型干热河谷气候，日照充足、蒸发量大，高温低湿、干湿季分明，5—10月为雨季，11月至次年4月为干季，气候垂直差异明显。受热带、副热带、高原各种天气系统和冷空气及复杂地形的共同影响，局地性大风、短时强降水、雷暴、强降温、高温等灾害性天气多发。

　　西风带是常年影响坝区的大气环流系统，坝区在不同季节天气系统的强弱和空气团来源地不同的影响下，空气湿度具有明显差异（丁一汇，2005）。冬春季节，随着西风带系统的加强和整体南移，坝区为强劲的西风带系统控制，高纬度地区冷空气可以频繁南下影响坝区。极地大陆性冷气团在南下的过程中多次受地形阻挡而减弱变性，坝区长期维持温暖甚至炎热气候特征。夏秋季节，随着西风带系统的整体北撤和青藏高原热源作用逐渐加强，西风带冷空气系统的影响逐渐减弱，雨季开始前坝区长期维持高温低湿，雨季期间坝区降水的时空分布极为不均，短时强降水多发频发。

　　季风是影响东亚地区降水季节性变化最主要的系统（丁一汇 等，2013；黄荣辉 等，1998；张启东 等，2000）。利用降水的季节变化特征制定季风区的判识指标和划定季风活动区是具有客观性的，而且利用逐年的降水即可客观地得出季风区最大、最小的活动幅度（姜江 等，2015；吕俊梅 等，2006；汤绪 等，2006）。图2.1给出了夏季季风区范围与坝区的关系。图中蓝线标识了夏季季风区的最小范围，红线标识了夏季季风区的最大范围，蓝、红线之间为季风边缘区或季风边缘摆动范围，可见即使季风区在最小范围时也涵盖坝区全境。季风区具有干湿季分明的特点。

　　坝区占地约18 km²，海拔跨度约2000 m。两岸山岭海拔大多为2000~3000 m，山顶海拔一般在3000 m左右，海拔最低为江面800 m。金沙江深切于高原面之下，形成高差达1000 m以上的峡谷，气候垂直差异明显。

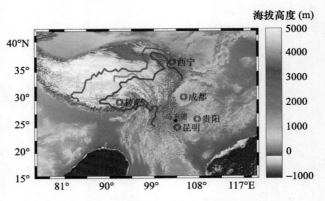

图 2.1　夏季季风区范围与坝区的关系

　　为进一步给出坝区的气候特征，表 2.1 中给出坝区的所有气象站点的气候特征值，气象站点分布详见图 2.2（因左岸缆机站及右岸缆机站未配置雨量观测设备，故下文中涉及雨量分析的章节均不统计上述两站）。

表 2.1　坝区气象站点气候特征值（2014—2020 年）

序号	站名	降水量（mm）			气温（℃）			风速（m/s）		日照时数（h）	相对湿度（%）	蒸发量（mm）
		年降水量	日最大降水量	出现时间（年.月.日）	年平均	极低	极高	年平均	极大			
1	前期营地	732.1	92.3	2015.6.9	20.9	0.2	40.1	—	—	—	—	—
2	左导进	622.4	95.1	2017.7.7	24.5	4.2	45.9	2.1	26.4	—	44	—
3	马头上	718.3	101.5	2015.6.9	22.4	0.9	42.6	—	—	—	—	—
4	金坪子	569.8	67.3	2015.6.9	22.8	2.5	41.6	—	—	—	—	—
5	大茶铺	603.3	71.6	2017.7.7	23.3	3.7	44.1	2.4	42.9	—	48	—
6	雷家包	517.3	65.2	2017.7.7	24.0	4.0	45.1	3.2	29.5	—	44	—
7	乌东德	688.7	92.2	2017.7.7	22.8	2.6	42.3	2.1	32.3	2315.7	50	1837.3
8	左岸缆机	—	—	—	23.2	3.4	40.7	2.5	32.9	—	—	—
9	右岸缆机	—	—	—	23.4	4.9	38.1	3.6	32.2	—	—	—

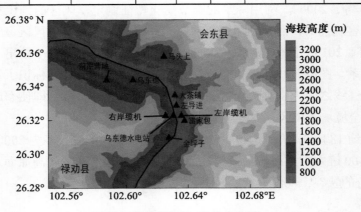

图 2.2　坝区自动气象站分布图

▂▍▌ 2.1 降水气候特征

2.1.1 降水空间分布及年际变化特征

坝区多年平均降水量在 517.3~732.1 mm，降水量随着海拔增高而增多（图 2.3），原因大致是水汽沿迎风坡抬升，气温随高度增高而降低，水汽凝结导致降水随海拔增高而增多。

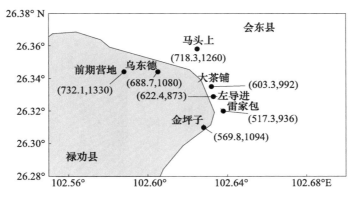

图 2.3 坝区各站点多年平均降水量（单位：mm）及海拔高度（单位：m）

从空间分布上看，前期营地站的多年平均降水量最大（732.1 mm），雷家包站的最小（517.3 mm），降水量呈现自西向东递减，这与坝区处于纵向岭谷地区纵向分布山脉阻隔水汽翻越，同时也阻碍了降水系统的生成发展过程有关。并且多年平均降水量最大值的站点较最小值的站点偏多 40% 以上，降水量空间分布不均匀，降水量差异较大。

从年际变化来看，各站降水均存在明显的年际变化特征。2018 年以前多雨年与少雨年间隔出现。2018 年以后降水量呈明显减少趋势，2015 年最多为 801.3 mm，2019 年最少为 496.1 mm（图 2.4）。

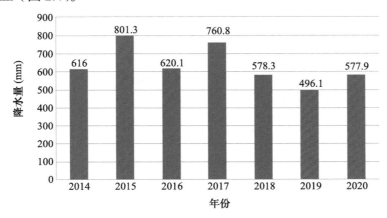

图 2.4 2014—2020 年水电站年降水量的逐年变化

2.1.2 降水季节变化特征

坝区处于低纬高原金沙江干热河谷地带，受复杂多变的天气系统和地形的影响，干湿季分明，属于亚热带半干旱气候区。干季（11月至次年4月）主要受大陆季风控制，干热少雨，气温高、降水量少而蒸发量大，多大风、高温、强降温等灾害性天气；雨季（5—10月）主要受西南季风控制，暴雨、持续性强降水、短时强降水、雷雨大风等灾害性天气频发，极易诱发滑坡、泥石流、坍塌等次生灾害。图2.5给出干、湿两季的降水分布，可以发现：干湿季降水量级和降水分布特征均存在较大的差异，因此本节将针对干、湿两季进行降水分析。

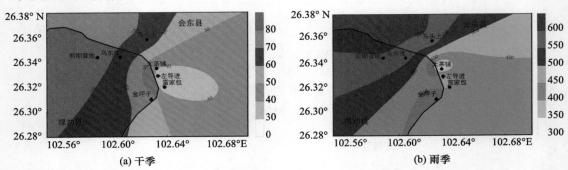

图 2.5 坝区多年平均降水量空间分布（单位：mm）

2.1.2.1 干季降水特征（11月至次年4月）

从多年平均统计看，干季平均降水量为54 mm，约占年平均降水量的8.6%。坝区为西风带控制（丁一汇，2005；黄仪方，2014），缺乏水汽的输送，使得3—4月成为少雨时期。但春季初期（3—4月）坝区受青藏高原东南侧春雨的影响，也可能出现较大降水天气过程。例如，2017年3月坝区平均降水量为44.3 mm，4月平均降水量为55.3 mm，接近或超过整个干季的多年平均降水量。而2016年2月和2018年12月则整月无降水出现，分析其主要原因，是因为冬季青藏高原为大气冷源，形成冷性高压，乌东德坝区受高压外围干冷气流以及西风带共同影响，干冷的环流形势不利于坝区降水的发生。

2.1.2.2 雨季降水特征（5—10月）

从多年平均值来看，雨季平均降水量为571.9 mm，占年平均降水量的91.4%。雨季，随着北半球西风带系统的北缩、亚洲夏季风的爆发和向北推进，坝区处于季风边缘，利于降水产生（乔云亭 等，2002；蔡英 等，2004）。夏季青藏高原成为全球最为明显的大气热源中心，高原低层大气由于冬春季节冷性高压逐渐转为暖性低压而出现低层辐合，此时高层大气因强大的辐散作用而形成高压环流，为坝区降水提供了有利的动力条件。同时夏季季风将暖湿水汽源源不断地向坝区输送，南北冷暖气流在乌东德区域交汇，形成降水。因此，坝区雨季降水具有降水集中、强度大、频次高的特征。

2.1.3　中雨及以上降水特征分析

2.1.3.1　空间分布特征

坝区雨季（5—10 月）主要受西南季风控制，暴雨、持续性强降水、短时强降水、雷雨大风等灾害性天气频发。但出现暴雨（日降水量 ≥ 50 mm）及以上量级的降水情况相对总体偏少，因此，针对罕见的降水特性，分析强降水采用大雨及以上（日降水量 ≥ 25 mm）和中雨及以上（日降水量 ≥ 10 mm）两个统计量进行描述。

由图 2.6 可见，坝区大雨及以上降水年频次超过 7.0 d/a 的区域为海拔相对较高的区域。频次最高的站点为马头上站，为 8.1 d/a。其余站点除左导进站外，均满足随着海拔高度的升高降水年频次越高的规律，频次在 5.3~6.5 d/a 浮动。分析可见，大雨及以上降水事件在坝区及周边仍为少发事件，样本量较少，变化特征代表性较差。

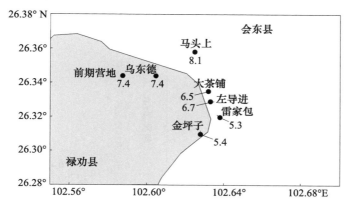

图 2.6　坝区多年平均大雨及以上发生频次空间分布（单位：d/a）

由图 2.7 可知，中雨及以上降水的空间特征分布与大雨及以上降水的分布特征相似，频次较高的区域仍为坝区海拔较高的区域，其余站点除左导进站外，都满足随着海拔高度的升高降水年频次增多的规律。

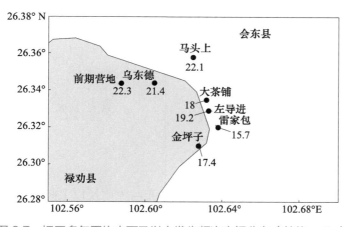

图 2.7　坝区多年平均中雨及以上发生频次空间分布（单位：d/a）

2.1.3.2 月际变化特征

坝区多年平均大雨及以上降水主要集中在雨季（图2.8），主汛期（6—8月）频次在1.0 d/a 以上，是全年出现频次最多的时段。其中，7月大雨频次最高，为2.45 d/a；其次是8月和6月，分别为1.48 d/a 和1.29 d/a。干季大雨发生概率极低，接近0，在1—2月和11—12月无大雨及以上降水的出现。

坝区以海拔高度1000 m为界（金坪子站由于南北向分布的山脉阻隔水汽翻越导致降水较少，故不参与分析），分为高海拔Ⅰ区（包括大茶铺、左导进、雷家包）和低海拔Ⅱ区（马头上、乌东德、前期营地），两个区域的大雨发生频次变化特征相似，呈类正态分布，但Ⅰ区的频次明显高于Ⅱ区（图2.9）。

多年平均中雨及以上降水频次的逐月时间变化特征与大雨变化相似（图2.10），即呈类正态分布。7月频次最高，为5.31 d/a；其次是6月和8月，分别为4.40 d/a 和3.58 d/a；1—2月和11—12月中雨频次较少，低于0.3 d/a。坝区分区多年平均中雨及以上降水频次变化也同大雨及以上降水频次（图2.11）

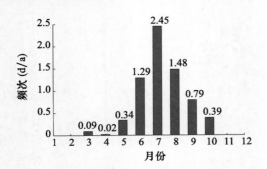

图2.8　坝区多年平均大雨及以上降水频次年变化

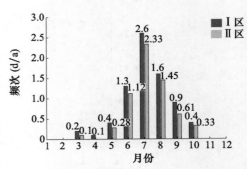

图2.9　坝区分区多年平均大雨及以上降水频次年变化

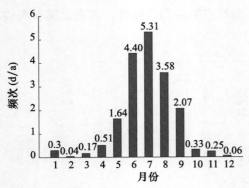

图2.10　坝区多年平均中雨及以上降水频次年变化

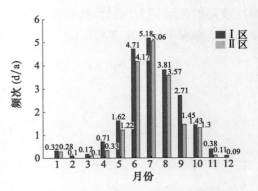

图2.11　坝区分区多年平均中雨及以上降水频次年变化

综上所述，中雨及以上降水的空间特征分布与大雨及以上降水的分布特征相似，频次较高的区域为坝区海拔较高的区域，其余站点除左导进站外，都满足随着海拔高度升高降水频次增多的规律。6—8月降水出现频次最多，其中最多的为7月；3—10月两个量级及以上的降水频次均为较高海拔站点多于较低海拔；1—2 月和 11—12 月无大雨及以上降水的出现，中雨及以上降水出现频次较低。

2.2 极端降水气候特征

在全球变暖的背景下，由于极端气候事件对社会、经济及环境的影响远大于气候变化均值产生的影响（Peterson et al.，2008；Wang et al.，2012），研究人员关注的重点由长期气候事件均值变化研究逐渐转为极端气候事件的研究。全球变暖造成大气湿度增加、雷暴及大范围的暴雨增强，导致极端降水事件的发生频率显著增加（Roy et al.，2004）。而经济社会发展过程中的降水被认为是最重要的气象要素，对供水、河川径流、作物产量、自然植被均具有重要的意义；此外，极端降水事件通常易引发一系列极端水文事件（如干旱、洪涝），对区域的地表及地下径流影响较大，尤其能为水库蓄水、水务用水调度、电站调蓄、电力调配等方面提供近期（年际或年代际）的极端降水事件气候背景参考，提高水务工作效率、电站效益。本节研究分析了乌东德水电站极端降水事件的时空变化背景特征，通过极端降水指数的分析，可得知水电站坝区附近流域段的干旱洪涝背景，为乌东德水电站后期运营提供有效参考。

根据世界气象组织（WMO）气候学委员会（CCL）及气候变率与可预测性研究计划（CLIVAR）推荐的一系列极端气候指数，其中部分指数的定义都是计算通过阈值的降水量或天数，从而消除了地域因素，使计算出的降水指数可以进行空间比较，具有较弱的极端性、噪声低、显著性强的特点（李运刚 等，2012；段玮 等，2017）。本节选取金沙江南北两岸毗邻乌东德水电站的会东和禄劝气象站 1976—2020 年的逐日降水资料（乌东德水电站坝区的降水数据为会东与禄劝气象站逐日降水资料的算术平均值），挑选其中 4 种极端降水指数分析坝区的极端降水事件特征，各指数具体定义见表 2.2。极端降水指数的计算采用基于 R 语言的 RClimDex 1.0 软件。利用 MeteoInfo v1.08 软件中自带的 IDW_Radius 插值方法分析极端降水指数的空间分布特征；采用线性趋势法计算线性趋势以量化各指标的变化幅度（李运刚 等，2012）。本节中各极端指数线性趋势检验方法采用 SPSS 中的卡方检验方法进行检验。

表 2.2　降水指数定义

名称	定义	单位	代码
强降水日数	日降水量 > 95% 分位值的总日数	d	R95D
极端降水日数	日降水量 > 99% 分位值的总日数	d	R99D
连续无降水日数	日降水量 < 1.0 mm 的最大连续日数	d	CDD
连续降水日数	日降水量 ≥ 1.0 mm 的最大连续日数	d	CWD

2.2.1 极端降水的空间变化特征

2.2.1.1 空间分布特征

从图 2.12a 和图 2.12b 中可见，强降水和极端降水事件空间差异不显著，总体分布特征为北岸会东站的强降水和极端降水事件略多于南岸禄劝站，该特征可能与天气影响系统和地形关系较密切，有待进一步研究讨论。

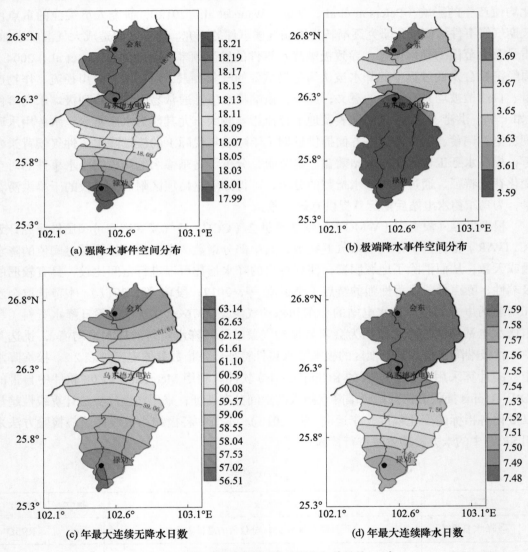

(a) 强降水事件空间分布   (b) 极端降水事件空间分布

(c) 年最大连续无降水日数   (d) 年最大连续降水日数

图 2.12　坝区极端降水指数空间分布（单位：d）

从图 2.12c 和图 2.12 d 可见，会东的年最大连续无降水日数为 63 d，禄劝的为 57 d，二者相差 6 d。北岸最大连续无降水日数多于南岸，说明北岸的会东发生干旱背景比禄劝更有利，即坝区上游区域比下游区域更易发生干旱。年最大连续降水日数空间分布特征不明显，南北两岸相差不到 1 d。

2.2.1.2　空间变化趋势特征

由图 2.13a 和图 2.13b 可见，R95D 和 R99D 空间分布特征不一致，会东和禄劝的 R95D 变化趋势为上升趋势，北岸会东的上升趋势通过 95% 的显著性水平检验，南岸禄劝的上升趋势未通过 95% 的显著性水平检验，说明北岸会东上升趋势比南岸禄劝上升趋势更显著；R99D 变化趋势与之类似，均为弱的上升趋势，北岸会东的上升趋势未通过 95% 显著性水平检验，南岸禄劝的上升趋势则通过了 99% 的显著性水平检验，说明南岸禄劝的上升趋势比北岸会东的上升趋势更显著。此外，R99D 的增加趋势略弱于 R95D 的增加趋势，增加趋势均在 1.2 mm/a 以内。连续无降水日数和连续降水日数是气候特征分析的重要指标。连续无降水日数反映坝区干旱的背景情况，而连续降水日数与之相反，反映洪涝的背景情况。

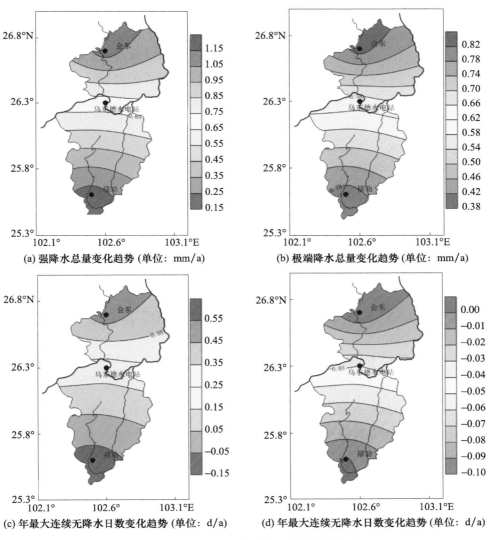

(a) 强降水总量变化趋势 (单位：mm/a)

(b) 极端降水总量变化趋势 (单位：mm/a)

(c) 年最大连续无降水日数变化趋势 (单位：d/a)

(d) 年最大连续降水日数变化趋势 (单位：d/a)

图 2.13　坝区极端降水指数变化趋势的空间分布

由图 2.13c 和图 2.13 d 可知，北岸会东的年最大连续无降水日数为弱增加趋势，通过 99% 的显著性水平检验，而南岸的禄劝为弱减少趋势，通过 95% 的显著性水平检验，即乌东德水电站上游区域越来越容易出现干旱；年最大连续降水日数南北两岸均为弱的下降趋势，北岸会东的减弱趋势通过 99% 的显著性水平检验，而南岸禄劝则通过 95% 的显著性水平检验，说明金沙江南北两岸区域越来越不容易出现洪涝。

2.2.2 极端降水的时间变化特征

2.2.2.1 强降水与极端降水事件时间分布特征

由图 2.14a 可看出坝区强降水日数具有明显的年际变化特征，总体呈逐年减少的趋势，强度为 –0.04 d/a，并通过 99% 的显著性水平检验，呈显著性缓慢减少的变化趋势。波动范围在 9~31 d/a，多年平均值在 18.2 d/a。强降水日数最少年为 1992 年（9 d/a），最多年为 1991 年（31 d/a）。而强降水日数年际变化特征呈现出偏多年和偏少年未严格地间隔出现，如 1977—1979 年、2002—2006 年、2017—2019 年出现 3 个连续强降水日数 3~5 年的偏少年；而 1997—1999 年则出现 1 个连续 3 年偏多的时段。以 1996 年为界线，之前强降水日数为正距平，说明在 1996 年以前强降水偏多。1996 年之后强降水日数转为负距平，说明强降水日数逐渐减少。

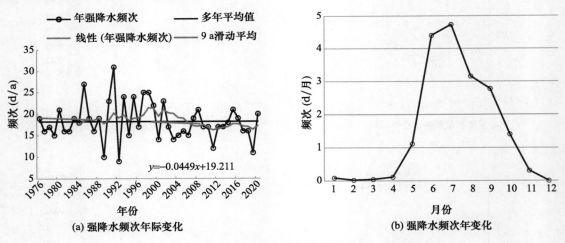

(a) 强降水频次年际变化　　　　　　(b) 强降水频次年变化

图 2.14　1976—2020 年坝区强降水日数的时间变化特征

图 2.14b 给出了坝区强降水日数的逐月变化特征。分析可见，强降水事件发生具有单峰型年变化特征，7 月是强降水事件发生最多的月份，1976—2020 年月平均为 4.7 d/a。强降水事件干湿季节特征明显，主要集中在 5—9 月，1—4 月和 12 月罕见强降水事件。

极端降水日数年际变化特征较明显（图 2.15a），波动范围除 1976 年未出现外，其余年份极端降水事件在 1~7 d/a 变化，多年平均值为 3.6 d/a。极端降水日数最少年为 1976 年（发生次数为 0），最多年为 1999 年和 2015 年（7 d/a）。极端降水事件频次的时间分布年际变化特征不明显，总体来看，乌东德坝区在 1976—2020 年极端降水事件发生频次较少，且强度不强。结合线性趋势线可知，极端降水事件发生频次在逐年增加，增加率为 0.1 d/10 a，通过 99% 的显著性水平检验。

图 2.15b 给出了坝区极端降水日数的年变化。分析可知，与强降水日数相似，极端降水日数也具有明显的单峰型年变化特征；与强降水事件不同的是，6 月是极端降水事件发生最多的月份，多年平均为 1.2 d/a。极端降水事件干湿季节特征也很明显，与强降水事件类似，主要集中在 5—9 月，1—4 月和 12 月罕见极端降水事件。

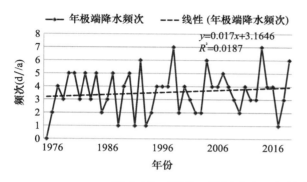 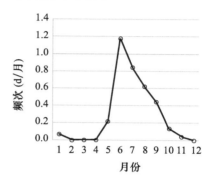

图 2.15 1976—2020 年坝区极端降水日数的时间变化特征

2.2.2.2 年最大连续无降水日数与降水日数的时间分布特征

图 2.16 给出了 1976—2020 年逐年年最大连续无降水日数与降水日数距平值变化。分析可见，二者均具有明显年际变化和年代际变化特征。

年最大连续无降水日数（CDD）多年（1991—2020 年，下同）平均值为 60 d/a（图 2.16a），波动范围在 34~114 d/a。年最大连续无降水日数最少年为 1981 年，距平值为 –27 d/a，即比近 30 a（1991—2020 年）的平均值偏少 27 d/a；最多年为 2013 年，距平值为 54 d/a，即比近 30 a 的平均值偏多 54 d/a。由 9 a 滑动平均线可见，1990—2001 年最大连续无降水日数为负距平区，但有波动变化，波动幅度较小，说明年最大连续无降水日数（干旱背景）偏短且程度偏轻。2002—2012 年最大连续无降水日数呈锅底状位于负距平区，说明在该时段内年最大连续无降水日数（干旱背景）偏短但程度较 1990—2001 年的变化偏轻。2012 年以后最大连续无降水日数明显位于正距平区，说明连续干旱发生概率增大。由图中线性趋势线也可得出相同结论，年最大连续无降水日数正以 2.2 d/10 a 的速度在增加，但未通过卡方显著性水平检验，说明增加趋势不显著。

年最大连续降水日数（CWD）（图 2.16b）多年平均为 7 d/a，波动范围在 5~15 d/a。年最大连续降水日数最短年为 1983 年、2003 年和 2009 年，均为 5 d；最长年份为 2002 年，出现连续 15 d 降水的极端降水事件。由 9 a 滑动线可见，2011 年为界，之前为正距平区，之后为负距平区，说明 2011 年以后年最大连续降水日数偏短且程度较轻，则连续洪涝的发生概率有减小趋势。由图中线性趋势线也得出相同结论，年最大连续降水日数以 0.3 d/10 a 的速度在减少，并通过 99% 的显著性水平检验。

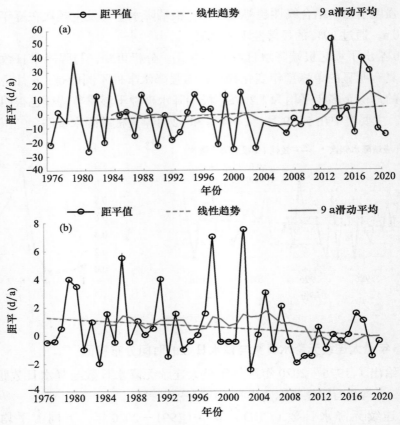

图2.16 1976—2020年年最大连续无降水（a）及降水（b）事件距平

2.2.3 小结

乌东德水电站区域强降水和极端降水事件空间差异不显著，总体分布特征为北岸会东站的强降水和极端降水事件略多于南岸禄劝站；年最大连续降水日数南北两岸均为弱的下降趋势，年最大连续无降水日数变化趋势北岸大于南岸，北岸的会东为弱增加趋势，而南岸的禄劝为弱减少趋势，即乌东德水电站上游区域出现干旱的可能性有所增大。

7月是强降水事件发生最多的月份，6月是极端降水事件发生最多的月份。强降水和极端降水事件干湿季节特征明显，主要集中在5—9月，1—4月及12月罕见强降水和极端降水事件。强降水事件表现为减少的趋势，极端降水事件发生频次在逐年增加，二者变化趋势都不显著。近45 a最大连续无降水日数和最大连续降水日数的线性趋势显示乌东德水电站坝区更容易发生干旱，不容易发生连续洪涝。

第 3 章
暴雨雷达回波分析

雷雨大风和暴雨是坝区最主要的灾害性天气，天气雷达探测及其产品应用是雷雨天气和暴雨预报监测及相关研究的资料来源和重要依据。武秀兰等（2019）对云南滇中地区强对流雷达回波进行了统计分析，李成鹏等（2019）分析了昆明多普勒天气雷达资料在人工增雨中的应用，桂园园等（2020）对 2017 年鹰潭市暴雨天气与回波特征进行了分析，沈宏彬等（2003）、张守保等（2008）、李玉林等（2001）分别对暴雨、雷暴等强对流天气的雷达回波特征进行了分析，得出了很多有意义的结论。

坝区周围有 3 部天气雷达，分别是昭通雷达、曲靖雷达、昆明雷达，有效探测距离均为 150 km。昭通雷达位于坝区东北方向，距离水电站约 160 km；曲靖雷达位于坝区东南方向，距离水电站约 149 km；昆明雷达位于坝区南侧，距离坝区约 143 km。昆明雷达是三部雷达中最贴近坝区实际天气的雷达，是目前主要参考雷达。昆明雷达和曲靖雷达可以互补，但是如果天气系统是从北面下来，则雷达只能获取到很少一部分回波，此时仅用雷达回波推测降水量和降水持续时间等均会出现不同程度偏差。本章通过分析降水的天气雷达回波特征和坝区暴雨时空分布特点，结合暴雨发生的环流背景和雷达回波特征，以暴雨发生过程中的短时强降水时段为分析重点，归纳总结坝区暴雨的雷达回波主要特征及其预报指标，更好地为水电站建设防灾减灾服务。

3.1 降水的天气雷达回波识别与分析

3.1.1 层状云降水雷达回波特征——片状回波

层状云是水平尺度远远大于垂直尺度的云团，由这种云团所产生的降水称之为稳定性层状云降水。降水区具有水平范围较大、持续时间较长、强度比较均匀等特点。

（1）回波强度特征：①在PPI[①]上，层状云降水回波表现出范围比较大，呈片状，边缘零散不规则，强度不大但分布均匀，无明显的强中心等特点。回波强度一般在20~30 dBZ，最强的为45 dBZ。②RHI[②]上，层状云降水回波顶部比较平整，没有明显的对流单体突起，底部接地，强度分布比较均匀，色彩差异比较小。一个明显的特征是经常可以看到在其内部有一条与地面大致平行的相对强的回波带。进一步观测还发现这条亮带位于大气温度层结0 ℃层以下几百米处，回波越强显示越亮，因此称之为0 ℃层亮带。回波高度一般在8 km以下，但会随着纬度、季节的不同有所变化。

（2）回波径向速度特征：由于层状云降水范围较大，强度与气流相对比较均匀，因此相应其径向速度分布范围也较大，径向速度等值线分布比较稀疏，切向梯度不大。在零径向速度线两侧常分布着范围不大的正、负径向速度中心，另外还常存在着流场辐合或辐散区。

（3）0 ℃层亮带：在PPI仰角较高或者RHI扫面时，总能在0 ℃层以下几百米处看到一圈亮环或者亮带回波，亮带内的回波比上、下两个层面都强。由于亮带回波总是伴随层状云降水出现，因此是层状云降水的一个重要特征。0 ℃层亮带的形成是因为冰晶、雪花下落的过程中，通过0 ℃层时表明开始融化，一方面介电常数增大，另一方面通过碰并聚合作用，使粒子尺寸增大，散射能力增强，所以回波强度增大。当冰晶雪花完全融化后，迅速变成球形雨滴，受雨滴破裂和降落速度的影响，回波强度减小。这样就存在一个强回波带，说明层状云降水中存在明显的冰水转换区，也表明层状云降水中气流稳定无明显的对流活动。

3.1.2　对流云降水雷达回波特征——块状回波

对流云往往对应着阵雨、雷雨、冰雹、大风、暴雨等天气。

（1）回波强度特征：①在PPI上，对流云降水回波通常由许多分散的回波单体所组成。这些回波单体随着不同的天气过程排列成带状、条状、离散状或其他形状。回波单体结构紧密、边界清晰、棱角分明，回波强度强（通常在35 dBZ以上），持续时间变化大，水平尺度从几千米到几十千米不等。②在RHI上，回波单体呈柱状结构。一些强烈发展的单体，回波顶常呈砧状或花菜状。对流云降水回波一般发展得比较高，多数在6~7 km，但随着地区、季节和天气系统不同变化较大，最高可达对流层顶。对流云降水回波生、消变化很快。一个单体回波的生命期为几分钟到几十分钟，平均持续时间为20~30 min。另外雷达回波的持续时间与回波单体的水平尺度成正比。

（2）回波径向速度特征：①在PPI上，比较小的单体一般仅有正或负中心，说明小单体里可能仅存在上升或下沉气流分量。②在RHI上，对流云降水回波径向速度特征与回波强度分布大致相同，即呈柱状、纺锤状、砧状、花菜状等。通常在回波下部（低空）

---

① PPI：平面位置显示产品，指的是雷达在某个仰角上扫描一圈得到的数据。

② RHI：距离高度显示产品，指的是雷达沿着某个方位角垂直扫描得到的数据。

为负径向速度，说明可能有下沉气流分量存在；而在回波上部为正径向速度，说明可能有上升气流分量。在回波强度较强处，径向速度等值线分布比较密集，甚至正、负径向速度紧挨着，说明该处可能存在辐合或辐散流场。

（3）在一般情况下，对流云降水回波中观测不到 0 ℃层亮带。

3.1.3　冰雹云降水雷达回波特征

（1）冰雹云的雷达回波强度特别强，通常在 50 dBZ 以上。

（2）回波顶高度高，平均高度在 13 km 以上。

（3）上升气流（下沉气流）特别强，在 PPI 速度图上的特征为一组方向相反的密集等风速线。

（4）PPI 上冰雹云回波的形态特征：①"V"形缺口（只有用波长较短（如 3 cm 波长）的雷达才可能探测到）；②钩状回波；③辉斑回波。

（5）RHI 上冰雹云回波特征：①超级单体风暴中的穹窿（弱回波区，BWER）、回波墙和悬挂回波；②冰雹云强回波中心的高度远比普通雷暴的强回波中心高；③帝瓣回波，其通常出现在回波顶上部，形如针；④辉斑回波。

3.1.4　暴雨雷达回波特征

（1）回波强度、结构、移动等特征：①当 PPI 上出现停滞型或缓慢移动的强且宽的回波带且向测站移来；回波单体移向近似和回波带的走向平行或交角很小；产生回波单体的源地继续不断产生回波并向测站方向移近时，本测站就可能会出现暴雨。②当单块强回波移速突然减慢，兼并周围的回波单体，同时爆发型增长，就要警惕暴雨发生。③对于积层混合型降水系统，特别要注意积状云与层状云回波交界处常常会形成暴雨。

（2）回波径向速度场特征：当带状回波移到原先就存在的流场辐合中心处，不论该地原先是否有回波单体存在，均会引发暴雨。从零径向速度线的走向看，它在低空呈 S 形，说明有暖平流；高空呈反 S 形，说明有冷平流。在这种不稳定大气层结下，为降暴雨创造了条件。另外，有时会在 2~3 km 高空出现"逆风区"，范围较大，它的存在是识别暴雨的重要判据。

3.1.5　积层混合云降水雷达回波特征——絮状回波

混合性降水回波常常表现为层状云降水回波和积状云降水回波混合，往往与高空低槽、低涡、切变线和地面准静止锋等天气形势相联系。絮状回波（积层混合云）常是出现连阴雨天气的征兆，这类回波出现时，由于冷暖空气交汇，雨带准静止存在，降水时间长，可能会出现暴雨。

（1）回波强度和结构特征：①在 PPI 上，其特征为在比较大的范围内，回波边缘呈现支离破碎，没有明显的边界，回波中夹有一个个结实的团块，似一团团棉花絮，强度可达 40 dBZ 或以上，达雷雨标准，有时强回波团块可形成一条短带，偶尔还会出现 0 ℃ 层亮圈。②在 RHI 上，回波特征为柱状回波高低起伏，如雨后春笋，高峰部分常达雷阵雨高度，较低的平坦部分，一般只有连续性降水所具有的高度。

（2）回波径向速度场特征：①在 PPI 上，回波仍呈絮状特征，可从基本气流随高度的变化判断冷暖平流。②在 RHI 上，对流活动较强处径向速度场也呈柱状结构，以正径向速度场为主，说明上升气流分量可能占主导地位。

3.2 暴雨的基本情况

本节主要介绍暴雨的性质及产生的物理机制，以及以 2014—2020 年坝区气象观测站暴雨事件资料为基础，统计分析坝区暴雨的时空分布特征，并介绍坝区天气雷达探测基本情况和雷达回波资料的提取规则。

3.2.1 暴雨的性质及产生的物理机制

气象上规定：24 h 降水量为 50 mm 以上的强降水称为"暴雨"。坝区任一自动站 24 h 降水量达到 50 mm 或以上，则称该日为暴雨日，记暴雨次数 1 次。

3.2.1.1 暴雨的性质

暴雨的降水性质分为对流性降水和稳定性降水，对流性降水主要产生在积雨云中，稳定性降水主要产生在层状云中。暴雨有时雨势平缓，持续时间长；有时狂风暴雨，短时降水量较大；有时甚至还会伴有大风或冰雹。坝区暴雨以对流性降水（短时强降水）为主。

对流性降水是由于对流运动而产生的，在水汽条件、大气的不稳定条件比较适合时，遇到对流触发机制，如低层切变线、低压、气旋等就会发展起来。通俗的理解是：近地面层空气受热或高层空气强烈降温，促使低层空气上升，水汽冷却凝结，形成对流性降水。在对流性降水来临前常有大风，并伴有闪电和雷声等。由于冰晶和水滴共存，积雨云的垂直厚度和水汽含量特别大，气流升降十分强烈，可达 20~30 m/s，云中带有电荷。所以，积雨云常发展成强对流天气，产生较大暴雨。

坝区对流性降水时间一般在午后至傍晚，主要出现在夏半年。对流性降水和稳定性降水对应的大气环流也有较为显著的差异。

不同降水性质造成的暴雨在降水时空分布上的差异，会对生产生活和环境产生不同影响。由于稳定性降水持续时间长、雨势平缓，其造成的暴雨对工程施工、交通、生产生活等产生的影响较为持久，尤其是金沙江河谷地质灾害频发，要提防长时间降水可能导致的滑坡和泥石流等地质灾害发生。而对流性降水造成的暴雨具有突发性和强度大等特点，对工程建设影响较大，容易造成山洪、城市内涝等。同时，因对流性降水常常伴有闪电、雷击、狂风甚至冰雹，也要注意由于短时雨强较大而引起的山体滑坡和泥石流等灾害，对水电站安全运营影响较大，需要重点防范。

3.2.1.2　暴雨产生的物理机制

暴雨形成的过程是相当复杂的，一般从宏观物理条件来说，产生暴雨的主要物理条件是有充足的源源不断的水汽、强盛而持久的气流上升运动和大气层结构的不稳定，大、中、小各种尺度的天气系统和下垫面特别是地形的有利组合可产生较大的暴雨。引起坝区暴雨的天气系统主要有高空槽（东北—西南向高空槽、川西高原槽、横槽）、低涡、副高外围西南气流、东风波和西北冷平流等，有的是两种天气系统相结合。此外，夏季也常见因河谷局部热力性雷阵雨造成局地短时强降水。

坝区特殊的地形对暴雨形成和降水量大小也有影响。例如，夏季河谷的热力效应，在河谷两岸山脉的地形抬升作用下，在迎风坡迫使气流上升，从而垂直运动加大，暴雨增大。

暴雨产生时，一般低层空气暖而湿，上层的空气干而冷，致使大气层处于极不稳定状态，有利于大气中能量释放，促使积雨云充分发展。500~700 hPa 的假相当位温、涡度、垂直速度、对流有效位能（CAPE）等在暴雨预报中也有较好的反映。

3.2.2　坝区暴雨的时空分布特征

3.2.2.1　时间分布特征

2014—2020 年坝区共出现暴雨天气过程 20 次，平均每年出现暴雨 2.9 次，最多年 5 次（2015 年）。暴雨出现在 6—10 月，其中 7 月和 8 月最多。（图 3.1 和图 3.2）

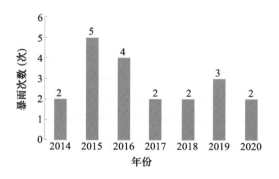

图 3.1　2014—2020 年坝区暴雨次数年分布　　图 3.2　2014—2020 年坝区暴雨次数月分布

3.2.2.2　坝区暴雨空间分布特征

坝区建设期共有 7 个降水量测量站，分别是：乌东德站、大茶铺站、雷家包站、左导进站、前期营地站、马头上站和金坪子站。2014—2020 年坝区各站暴雨出现次数：马头上站 14 次，前期营地站 12 次，乌东德站 9 次，大茶铺站和左导进站 5 次，雷家包站和金坪子站 4 次（图 3.3）。总体呈现左、右岸迎风坡高海拔站点暴雨次数多于河谷低海拔站点、大坝上游测站多于大坝下游测站态势。

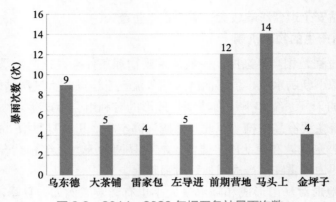

图 3.3　2014—2020 年坝区各站暴雨次数

3.2.3　雷达回波资料的提取规则

昆明新一代多普勒天气雷达于 2005 年投入业务应用，属于 C 波段多普勒天气雷达，主要用于对雷雨、大风和冰雹等强对流灾害性天气实时监测和短时临近预报预警，以及大范围降水定量估测和人工增雨防雹等业务。

本次主要采用昆明雷达的 6 个特征参数进行分析，即基本反射率因子、组合反射率因子（CR）、径向速度（V）、回波顶高（ET）、反射率因子垂直剖面（RCS）、小时雨强。由于坝区位于雷达探测的北部边缘，地形复杂、海拔高度差较大，雷达回波测量值有明显失真，如降水量估算偏差就较大。

雷达回波特征参数提取规则：

（1）根据降水雷达回波 PPI 分布情况，确定降水雷达回波强中心检索区间。

（2）以最大反射率因子对应 RHI 为基准，原则上做相邻 3~5 个径向方位角的 RHI 数据分析，对比回波强度、高度变化情况，从而确定反射率因子和回波顶高最大值。

（3）如果最大反射率因子相同，则以最高高度对应的垂直剖面作为特征参数提取对象；如果回波高度相同，则以最大反射率因子对应的垂直剖面作为特征参数提取对象。

（4）如果最大反射率因子与最高回波高度两者不能在同一个 RHI 中表达时，则以回波高度所对应的 RHI 作为特征参数提取的依据。

根据上述规则进行暴雨天气个例的雷达回波特征参数的提取，并进行统计分析，寻找出有用的信息，为提高坝区暴雨预报提供参考。

需要指出的是，降水回波的反射率因子一般在 18 dBZ 以上，通常把反射率因子 ≥ 18 dBZ 所探测到的回波最大高度作为回波的顶高。

3.2.4　坝区雷达回波探测基本情况

坝区位于禄劝县最北部，禄劝地处南北向切割的横断山脉中段及滇池断陷带上，境内地势东北高、西南低，自东北向西南呈阶梯状缓降。雄峙东北部的乌蒙雪山主峰马鬃岭为最高点，海拔 4247 m，金沙江河谷海拔为 800~900 m，两岸山岭海拔大多为 2000~3000 m，山顶海拔一般在 3000 m，金沙江深切于高山之间。

坝区周围有 3 部天气雷达，分别是昆明雷达、曲靖雷达和昭通雷达，目前只有昆明雷达和曲靖雷达探测范围能覆盖到坝区，如图 3.4 至图 3.6 所示。

昆明雷达：距离坝区约 143 km，探测里程 150 km；

曲靖雷达：距离坝区约 149 km，探测里程 250 km；

昭通雷达：距离坝区约 220 km，探测里程 200 km。

相对来说，昆明雷达距离坝区最近、位置最正，回波失真最小，应用效果较好；缺点是探测里程短，受地形影响较大，无法有效探测来自水电站偏北方向的回波，对河谷低高度的云层探测受限。曲靖雷达探测里程较为理想，可以探测水电站西北方位约 50 km 范围内的降水回波，但由于受地形和仰角影响，水电站附近所探测到的降水回波失真较大。昭通雷达离坝区较远，探测不到坝区附近的天气，如果降水回波是从滇东北向西南移动影响坝区，昭通雷达也可以起到远距离参考作用。在实际应用中，昆明雷达和曲靖雷达可以起到相互借鉴作用，以昆明雷达为主，曲靖雷达为辅。倘若降水回波是从偏北方向下来，则只有回波移到坝区附近时才能探测到，此类天气依靠雷达回波预测降水就比较难了。比如，四川盆地南部的西南涡南移带来的暴雨就很难判断，往往误认为是局地产生强对流导致的暴雨。

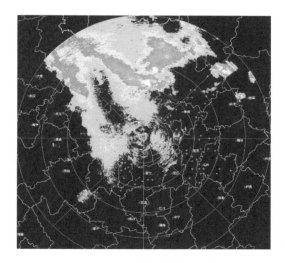

图 3.4　昆明雷达（每圈 30 km）

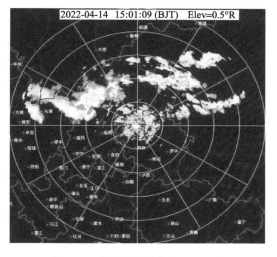

图 3.5　曲靖雷达（每圈 50 km）

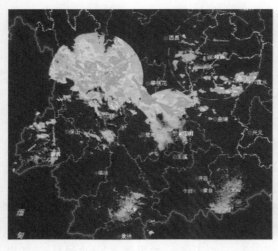

图 3.6　云南雷达拼图　　　　　　　　　　图 3.7　昆明雷达 RHI 回波剖面图

由图 3.7 可见，坝区回波底高度约 4.5 km（图 3.7 回波区域最右端位置）。当云层较低时，云层低于 4.5 km 部分雷达探测不到，只能探测到云层的中高层部分信息；尤其是遇到尺度小、云层薄、云底较低的强对流云团时，容易造成雷达探测回波遗漏。如果夏季有中小尺度强对流云团自东北方向或正北方向移近坝区时，往往是现场人员可以清楚看见坝区偏北方向四川境内山上有浓积云快速发展加强，或是看见对面山上有雨柱子形成，而雷达回波上反映很弱或根本就看不见回波，当雷达回波上出现强回波时坝区已经出现了短时强降水。即使遇到超强对流单体，在 RHI 图上，也很难见到完整的对流云降水回波特征，比如强回波中心的纺锤状结构等。

因此，用雷达回波的小时雨强来推算未来降水量多少时经常出现较大偏差。

3.3　暴雨天气过程的雷达回波特征分析

本节采用了预报员实际工作中经常用到的雷达产品：雷达回波组合反射率因子、径向速度、回波顶高、回波垂直剖面图及自动雨量站逐分钟降水量等资料，统计了坝区 2014—2020 年共 20 次暴雨天气个例（其中 3 次个例的雷达资料不全，实际分析 17 个个例），结合暴雨发生当天的环流形势和物理量场，逐个进行分析，总结了坝区暴雨的雷达回波特征和大气环流背景、物理量特征等。

以乌东德站为中心，对 30 km × 30 km 范围内昆明雷达基数据的回波反射率因子、回波顶高、径向速度、小时雨强等进行统计分析，时间切点主要以最大小时降水量为基准的前后 1 h，如果是连续性降水则顺势延长。

3.3.1　回波反射率因子统计

2014—2020 年坝区 17 次暴雨天气过程的雷达回波最大反射率因子如图 3.8 所示。

发生暴雨的雷达回波最大反射率因子平均值为 41.2 dBZ，极端最大反射率因子为 51 dBZ，最小反射率因子为 32 dBZ。最大反射率因子 ≥ 40 dBZ 占 70.6%，最大反射率因子 < 35 dBZ 占 5.9%。7—8 月最大反射率因子大于 6 月和 9—10 月。短时强降水对应的回波强度大于连续性降水回波强度。

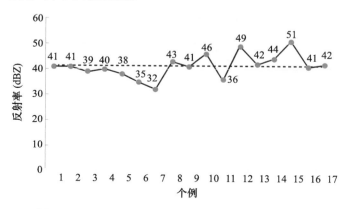

图 3.8　2014—2020 年暴雨个例最大反射率因子值

因为地形原因，当强降水回波翻山进入金沙江河谷到达坝区时，其反射率因子往往有一个减弱现象，这可能是云层在翻山后整体快速下坡近 2000 m 到河谷，下面部分云层被山脉阻挡，雷达回波不能完全反映整体云层的信息所致。

2014 年 8 月 1 日坝区出现了暴雨天气过程，位于暴雨路径半山腰的前期营地站，总降水量 42.6 mm，最大 1 h 降水量 25.3 mm，最大 10 min 降水量 13.2 mm；位于金沙江河谷的左导进站，总降水量达到 60.2 mm（07：00—13：00），最大 1 h 降水量 34.5 mm（08：00—09：00），最大 10 min 降水量 16.2 mm（08：40—08：50）。位于河谷的左导进站降水强度明显大于位于半山腰的前期营地站。对应的雷达回波如图 3.9 所示：08：14 回波主体（箭头所示）在山顶，基本反射率因子强度为 39~43 dBZ；08：26 回波主体下山（前期营地站上空），反射率因子减弱，强度为 37~40 dBZ；08：38 回波主体到达河谷左导进站，反射率因子强度为 34~38 dBZ；08：49 回波主体移出坝区，减弱至 25 dBZ 以下。从回波连续变化看，从山顶到河谷，回波有一个减弱过程，前期营地站上空反射率因子强度大于左导进站上空反射率因子，但前期营地站降水量小于左导进站。

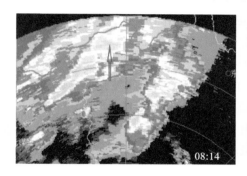
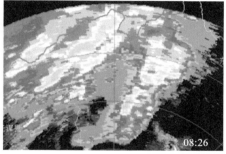

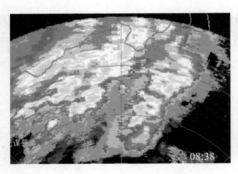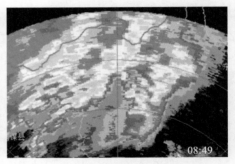

图 3.9 2014 年 8 月 1 日 08：00—09：00 雷达回波组图

3.3.2 回波顶高统计

回波顶高是指雷达能探测的回波高度，坝区暴雨天气的雷达回波顶高最大值在 6~15 km，平均值为 9.9 km。坝区产生暴雨时的最大回波顶高度达到 8 km 以上的占 76.4%，达到 10 km 以上占 47%。短时强降水的回波顶高度大于平稳连续性降水的回波顶高度，坝区 1 h 降水量在 20 mm 以上的短时强降水回波顶高在 7 km 以上，1 h 降水量在 40 mm 以上的短时强降水回波顶高在 12 km 以上。

当降水云层从坝区外围海拔较高的高山上移动到海拔较低的河谷时，层状云降水回波顶高总体上呈降低趋势，山上的层状云降水回波移到河谷时回波顶高度一般要下降 1~2 km。对流云降水回波顶高变化比较复杂，处于发展后期的对流云翻山后到达河谷时回波顶高会降低；正处于发展阶段的对流云降水云团，尤其是局地发展起来的强对流云团，在坝区附近回波强度和回波顶高都会呈现发展加强态势，有的下山减弱，过江后爬山又加强。

比如，2017 年 7 月 6 日夜间，受西南涡正面袭击，坝区出现了大暴雨天气。7 月 6 日 23：30 开始出现雷雨大风，强降水时段为 6 日 23：30 至 7 日 01：00，乌东德站 1 h 最大降水量 48.5 mm（7 月 6 日 23：30 至 7 日 00：30），过程降水量 92.2 mm。

跟踪分析 6 日 23：00 至 7 日 01：00 强对流回波的回波顶高变化（表 3.1、图 3.10）：7 月 6 日 23：01，坝区偏西方向约 30 km 附近有对流单体生成（称 Ⅰ 号强对流回波单体），回波中心强度最大值 41 dBZ，回波顶高最大值 8 km；随后对流单体快速发展并向东移动，至 6 日 23：30，回波中心强度达到 42 dBZ，回波顶高加大到 14 km；23：49 回波顶高达到最大值 15 km，此时回波强度 48 dBZ，离坝区约 10 km。

另外一个对流云团在金沙江河谷坝区附近局地云生并快速发展加强（称 Ⅱ 号强对流回波单体），23：30 坝区出现对流云团，中心强度 35 dBZ，回波顶高 7 km，云层较低；浓积云；23：49 回波强度 48 dBZ，回波顶高 9 km；7 日 00：01 Ⅰ 号和 Ⅱ 号强对流单体相连，随后回波在坝区进一步发展加强，坝区附近回波中心强度达到 51 dBZ，回波顶高 12 km，坝区出现强降水；00：24 回波开始减弱，直至 00：50 回波主体移出坝区。

表 3.1　2017 年 7 月 6 日 23：00 至 7 日 01：00 坝区暴雨雷达回波特征值

	时间	23：01	23：13	23：25	23：37	23：49	00：01	00：18	00：30	00：42	01：00
Ⅰ号对流单体	组合反射率（dBZ）	41	44	45	46	48	51	46	42	42	38
	回波顶高（km）	8	10	12	14	15	14	15	13	13	9
Ⅱ号对流单体	组合反射率（dBZ）	—	—	35	39	48	51	46	42	42	35
	回波顶高（km）	—	—	7	7	9	12	15	13	13	5

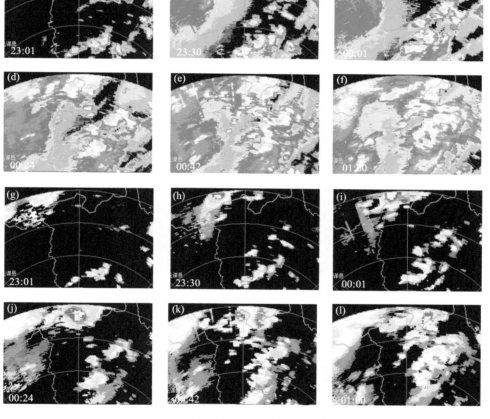

图 3.10　2017 年 7 月 6 日 23：00 至 7 日 01：00 强降水
回波反射率因子（a~f）及回波顶高（g~l）分布

　　总体看，这次暴雨天气过程是由两个强对流单体合并（局地生成和西边移来）带来的短时强降水（暴雨），回波顶高达到历史暴雨天气过程的最大值 15 km。Ⅰ号对流单体自西向东快速移动并发展加强，回波顶较高、增加较快，基本上是顺着河谷移动，没有高山阻挡；Ⅱ号对流单体在坝区发展加强，回波顶高相对较低。二者合并后回波发展加强较快，回波顶高和反射率因子强度发展快，所带来的短时强降水大。

3.3.3 径向速度统计

不同环流形势下，暴雨天气过程的径向速度反应不尽相同，有的存在明显的逆风区，有的存在明显的辐合流场，还有的是在正径向速度区里，正、负径向速度梯度也不相同。对流云强降水回波径向速度图中常出现逆风区，逆风区对应区域小时降水量较大，零速度线不光滑，有时还有速度模糊现象发生，有局部对流发生。层状云降水的范围比较大，在径向零速度线两侧常分布范围较大、数值不等的正、负径向速度中心。小时降水量在30 mm 以上的 7 次短时强降水中有 4 次存在逆风区，占57%。

2017 年 7 月 7 日 00∶01 雷达径向速度图，零速度线不光滑，这说明此次过程中存在局部对流发生，同时存在逆风区，逆风区边缘出现了速度模糊现象，速度值约 30 m/s，说明辐合作用明显（图 3.11a）。2014 年 8 月 18 日 12∶13 雷达径向速度图上呈现"S"形回波，而且零速度线不光滑，有模糊现象，暖平流和辐合作用明显（图 3.11b）。2015 年9 月 6 日 02∶43 径向速度图，坝区附近有明显的逆风区，正、负径向速度差 8 m/s，虽然最大反射率因子只有 40 dBZ，最大小时降水量 22.1 mm（图 3.11c）。

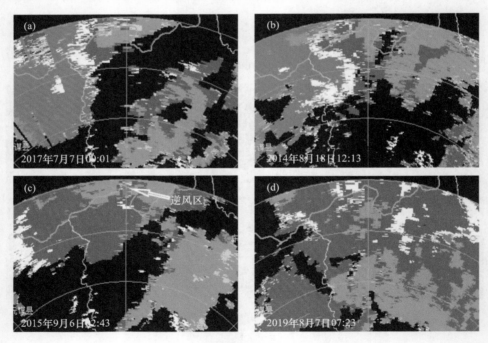

图 3.11　坝区暴雨的雷达径向速度图举例

2019 年 8 月 7 日雷达径向速度上为大面积正径向速度区，在正径向速度区间里的坝区附近出现了明显的逆风区（图 3.11d）。7 日 06∶01 坝区东北至偏北方向出现强回波区，回波中心强度 45 dBZ，回波顶最大高度 12 km，快速向坝区移动，小时雨强 14 mm/h；

06：24，回波顶高发展到 15 km，回波中心强度 50 dBZ，坝区出现强降水；06：36 回波顶高开始降低，06：42 回波顶最大高度降低到 12 km，回波中心强度减弱至 44 dBZ；07：00 回波顶高最大值 12 km，回波中心强度减弱至 40 dBZ；07：30 回波强度减弱至 29 dBZ 以下，回波顶高降低至 7 km 以下，强降水结束。在强降水发生前，回波顶高增加明显。06：00—07：00 坝区 1 h 降水量达到 52.3 mm，短时强降水非常明显，过程降水量达到 79.7 mm。

3.3.4　小时雨强统计

用坝区暴雨过程的最大小时降水量发生时的雷达探测小时雨强 A 与小时降水量 N 求相关系数 R_{AN}，用小时雨强与小时降水量的绝对差 W 来计算与小时雨强的相关系数 R_{AW}。使用积差相关系数公式（式 3.1）计算。计算时，A 代入 x，N 或 W 代入 y，分别求得相关系数 R_{AN} 及 R_{AW}。

$$r_{xy} = \frac{\sum_{i=1}^{n}(x_i-\overline{x})(x-\overline{y})}{\sum_{i=1}^{n}(x_i-\overline{x})^2\sqrt{\sum_{i=1}^{n}(y_{i=1}-\overline{y})^2}} \tag{3.1}$$

通过计算，得出 $R_{AN}=64.7\%$，小时雨强与小时降水量具有一定的相关性，可以用作实际预报参考。$R_{AW}=34.2\%$，说明小时雨强与小时降水量不是线性相关，实际预报中，也很难通过用小时雨强来推算未来的降水量，应谨慎应用（图 3.12）。2019 年 8 月 7 日和 2018 年 7 月 31 日的暴雨过程 1 h 降水量和小时雨强对应关系如下。

2019 年 8 月 7 日 06：00—07：00，坝区附近区域小时雨强 6 min 数值：最大值 28 mm/h，最小值 5 mm/h，平均值 12.7 mm/h。坝区 1 h 降水量实况最大值 52.3 mm（前期营地站）。

2018 年 7 月 30 日 23：10 至 31 日 00：10，坝区附近区域小时雨强 6 min 数值：最大值 13 mm/h，最小值 1 mm/h，平均值 7 mm/h。坝区 1 h 降水量实况最大值 73.6 mm（马头上站）。

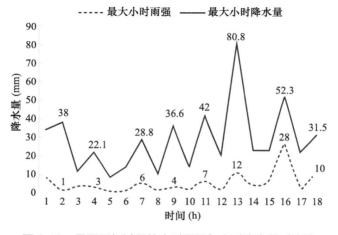

图 3.12　暴雨天气过程的小时雨强与小时降水量对比图

3.3.5　反射率因子与小时降水量的关系

实际工作中预报员使用最多的是反射率因子，时刻关注着自动站降水量及雷达回波的变化，及时发布暴雨预警信号。统计自动站逐分钟降水强度与回波强度关系，假如回波强度在 1 h 内变化不大，回波强度与降水量关系如表 3.2 所示。当坝区回波强度在 30 dBZ 以上时，可能出现小时降水量 10 mm 以上的降水；当回波强度达到 40 dBZ 以上，则可能出现小时降水量 30 mm 以上和强时强降水。

表 3.2　回波强度与小时降水量的关系

回波强度（dBZ）	30~35	35~40	41~50
回波顶高（km）	6~8	8~10	> 10
小时降水量（mm）	< 15	10~30	> 35

3.3.6　暴雨空间分布特点与雷达回波特征对应关系分析

坝区因高山峡谷效应和喇叭口地形，使降水空间分布具有很强的局地性。当暴雨自南向北移动到坝区时，坝区左岸测站降水量大于右岸测站，最大降水一般出现在左岸迎风坡马头上站、大茶铺站，回波多呈带状、片状，有 1 个或多个对流单体影响，回波强度 ≥ 40 dBZ；当暴雨自北向南移动到坝区时，右岸测站降水量大于左岸测站，最大降水量出现在右岸迎风坡的前期营地站、乌东德站，回波多呈块状、条状，回波中心强度 ≥ 40 dBZ，回波顶高 ≥ 10 km，以短时强降水为主；当暴雨自西向东移动到坝区时，因上游为喇叭口地形，最大降水量多出现在喇叭口的"口"附近测站，回波主要呈条状、片状，以混合云降水为主。回波强度 ≥ 35 dBZ。

3.4　暴雨雷达回波分类

3.4.1　暴雨回波移动方向

坝区暴雨天气的雷达回波移动方向主要有 5 个：自西向东（占 52.9%）、自南向北（占 11.8%）、自东北向西南（17.6%）、自东向西（占 11.8%）、局地产生（5.9%）（图 3.13）。其中，自西向东移动又分为西偏南向东偏北方向移动和自西偏北向东偏南移动。

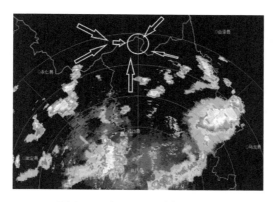

图 3.13　坝区暴雨路径分布图

3.4.2　暴雨过程的环流形势分析

坝区暴雨过程发生的环流形势大致分为以下几类。

500 hPa 形势主要分为 6 类：高空槽 50.0%（高原槽 36.4%、东北—西南向槽 13.6%），低涡 18.2%，副高外围偏西气流 13.6%，西北气流 9.2%，横槽 4.5%，偏东气流 4.5%。

700 hPa 形势主要分为 3 类：切变 71.4%，低涡 14.3%，西南气流 14.3%。

3.4.3　暴雨回波分类

坝区出现暴雨的雷达回波按回波形状大致可以分为以下 4 种类型：回波移动型、叠加聚合型、带状回波和局地发展型。

3.4.3.1　回波移动型

（1）回波基本情况

该类型降水回波以层状云或混合云降水回波为主，主要自西向东移动或自东向西移动，回波面积大，昆明雷达回波上可见在楚雄北部、攀枝花南部有大面积回波存在，不断向昆明北部移动并到达坝区；或者是在曲靖北部、昭通南部有大面积降水回波生成，然后自东向西移动到坝区。回波强度相对均匀，中间有小的对流单体。移动缓慢或一边移动一边发展，但发展不是很剧烈，降水较均匀，强度为 10~30 mm/h，持续时间长，大部分是层状云混合着积状云降水。高空环流形势多为高空槽、副高外围偏南气流或西南涡。

2015 年 10 月 8 日和 2017 年 7 月 3 日 2 次暴雨天气过程的雷达回波反射率因子分布如图 3.14 所示，它们有共同特点：回波发展演变比较平缓，主要以层状云降水回波为主，回波面积大，反射率因子强度 < 40 dBZ，相对较弱，回波顶高 ≤ 8 km，回波顶部平坦，降水持续时间长，小时降水量 < 15 mm，属于持续性降水形成的暴雨。

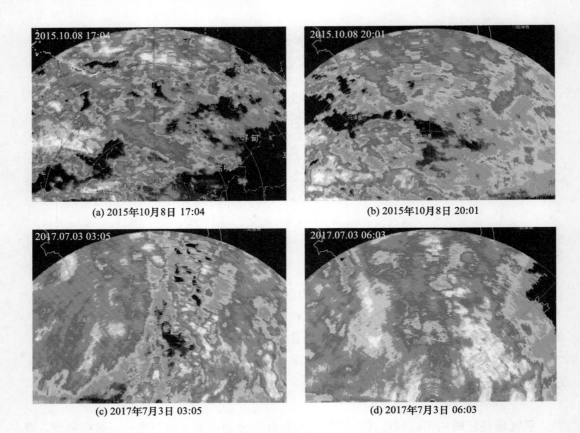

(a) 2015年10月8日 17:04　　　　　　　　　　　　(b) 2015年10月8日 20:01

(c) 2017年7月3日 03:05　　　　　　　　　　　　(d) 2017年7月3日 06:03

图 3.14　回波移动型暴雨雷达回波特征图

（2）回波特征

短时强降水不突出，多为持续性降水形成暴雨，降水时间持续较长，降水量分布比较均匀。

组合反射率（CR）：回波面积大，呈片状回波，强度在 20~40 dBZ，回波变化梯度小，个别点回波强度在 40~45 dBZ。

径向速度（PPIV）：零速度线不是太规则，正、负径向速度间梯度较小。

回波顶高（ET）：大部分回波顶高在 7 km 以下，少数 40 dBZ 回波顶高能达到 8~9 km。

回波剖面（RHI）：回波顶部较为平坦，柱状强回波不明显。

（3）典型个例分析——2015 年 8 月 19 日暴雨天气过程分析

2015 年 8 月 19 日 02—12 时（北京时，下同），坝区出现了一次暴雨天气过程，总降水量（mm）：乌东德站 47.2、前期营地站 52.5、马头上站 51.2（图 3.15）。这次降水天气过程持续时间长、空间分布不均匀，小时降水量不大。最大 1 h 降水量为 11.8 mm（马头上站），属于连续性降水导致的暴雨，降水主要出现在 19 日 03—11 时（图 3.16）。

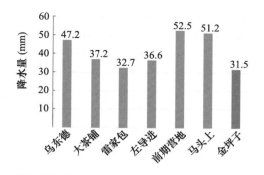

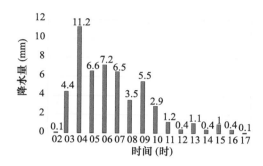

图 3.15　2015 年 8 月 19 日坝区各站降水量　图 3.16　2015 年 8 月 19 日前期营地站逐小时降水量

8 月 18 日高空槽东移过境坝区，19 日 00：00 地面冷锋云系自东向西推，从雷达回波上可看见在坝区东南侧有锋面回波存在并自东向西移动，而且不断加强，回波翻过禄劝县东北部的娇子雪山后进入金沙江河谷，回波在河谷呈明显减弱状态，但当回波到达坝区后再次向偏北方向移动并在爬山过程中再次加强。这可能是回波在金沙江河谷强度实际并没有减弱，而是降水云团下山后下沉，因山脉阻挡雷达探测误差所致，02：03 时坝区可能正在下雨（图 3.17）。

03：03 回波大面积到达坝区，而且坝区附近回波强度为 30~35 dBZ，回波顶高 4~5 km，径向速度为正径向速度，移动速度 6~7 m/s。03：00—04：00 坝区小时降水量 11.2 mm。04：02 回波图上，回波强中心位于坝区西侧冷锋前沿区域，那里是冷暖空气汇合处，中心最强回波 39 dBZ，坝区附近回波强度为 30~35 dBZ，回波顶高 4~5 km。05：01 回波继续向西移动，坝区附近回波强度 28~30 dBZ，回波顶高 4~5 km，回波较均匀，也未见强对流回波存在。06：00—09：00 回波继续自东向西移到坝区，回波强度 30~35 dBZ，回波顶高 4~5 km，回波区域强度比较均匀，始终没有＞40 dBZ 的对流回波单体存在，平均移动速度 4~6 m/s。

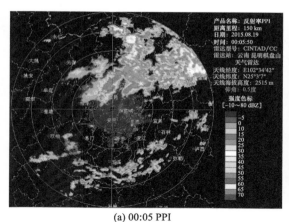

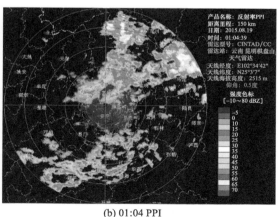

(a) 00:05 PPI　(b) 01:04 PPI

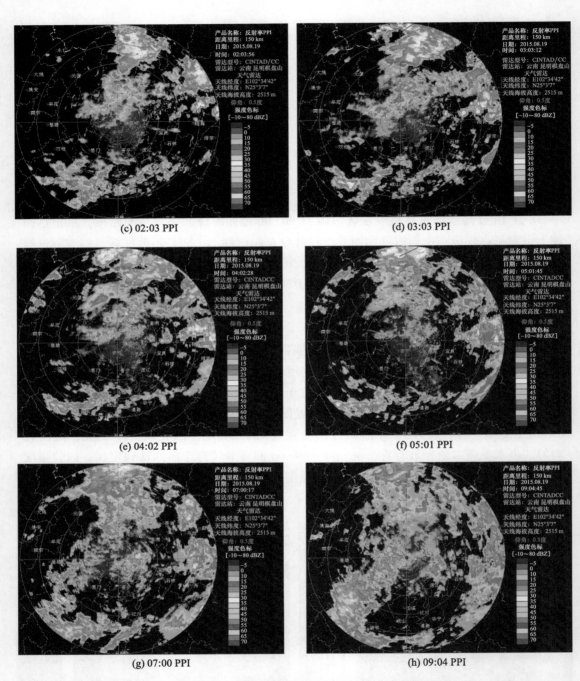

(c) 02:03 PPI

(d) 03:03 PPI

(e) 04:02 PPI

(f) 05:01 PPI

(g) 07:00 PPI

(h) 09:04 PPI

图 3.17　2015 年 8 月 19 日昆明雷达 0.5° 仰角回波 PPI 特征分布

坝区回波的径向速度始终为正径向速度，平均径向速度 4 m/s（图 3.18）。

回波顶高度变化起伏不大，坝区最大 5.6 km，平均高度 4.5~5.0 km（图 3.19）。

从图 3.20 分析，回波顶高发展不高，在 7 km 以下。03：03 最强回波 32 dBZ，回波高度 4~5 km。05：01 最强回波 32 dBZ，高度 4~5 km。整个降水期间，坝区附近 30 dBZ

以上回波高度都在 5 km 以下，说明对流发展不强。

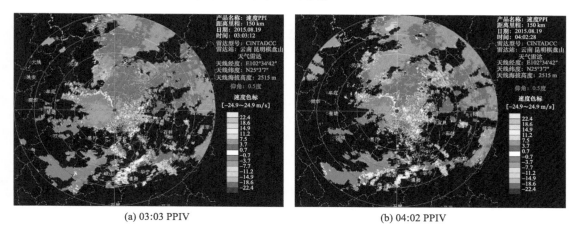

(a) 03:03 PPIV　　　　　　　　　(b) 04:02 PPIV

图 3.18　2015 年 8 月 19 日昆明雷达 0.5° 仰角回波径向速度分布

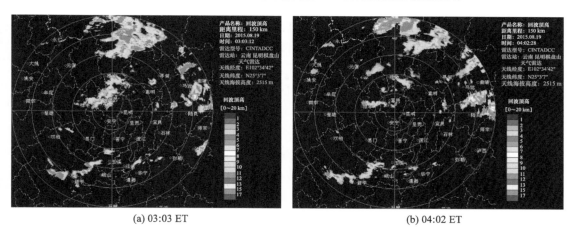

(a) 03:03 ET　　　　　　　　　(b) 04:02 ET

图 3.19　2015 年 8 月 19 日昆明雷达 0.5° 仰角回波顶高分布

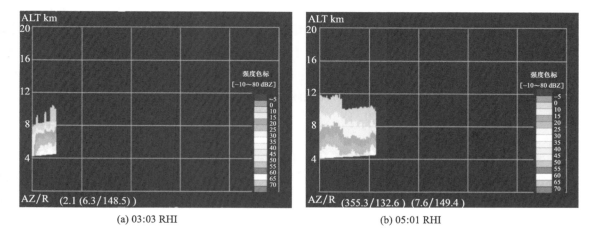

(a) 03:03 RHI　　　　　　　　　(b) 05:01 RHI

图 3.20　2015 年 8 月 19 日 0.5° 仰角雷达回波垂直剖面图

本次暴雨天气过程有如下特征：

①降水持续时间长（14 h），小时降水量不大，最大 1 h 降水量 11.2 mm。

②回波类型属移动型回波，以层状云降水回波为主，回波主要呈片状，移动缓慢，强度偏弱，回波顶高偏低，对流发展不强，径向速度显示为正径向速度区，回波垂直发展不强，顶部平坦。

③回波移动方向为自东南向西北，降水过程坝区回波中心强度 30~35 dBZ，回波顶高 4.5~5.0 km，平均径向移动速度 4~6 m/s。

3.4.3.2　叠加聚合型

（1）回波基本情况

受中小尺度辐合影响外地移来的回波在本地加强或与本地生成的块状回波聚合加强带来的强降水，尤其以短时强降水为主。特点是降水时间短、雨强大，小时降水量达到 20 mm 以上，持续时间长可达大暴雨。高空环流形势主要以东北—西南向大槽、西南涡、横向切变为主，700 hPa 以切变为主。这类回波预报难度大，有时昆明雷达回波上显示在昆明最北部边缘（坝区附近）有小面积对流回波出现，随后从北部、东北部又有回波移来并与之前回波叠加发展，坝区出现短时强降水或暴雨。

多产生局地性暴雨，降水时空分布极不均匀，回波在小范围汇聚加强，短期预报难度较大。实时跟踪雷达产品可以做好短时预测及预警服务，把灾害损失降到最低。

2017 年 7 月 6 日 23：30 至 7 日 10：00 坝区出现了暴雨，其中 6 日 23：30 至 7 日 01：00 坝区出现了短时强降水，7 日 00：00—01：00 坝区 1 h 降水量为 42 mm。

从雷达回波演变过程看（图 3.21），7 月 6 日 23：13 坝区西侧 30 km 处有降水回波出现（称为Ⅰ号回波），回波呈块状，回波中心强度 41 dBZ，回波顶高 8 km，属对流云降水回波，此时坝区附近没有降水回波。23：25，Ⅰ号回波快速向东移动，发展较快，中心强度 46 dBZ，回波顶高 12 km，回波面积增大，与此同时坝区上空开始出现小块对流云降水回波（称为Ⅱ号回波），回波中心强度 49 dBZ，回波顶高 8 km，回波呈块状。23：30 坝区出现阵雨，至 23：43，Ⅰ号回波前沿离坝区不足 10 km，回波中心强度 45 dBZ，回波顶高 12 km；Ⅱ号回波在坝区附近快速发展，回波面积增大，回波中心强度 48 dBZ，回波顶高增至 9 km。23：55 Ⅰ号回波移近坝区，并与坝区局地发展起来的Ⅱ号回波相连，两块对流云降水回波相连后得到进一步加强。至 7 日 00：01，连成一体的回波在坝区快速发展，短短 6 min，坝区回波中心强度增至 51 dBZ，回波顶高增至 12 km，坝区出现短时强降水。00：18，回波顶高增至 15 km。00：30 随着强降水的发生，回波开始缓慢减弱。

径向速度图上，零速度线不光滑，最大正、负径向速度中心值 8~10 m/s，没有出现明显的逆风区，径向速度梯度不大。

总体来说，Ⅰ号回波和Ⅱ号回波都是对流云降水回波，回波呈块状，Ⅰ号回波自西向东移动并发展加强，Ⅱ号回波是局地发展加强，二者在坝区附近相遇产生叠加聚合，造成坝区出现短时强降水和暴雨天气，所以归类为"叠加聚合型"暴雨回波。

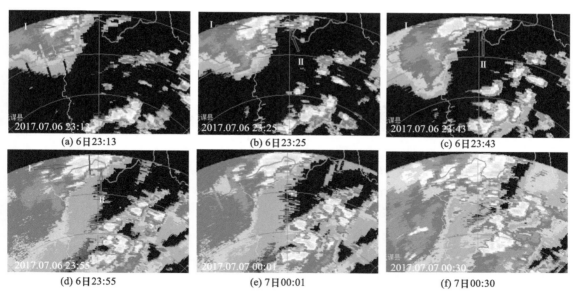

图 3.21　2017 年 7 月 6 日 23：00 至 7 日 01：00 暴雨雷达回波图

（2）回波特征

反射率因子：回波呈零散片状、块状或带状，对流云团明显，而且不断有新的对流云团生成，自西向东、自南向北或自北向南移动均有，强度 30~50 dBZ。中尺度片状回波中有 > 50 dBZ 的强回波块，回波梯度大。降水强度大，强回波持续 1 h 就可达到暴雨。

径向速度：最大正、负速度中心值在 10 m/s 以下；偶有逆风区，径向速度梯度大。

回波顶高：回波顶高在 6~10 km，有时可达 11 km 以上。

（3）典型个例分析——2015 年 9 月 6 日暴雨天气过程分析

2015 年 9 月 6 日 01—12 时坝区出现了一次暴雨天气过程。坝区最大降水量 65.0 mm。这次降水天气过程持续时间长、小时降水量大、空间分布均匀，坝区 5 个站测得暴雨，2 个站测得大雨（图 3.22）。主要降水时段为 02：00—06：00，最大 1 h 降水量 22.1 mm（前期营地站），连续 3 h 的小时降水量 > 10 mm（图 3.23）。

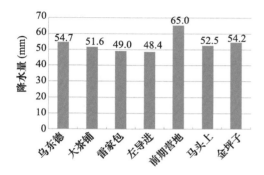

图 3.22　2015 年 9 月 6 日各站降水量

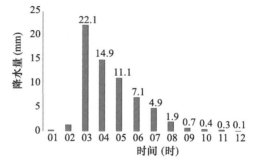

图 3.23　2015 年 9 月 6 日前期营地站逐小时降水量

2015 年 9 月 6 日 01：02 雷达回波特征图（图 3.24）上，坝区西侧有大面积回波出现，其中离坝区约 40 km 处有一个强对流单体生成，中心强度 49 dBZ，回波顶高 12 km，径向速度 7 m/s。该强单体在东移过程中因地形等原因迅速减弱，至 01：32 离坝区 30 km，强度已减弱至 35~40 dBZ 的分散性块状单体。

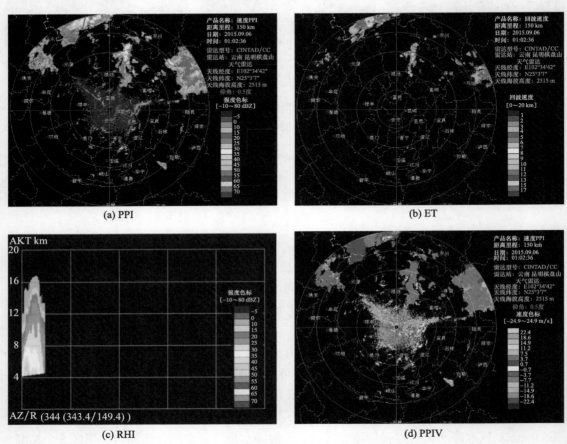

(a) PPI

(b) ET

(c) RHI

(d) PPIV

图 3.24　2015 年 9 月 6 日昆明雷达 01：02 雷达回波特征

图 3.25 可见，02：01 回波单体东移至离坝区 20 km 处，已演变成中等强度的带状回波，中心强度最大值 39 dBZ，回波单体呈分散状，回波顶高最大值为 7.7 km，径向速度 6~7 m/s，此时降水回波主体前沿已到达坝区，坝区开始下阵雨。同时，在坝区西边 50 km 外又有大片降水回波出现。02：36 PPI 回波图显示坝区及以西 100 km 范围内均为降水回波，而且在这片降水回波中还有多个对流单体强回波存在，回波中心值为 35~40 dBZ，此时坝区上空最强回波值为 41 dBZ，回波顶高 6~7 km。径向速度图上，在坝区西北侧还出现了一个逆风区，回波强度值 35~38 dBZ，回波顶高最大值 7.2 km。此时坝区正好出现强降水。

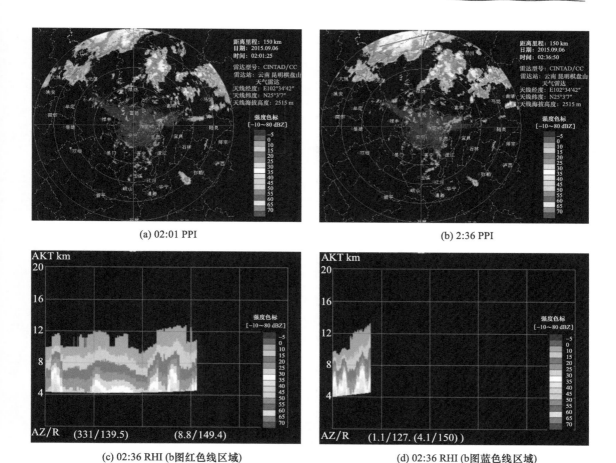

(a) 02:01 PPI

(b) 2:36 PPI

(c) 02:36 RHI (b图红色线区域)

(d) 02:36 RHI (b图蓝色线区域)

图 3.25　2015 年 9 月 6 日雷达回波剖面图

图 3.26 可见，03∶00 大片降水回波中可以看见 3 个明显的回波带存在，并呈阶梯状逐渐向坝区移动，最左边呈带状，中间的回波呈块状，最右边坝区附近的回波呈条状，均为对流性降水回波。坝区附近的南北向条状回波的强度为 35~40 dBZ，回波顶高 6~8 km，最大值 9 km。RHI 剖面图上，最强回波值 42.6 dBZ 正位于坝区，回波高度 4.5 km 处回波顶伸到 10~12 km，对流上升作用很强。径向速度显示逆风区正好移到坝区上空。上述因素，造成坝区 02∶00—03∶00 短时强降水，小时降水量最大值 22.1 mm。阶梯式回波不断东移发展演变，有的回波单体发生合并，形成新的回波单体，强度和大小都发生变化。04∶05在坝区西南侧形成较强的"人"字形降水回波，回波中心值 44 dBZ，回波顶高 7.4 km；回波剖面图上最大值 43 dBZ，回波高度 4.2 km。径向速度图上也正好处于正、负径向速度分界线，低层辐合上升作用明显。该对流单体在坝区西侧 40 km 处，移动方向是东偏南，对坝区影响较小。影响坝区的是"人"字形回波的北段。05∶04 回波开始减弱，降水回波中对流单体明显减少、强度减弱，由带状、块状回波为主演变为片状回波为主，降水性质由对流性降水逐渐转为层状云连续性降水。06∶02 降水回波强度值减弱至 30~35 dBZ，坝区西边无强回波。07∶01 回波强度值 < 30 dBZ，主要降水结束。

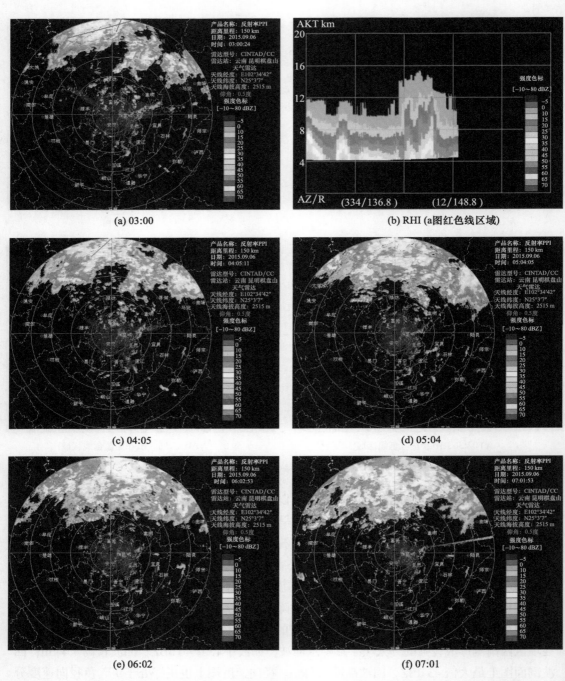

图 3.26　2015 年 9 月 6 日昆明雷达 0.5° 仰角回波 PPI 分布图

从回波连续变化来看，这次降水天气过程的回波性质属大片混合型降水回波。PPI 上先是块状回波出现，在东移过程中发展成块状、条状，回波的再生性较明显，有 3 次块状、条状回波的递补叠加过程。

径向速度图（图 3.27）上，9 月 6 日 01：02 回波径向速度最大值 7.1 m/s（超强单体的径向速度为 5~7 m/s）。02：36 坝区西北侧开始出现逆风区（图 3.27b 中蓝色箭头所示）。03：00 逆风区移到坝区上空，对应坝区南北向的带状回波处，也是坝区雨下得最猛烈处。04：05 可见明显的正、负径向速度分界线，同时在正径向速度区中间存在有明显逆风区，范围比 03：00 要大得多。

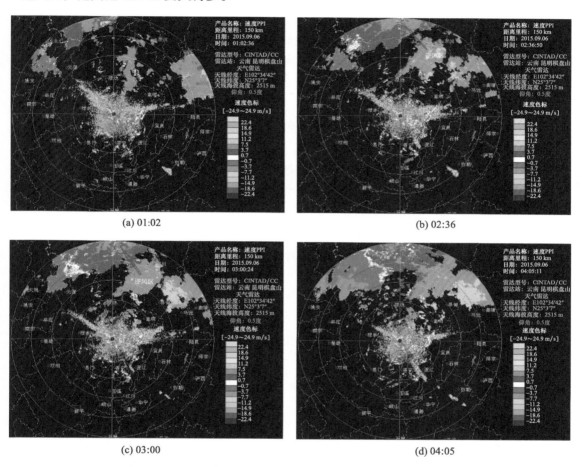

(a) 01:02

(b) 02:36

(c) 03:00

(d) 04:05

图 3.27　2015 年 9 月 6 日昆明雷达 0.5° 仰角回波径向速度

本次暴雨天气过程有如下特征：

①降水性质为暴雨、短时强降水，最大小时降水量 22.1 mm。

②回波类型为混合型降水回波，期间有阶梯式对流回波发展演变形成叠加。强降水回波形成时（02：00—03：00）出现强雷暴，回波结构紧密、边缘清晰，回波强度强、梯度大，回波演变快，云体内胞体活动明显，块体明亮。

③回波移动方向为西北—东南向，降水过程中坝区回波中心强度在 40 dBZ 左右，回波单体的回波顶高变化较大，最强回波顶高达 12 km，坝区附近的降水回波顶高在 6~8 km。

④径向速度图上有逆风区存在。

3.4.3.3 带状回波

（1）回波基本情况

受大范围环境流场影响，回波带多呈南北向。多数为沿平均气流的方向生成几个对流单体，纵向或侧向排列，形成一条带状回波，或本地强回波与外来回波聚合成带状。移动与传播的方向相同，带状走向，不断有单体从同一地点通过，形成"列车效应"，产生强降水，只有一个单体经过的地方降水较小。高空环流形势多为偏南气流、低涡、切变等。

2014年8月1日08:26回波图（图3.28）上，存在东北—西南向的带状回波，移动方向为自西南向东北，回波强度45 dBZ，回波顶高11 km，径向速度零速度线不光滑，高空环流形势为东北—西南向切变，回波移动方向与切变前的西南气流走向基本一致。回波过坝区时带来1 h降水量34.5 mm。

2018年8月18日，回波呈东北—西南向，移动方向为自西向东，回波强度40 dBZ，回波顶高8 km，径向速度零速度线不光滑，有速度模糊现象，存在东北—西南向大槽，回波走向与槽前西南气流走向基本一致。回波过坝区时带来1 h降水量38 mm。

2018年7月30日夜间，顺着副高外围的偏南气流有明显的珍珠串状的多对流单体组成的南北向带状回波，回波带自南向北移动，前沿到达坝区跨过河谷进入四川境内后，遇山爬坡抬升，后续回波不断向北移动加入其中，坝区对流单体回波迅速发展加强，回波中心强度49 dBZ，回波顶高14 km，在坝区形成短时强降水型暴雨，最大1 h降水量达80 mm。

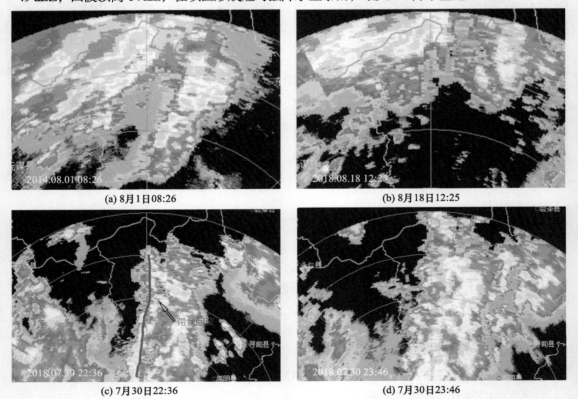

(a) 8月1日08:26　　　　　　　　　(b) 8月18日12:25

(c) 7月30日22:36　　　　　　　　　(d) 7月30日23:46

图3.28　2018年坝区暴雨天气的几种带状回波

（2）回波特征

多产生短时强降水，并伴随短时雷电、大风等。天气图上有明显切变过境。

组合反射率：回波成带状、中间夹杂着一个或多个强对流单体。强度为 35~45 dBZ，个别达 50 dBZ。

径向速度：正、负速度分明，零速度线明显，有时有逆风区存在。

回波顶高：6~10 km，最高可达 12 km 以上。

（3）典型个例分析——2014 年 8 月 1 日暴雨天气过程分析

2014 年 8 月 1 日坝区发生了一次伴有雷电、大风、强降水的暴雨天气过程，坝区最大降水量 60.4 mm。这次降水空间分布不均，坝区 1 个站测得暴雨（左导进站），6 个站测得大雨（图 3.29）。最大 1 h 降水量为 34.5 mm（08：00—09：00），10 min 最大降水量 16.2 mm，坝区降水最长持续时间为 8 h（图 3.30）。

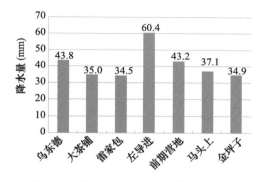
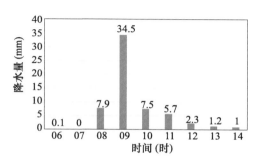

图 3.29　2014 年 8 月 1 日各站降水量　　图 3.30　2014 年 8 月 1 日左导进站逐小时降水量

2014 年 8 月 1 日 04：00 在坝区西北方向有回波形成，距坝区 10 km，西南面有较强回波中心出现，距离坝区 35 km（两支云系应该是连成片的，只是因为地形原因而分开了）。两支云系向坝区移动和发展，04：40 北面云系前沿东移到坝区，04：50 坝区南北两支云系到达坝区并逐渐连成一片，坝区开始下小雨，此时回波中心强度 35 dBZ。北面回波移速 2.7 m/s，南面回波移速 6.0 m/s，北面回波自西向东移，南面回波自西南向东北移动，在坝区西侧汇合。06：00 回波呈分散状分布在坝区周围，只是在雷达北部边缘有小散状对流回波存在于降水回波中（根据卫星云图分析，四川南部与昆明北部交界地区云系较重，但昆明雷达观测不到），坝区仍为小雨性质。06：30，昆明雷达观测到北部边缘有回波快速发展并向南向东移动。07：03，在坝区周围形成大片降水回波（图 3.31），回波形态主要为层状回波中镶嵌对流回波的混合型回波，回波面积东西长约 120 km、南北宽约 50 km。层状回波中的对流回波发展较快，中心强度最强 41 dBZ，回波顶高约 6 km，回波移速大约为 7 m/s，移动方向整体为自西向东移动，降水回波中心前沿移动到坝区。08：00，层状回波中的对流回波带继续发展并向坝区靠近，中心强度最强 43 dBZ，回波顶高快速增加到约 9 km，回波移速大约为 9 m/s，自西向东快速移动，此时坝区开始出现强降水。回波的径向速度图显示大尺度风场以强西风为主，大片的回波中镶嵌有分散的逆风区。08：02 坝区西边 20~25 km 出现了较强逆风区（图 3.31b 箭头所指区域），该回波顶高约 7 km，反射率因子最强达 42 dBZ，呈块状。回波径向速度图上可见明显的正、负速度对。逆风区的存在，使对流云团得以加强，坝区在 08：00—09：00 出现了短时强降水，1 h 降水量达 34.5 mm，10 min 最大降水出现在 08：40—08：50，10 min 降水量 16.2 mm，而此时，对流回波主体翻过大松树高山进入坝区金沙江河谷，回波强度有所减弱（最强 38 dBZ），回波顶高降低，坝区降水回波顶高 5~6 km。09：01 层状回波中的对流回波已东移出坝区，坝区降水主要为后续的层状回波所致，降水逐步趋向缓和，降水量减少。到 11：00 主要降水结束，14：00 降水停止。

从连续的雷达回波、回波组合反射率发现，单块强回波向东移动，兼并周围的小回波单体，在坝区西侧快速发展，于 08 时左右到达坝区，中心强度为 41 dBZ，坝区开始出现强降水。08：38 强回波中心移动到坝区上空，中心强度为 37 dBZ。08：49 坝区强回波中心东移移出坝区，回波强度迅速减弱，降水量开始减小。整个降水过程，坝区回波强度在 30~41 dBZ，回波顶高在 7~9 km，以对流云降水为主。

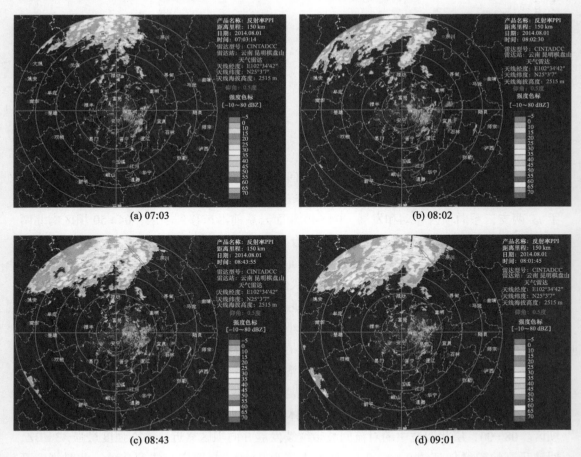

(a) 07:03 (b) 08:02

(c) 08:43 (d) 09:01

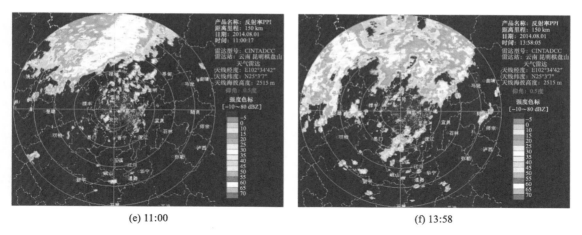

(e) 11:00　　　　　　　　　　　　　　　　(f) 13:58

图 3.31　2014 年 8 月 1 日昆明雷达 0.5° 仰角回波反射率因子分布

径向速度图（图 3.32）上，正、负速度分界明显，零速度线呈东北—西南向，最大正速度中心达到了 11.9 m/s（08 时），且负速度面积明显略大于正速度面积，属于辐合流场。在正速度区域里面的最大正速度中心西面紧接着出现了一个负速度区（称为逆风区）。

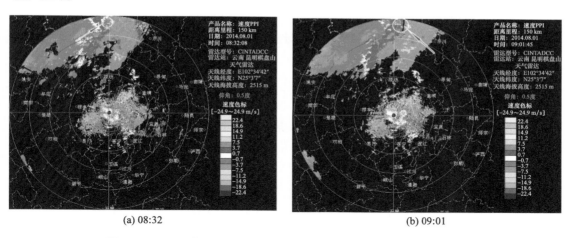

(a) 08:32　　　　　　　　　　　　　　　　(b) 09:01

图 3.32　2014 年 8 月 1 日昆明雷达 0.5° 仰角回波径向速度分布图

回波顶高分布图（图 3.33）上，07：03 坝区西面回波强度为 30~38 dBZ，回波顶高 5~6 km，坝区附近回波强度为 20~30 dBZ，回波顶高 4~5 km。08：02 坝区西面的回波快速发展增强，回波强度达到 35~41 dBZ，回波顶高达到 8~9 km，最强回波顶高 8.7 km；坝区附近回波强度 30~35 dBZ，回波顶高 4~5 km，最强回波顶高 5.3 km。08：43 西面最强回波翻过山脉进入河谷到达坝区，回波强度有所减弱，强度为 35~38 dBZ，最强回波 37.7 dBZ，回波顶高 5~6 km，最强回波顶高 5.9 km。09：00 以后回波继续减弱，到 10：01，最强回波 33.4 dbz，回波顶高降低，回波顶高最大值为 4.6 km。

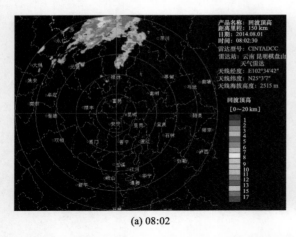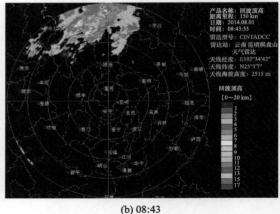

(a) 08:02   (b) 08:43

图 3.33　2014 年 8 月 1 日昆明雷达 0.5° 仰角降水回波顶高分布图

本次暴雨天气过程有如下特征：

①降水性质为持续性降水、短时强降水。降水量空间分布均匀，强度大，强降水持续时间短。

②回波类型为层状云回波中镶嵌对流回波的混合型回波，单块强回波向东移动时，兼并周围的小回波单体，并在坝区西侧快速发展，主要降水时段回波呈带状。

③回波移动方向为自西向东、整个降水过程坝区回波中心强度为 30~41 dBZ。

④径向速度场上存在明显移动的逆风区。

3.4.3.4　局地发展型

（1）回波基本情况

回波在坝区附近生成，在金沙江两岸发展加强，回波面积小、移动缓慢，云层高度低，对流发展旺盛，维持时间一般不超过 3 h，但由于地形原因，往往雷达探测的回波强度值相对偏弱，回波高度偏低。

该型降水回波在坝区以短时强降水为主，持续时间短、小时雨强大，1 h 降水量一般在 20 mm 以上。高空环流形势复杂，有切变、冷平流、偏东气流等，回波多呈块状，垂直剖面图上回波多呈柱状。局地发展型强降水回波主要生成于造成降水天气的主要天气系统的前沿地带，大环境利于产生降水和强对流天气。

图 3.34 可见，2018 年 7 月 8 日 03:31 坝区上空出现降水回波，中心强度 32 dBZ，回波顶高 6 km，回波面积很小，坝区开始下雨。随后该回波在坝区附近快速发展加强，04:24 坝区上空回波中心值 32 dBZ，回波顶高 6 km，至 04:42 回波开始减弱。03:31—05:00 坝区 90 min 降水量 33.5 mm，期间回波强度 30~40 dBZ，回波顶高 6~7 km。

2019 年 6 月 23 日 11:42 坝区东南方向有大面积降水回波存在，坝区无回波，11:47 坝区上空突然出现对流云降水回波，回波呈圆点状，面积很小，回波强度 33 dBZ，回波顶高 7 km。12:11 回波中心强度 38 dBZ，回波顶高 7 km。12:41 回波中心强度 40 dBZ，回波顶高 7 km。至 12:52 外面回波叠加进来，13:00 以后回波变性，并快速减弱消散。12：00—13：00 坝区出现短时强降水，小时降水量 23.1 mm，期间回波强度发展较快，但回波顶高始终保持 7 km，回波呈块状，整个回波降水持续约 90 min，降水量 38 mm，回波维持时间短，属短时强降水。

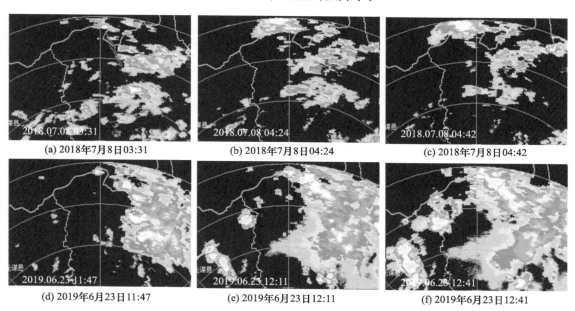

| (a) 2018年7月8日03:31 | (b) 2018年7月8日04:24 | (c) 2018年7月8日04:42 |

| (d) 2019年6月23日11:47 | (e) 2019年6月23日12:11 | (f) 2019年6月23日12:41 |

图 3.34　坝区 2018 年 7 月 8 日和 2019 年 6 月 23 日暴雨雷达回波图

（2）回波特征

短时强降水突出，降水时间持续短（1~2 h），雨强大，小时降水量 20 mm 以上，降水量分布不均匀。

组合反射率：回波面积小、呈块状，移动缓慢，回波强度 35 dBZ 以上。

径向速度：零速度线规则，正、负径向速度间梯度较大。

回波顶高：大部分回波顶高在 7 km 以下，少数为 8~10 km。

回波剖面：回波顶部凸起，呈柱状。

（3）典型个例分析——2016 年 9 月 10 日暴雨天气过程分析

2016 年 9 月 9 日 20：00 至 10 日 07：00 坝区出现了一次暴雨天气过程，并伴有强雷暴。坝区各站降水量（mm）：乌东德站 51.1，大茶铺站 47.6，雷家包站 20.6，左导进站 38.0，前期营地站 59.0，马头上站 48.5，金坪子站 23.0（图 3.35）。最大小时降水量为 36.6 mm（前期营地站）（图 3.36）。

这次暴雨过程坝区有 2 个站测得暴雨，3 个站测得大雨，2 个站测得中雨；特点为突发性强，小时降水量大，空间分布不均匀，局地性特征明显、坝址上游降水强于坝址下游，属短时强降水型暴雨。主要降水时段为 9 日 20：00—22：00。

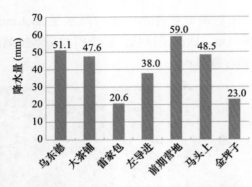

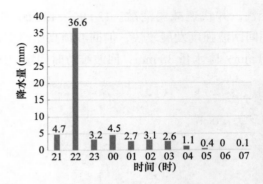

图 3.35　2016 年 9 月 10 日各站降水量　　图 3.36　2016 年 9 月 9 日 20 时至 10 日 07 时前期营地站逐小时降水量

2016 年 9 月 9 日 19:00 昆明雷达图（图 3.37）上，坝区南侧的皎平渡镇到马鹿塘乡一线有强对流回波单体生成，中心强度 49 dBZ，回波顶高 11.2 km，回波中心位置在 700 hPa 切变线的南侧，与垂直速度中心对应较好。20:05 回波图上，坝区四周均有不同强度的对流回波出现，东北方向、东南方向、西南边都有对流回波出现，回波虽然比较分散，但强度都比较强，中心强度均在 40 dBZ 以上；回波发展旺盛，东南方向和西南方向的强回波中心回波顶高 > 11 km，东北方向回波顶高 8 km。

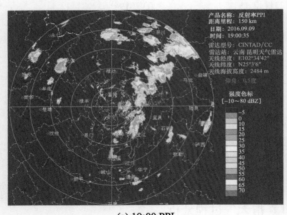
(a) 19:00 PPI

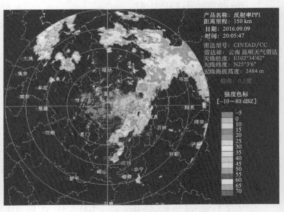
(b) 20:05 PPI

图 3.37　2016 年 9 月 9 日昆明雷达 0.5° 仰角回波图

20:35 PPI 回波图上，坝区东北方向的对流单体回波（1 号回波区）在金沙江北岸四川境内的新马乡附近山上快速发展，然后向南移动、跨过金沙江河谷，到达金沙江南岸云南乌东德镇境内，从四川到金沙江是下坡，进入云南后上坡爬升，回波强度加强，坝区开始出现雷阵雨。此时，回波中心强度 41.5 dBZ，回波顶高 6.6 km。RHI 回波垂直剖面图上，最强回波 41 dBZ，回波高度 4.5 km，回波呈柱状，回波顶高 8 km（图 3.38）。

在坝区西面楚雄州永仁县有强回波单体群存在（2 号回波区），主体呈南北向带状分布，回波带中有多个对流单体呈"珍珠串"状，最强回波单体中心强度 51.7 dBZ，回波顶高 14.8 km，属于超级单体，平均径向速度 4 m/s，移动方向自西向东，逐渐靠近坝区。RHI 回波垂直剖面图上，该超级单体最强回波值 45.2 dBZ，高度 4.5 km，回波顶部呈菜花状，强回波区能达到 14 km，有强烈的辐合抬升气流，强度非常强。坝区南面的禄劝县撒营盘镇有强回波存在（3 号回波区），中心强度 47.7 dBZ，回波顶高 11 km，移动方向自西向东。

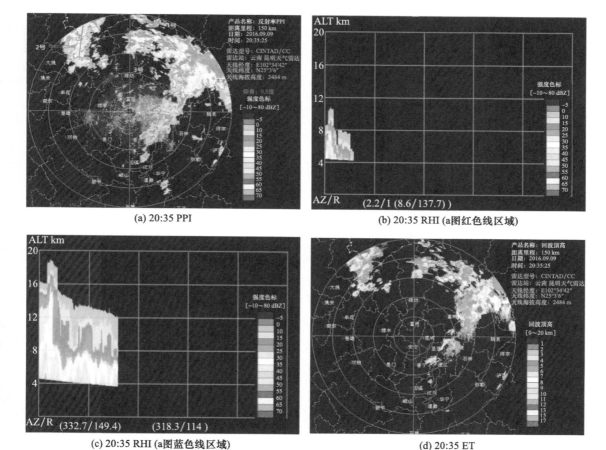

(a) 20:35 PPI

(b) 20:35 RHI (a图红色线区域)

(c) 20:35 RHI (a图蓝色线区域)

(d) 20:35 ET

图 3.38　2016 年 9 月 9 日昆明雷达 0.5° 仰角 19：00 和 20：05 雷达回波图

图 3.39 可见，9 日 20：05 在坝区北岸东北方向山顶上有小块对流云出现，然后下山于 20：35 移动到坝区北岸，位于金沙江北岸的马头上开始下雨。回波继续向南移动，过江进入云南境内，遇上爬升发展加强，给坝区带来短时强降水，21：00—22：00 小时降水量最大值为 36.6 mm（前期营地站）。期间，回波面积小、呈块状，回波强度在 30~41 dBZ，回波顶高为 5~7 km；RHI 回波柱状结构明显，顶部凸起，中心强度 43.3 dBZ；径向速度图上，零度线整齐，梯度大。

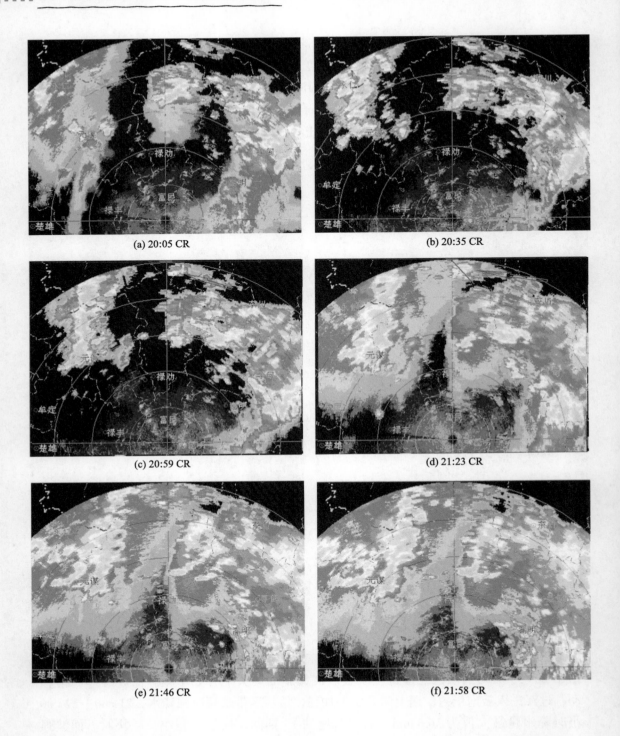

(a) 20:05 CR

(b) 20:35 CR

(c) 20:59 CR

(d) 21:23 CR

(e) 21:46 CR

(f) 21:58 CR

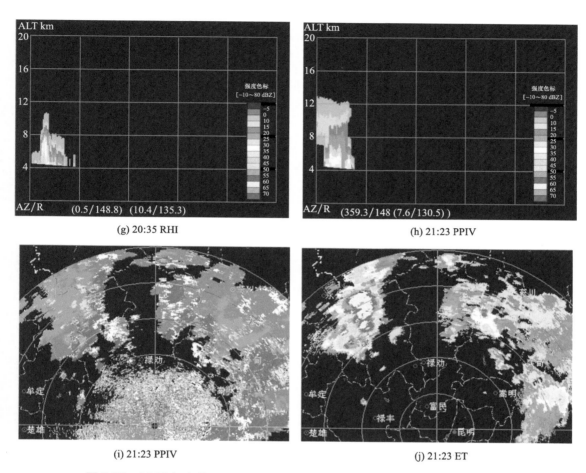

(g) 20:35 RHI

(h) 21:23 PPIV

(i) 21:23 PPIV

(j) 21:23 ET

图 3.39 2016 年 9 月 9 日昆明雷达 0.5° 仰角 20：59—21：58 雷达回波特征

21：05 PPI 回波图上，对坝区可能带来影响的有 2 块回波（红色线下为 1 号回波、蓝色线下为 2 号回波），1 号回波区移动慢、在坝区附近发展加强，回波面积很小，呈块状，中心强度 41.3 dBZ，回波顶高 7.5 km；RHI 回波剖面图上，最强回波 43.3 dBZ，呈柱状，强回波高度在 7 km 附近。2 号回波呈带状，回波边发展演变边东移，回波中心强度 50 dBZ，回波顶高 14.8 km，移动比较缓慢，平均径向速度＜2 m/s；RHI 回波剖面图上，回波顶部是花菜状，4~8 km 回波强度＞45 dBZ，从低层到中高层有悬垂回波存在，强回波区达到 14 km 以上，说明辐合抬升作用很明显，为强对流天气提供了有利的动力和水汽条件（图 3.40）。

至 21：58，PPI 回波图上 1 号回波区在坝区附近位置移动很少，随着坝区出现短时强降水（小时降水量 36.6 mm，前期营地站），大气能量得到释放，降水回波在坝区附近减弱，云层变薄，高度降低，回波强度由 41 dBZ 减弱为 25 dBZ，回波顶高由 7 km 降低到 4 km 以下，短时强降水减弱为小雨。

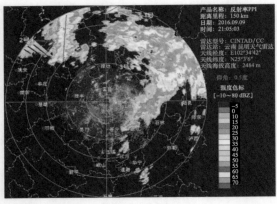

(a) 21:05 PPI

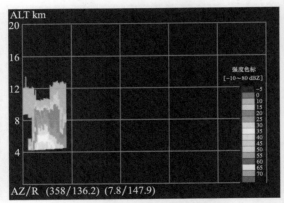

(b) 21:05 RHI (a图红色线区域)

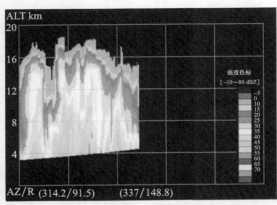

(c) 21:05 RHI (a图蓝色线区域)

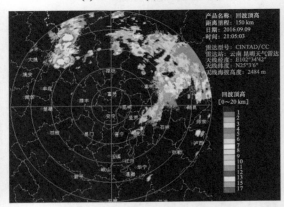

(d) 21:05 ET

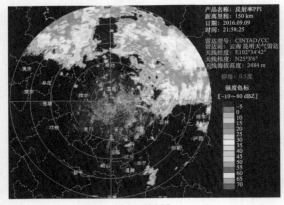

(e) 21:58 PPI

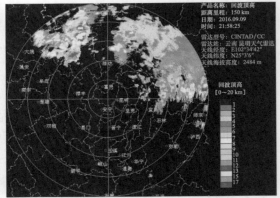

(f) 21:58 ET

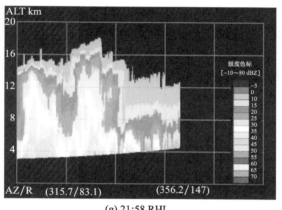
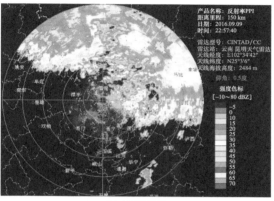

(g) 21:58 RHI　　　　　　　　　　(h) 22:57 PPI

图 3.40　2016 年 9 月 9 日昆明雷达 0.5° 仰角的回波特征

2 号回波继续缓慢东移，回波带开始分裂，发展演变成絮状，整个 2 号回波及其西南方向新生成的回波一起形成松散的弓形回波群，中间含有多个对流回波单体，中段发展最强，回波中心强度 52 dBZ，回波顶高达到 14 km；北段回波开始减弱，回波分散，强度不强，而且是边移动边演变，呈减弱趋势。弓形回波主体移动方向是向东南方向移动，分散的对流单体群开始整合，逐渐形成弓形回波带。

至 22：57，北段回波逐渐东移到达坝区，与 1 号回波残留部分合并形成片状回波，回波强度 25~30 dBZ，回波顶高 < 5 km，完成由对流云强降水到层状云连续性降水的转变。2 号回波中段和西南段继续向东南方向移动，远离坝区，结束影响。

这次暴雨天气过程的回波性质属典型的对流云降水回波（短时强降水），后期属层状云降水回波。整个降水过程分为 2 个时间段。第一时间段为 9 日 20：35—22：00，为短时强降水。9 日 20 时坝区北面四川境内新马乡高山上局地生成云，然后向南移动跨过金沙江，在金沙江南岸云南境内遇山爬升，对流云团在金沙江两岸间快速发展加强，形成强对流，虽然雷达回波 PPI 强度为 30~37 dBZ，回波顶高度在 7 km 左右，但给坝区造成了 36.6 mm 的 1 h 短时强降水，可能是河谷两侧山脉海拔较高，而云团云底较低，加之河谷、山脉地形和热力因素，产生了此次短时强降水。第二时间段为 9 日 22：00 至 10 日 04：00，为连续性小雨，层状云降水回波，回波强度弱，面积大，为 500 hPa 高原槽东移和切变结合后形成的系统性降水。

本次暴雨天气过程有如下特征：

①降水性质为短时强降水型暴雨，最大 1 h 降水量 36.6 mm。

②环流形势为 500 hPa 东北—西南向大槽，槽后有冷平流；700 hPa 为横向切变（切变后部有 10~14 m/s 东北气流输送冷平流），地面为弱冷空气。

③回波类型：影响坝区的回波为对流云降水回波与层状云降水回波，回波分 2 个阶段影响。第一阶段为对流云降水回波，回波面积小、呈块状，局地生成发展，持续时间短（1.5 h），回波强度为 30~41 dBZ，回波顶高为 5~7 km，降水量大（最大 1 h 降水量

36.6 mm）。第二阶段为层状云降水回波，持续时间长（6 h），小时降水量小，回波弱，回波面积大，是南北向带状回波自西向东移动，北段减弱到达坝区影响所致。

④回波移动方向：对流云降水回波在坝区北岸山上局地生成，然后向南移动并跨江到南岸，影响范围为坝区附近；层状云降水是由西边带状强回波减弱后形成，移动方向为自西北向东南移动。

3.5 乌东德水电站坝区暴雨预报着眼点

造成乌东德水电站坝区暴雨的环流形势和雷达回波特征较为复杂，天气影响系统和雷达回波特征有一定的对应关系，二者结合寻找暴雨预报着眼点。

高空槽：当 500 hPa 为高空槽，槽后有明显的冷平流，700 hPa 为切变线，对应的雷达回波类型主要有带状回波、叠加聚合型、回波移动型等，500 hPa 为东北—西南向大槽或横槽影响时，回波发展演变明显，回波移动较慢，降水回波中有 1 个或多个对流单体移动，回波中心强度 ≥ 40 dBZ，回波顶高 ≥ 10 km，有时径向速度图上坝区附近出现逆风区，小时降水量大，易出现短时强降水和暴雨；如果是川西高原槽东移南下影响坝区时，回波强度弱于东北—西南向大槽，中心强度 ≥ 35 dBZ，回波顶高 ≥ 7 km，小时降水量不大但降水时间长，以回波移动型为主，因持续性降水而形成暴雨。

低涡：四川盆地西南部有低涡形成并向东南移动，坝区位于涡前，如果川西高原有对流云团生成发展，并沿金沙江流域向东南移动，最后形成涡旋状云系，有时低涡位于切变线上，对流层低层有辐合。雷达回波上呈现带状回波或中尺度絮状回波团，回波强度 ≥ 40 dBZ，回波顶高 ≥ 10 km。

副高外围偏南气流：坝区西部有辐合区，坝区位于副高外围偏南气流上，水汽输送条件好，有时 700 hPa 有切变或地面有冷空气影响，回波面积大，回波中有带状回波、中尺度辐合线、飑线等强对流单体移动到坝区，回波强度 ≥ 40 dBZ，回波顶高 ≥ 10 km，带来短时强降水和暴雨。

偏东气流和西北气流：如果 500 hPa 出现槽后较强偏东气流或西北气流时，槽后风速较大（≥ 16 m/s）、冷平流明显，700 hPa 有切变或明显西南暖湿气流配合，降水回波局地发展加强并移向坝区产生强对流和暴雨，回波面积小、强度大、突发性强，降水时间较短但小时降水量大，该类型暴雨出现概率小。

3.6 本章小结

通过分析坝区暴雨样本的时空分布特征，以昆明雷达 0.5° 仰角基数据产品资料分析暴雨个例的雷达回波反射率因子、回波顶高、径向速度、垂直剖面和小时雨强等回波特征，结合天气形势，总结归纳出坝区暴雨天气发生时的雷达回波特征值，结果表明：

（1）坝区 2014—2020 年平均每年出现暴雨 2.9 次，最多年 5 次（2015 年），出现时间 6—10 月，7 月和 8 月最多。马头上站最多，为 14 次，坝区左岸和右岸迎风坡站点暴雨次数多于河谷站点，大坝上游站点暴雨次数多于下游站点。

（2）暴雨雷达回波强度一般在 38 dBZ 以上，平均最大反射率因子 41.2 dBZ，极端最大反射率因子 51 dBZ。最大反射率因子 ≥ 40 dBZ 占 70.6%，< 35 dBZ 占 5.9%；回波顶高平均最大值 9.9 km，极端最大值 15 km，回波顶高度 9 km 以上占 64.7%，短时强降水的回波顶高一般在 11 km 以上；不同环流形势下，暴雨过程的径向速度反应不尽相同，有的存在逆风区，有的存在辐合流场，还有的在正径向速度区里，正、负径向速度梯度也不相同，其中逆风区与暴雨有较好的对应关系，逆风区出现时对应回波顶高度增加，对应区域小时雨强较大。

（3）小时雨强与小时降水量具有一定的相关性，但仅作预报参考，谨慎应用。回波强度在 30 dBZ 以上，坝区可能出现小时降水量 10 mm 以上的短时强降水，回波强度达到 40 dBZ 以上，坝区可能将出现小时降水量 30 mm 以上的短时强降水或暴雨。

（4）暴雨回波移动方向主要有 5 个方向，自西向东移动（占 52.9%）、自南向北移动（占 11.8%）、自东北向西南移动（占 17.6%），自东向西（占 11.8%），局地产生（占 5.9%）。

（5）统计分析暴雨的雷达回波演变主要过程、回波特征、回波主要结构并结合暴雨出现的环流形势等，得出暴雨的雷达回波类型主要分为 4 类：回波移动型、叠加聚合型、带状回波和局地发展型。

由于坝区位于昆明雷达探测的北部边缘地带，自北向南移动到坝区的降水回波有部分探测不到，加之回波探测失真，部分降水回波信息很难被雷达回波完全显现出来，造成探测误差，所以，在实际应用中要结合其他资料鉴别使用。

短时强降水是一种典型的强对流天气现象，形成于空气强烈的垂直运动中，常伴随有雷电、大风、冰雹等，易造成洪涝灾害和山体滑坡，给工农业生产、交通运输、国防建设以及人民生命财产安全带来严重损失（白晓平 等，2018）。坝区由于受热带、副热带、高原各种天气系统和冷空气及复杂地形的共同影响，短时强降水、暴雨、局地性大风、雷暴、强降温、高温等灾害性天气多发，其中短时强降水灾害性天气对工程建设影响较大（王将 等，2018）。乌东德水电站建设前期的主要任务是"三通一平"、高边坡治理，主要的施工任务是永久营地建设、对外交通建设、高边坡的开挖，大部分规划建设项目均在露天实施，短时强降水直接影响到了工程施工安全。由于电站工程建设的初期抗洪排涝能力较差，短时强降水会影响工程进度，还会衍生泥石流滑坡，公路塌方等灾害，直接造成施工工地、交通沿线的经济损失。乌东德水电站建设后期的主要任务是大型露天混凝土浇筑，若短时强降水发生期间未及时对现场刚浇的混凝土进行覆盖，降水对混凝土表面的冲刷就会造成严重流浆，相当于减少混凝土有效厚度，影响混凝土强度，导致表面观感很差，造成大坝质量不合格及经济损失。因此，加强短时强降水特征和短时强降水过程天气概念模型研究，旨在为这类灾害性天气的预报、预警提供技术支撑，为工程建设部及施工单位合理安排施工提供更精准的预报、预警服务，减少短时强降水对施工进度、质量及安全方面的不良影响，具有非常重要的现实意义。

4.1 影响坝区的主要降水天气系统

影响坝区的主要降水天气系统有低涡（低压）、低空切变线、两高辐合区、高空槽、副高外围偏南气流和西行台风。

4.1.1 低涡（低压）

低涡亦称"冷涡"，是指中心温度比四周低的气旋式涡旋。出现在空中的冷性低涡，即出现于大气中低层的水平和垂直范围都较小的低压涡旋。低涡水平范围较小，一般只有几百千米，它存在和发展时，在地面上可诱导出低压或使锋面气旋发展加强。低涡区内有较强的空气上升运动，为降水提供有利条件，如水汽充沛、大气又呈不稳定状态时，则低涡常产生暴雨。低涡形成后大多在原地减弱、消失，只引起源地和附近地区的天气变化。而有的低涡随低槽或高空引导气流东移，并不断得到加强和发展，雨区扩大，降水增强，往往形成暴雨，常成为影响中国江淮流域甚至华北地区的天气系统。

对中国天气影响较大的低涡可分为两类：一类是在青藏高原特殊地形作用下产生的次天气尺度涡旋，如产生于四川西南部的西南涡和青海湖附近的西北涡；另一类是从高空西风槽中切断出来的冷性涡旋，如华北冷涡及东北冷涡。西南涡是导致坝区产生短时强降水的主要天气系统之一。西南涡直径一般在 300~500 km。由于高原南缘的地形曲率及边界层内的摩擦作用，在高原东南部有利于气旋性涡旋形成。同时在青藏高原的热力影响以及高原东侧西风气流的背风坡作用下使得气旋性涡旋加强。西南涡的形成与发展还与一定的环流形式有关。其源地集中在青藏高原东南部、高原中部及四川盆地 3 个地区，以高原东南部出现最多。西南涡在全年各月都能出现，以 5—6 月最多，4 月和 9 月次之，但各年的差别很大。西南涡形成后只有一半左右能够移出和发展，其移动受高层气流的引导，一般沿切变线或辐合带方向移动。路径以自西向东或自西南向东北最多，西南涡的结构和性质与温带气旋有明显不同，西南涡的低空辐合及上升运动常位于低涡的东南部。云系结构东西方向不对称。西南涡在源地时，可产生阴雨天气，但范围不大；若发展东移并与低槽、冷锋或切变线等相结合时，往往出现暴雨甚至大暴雨天气。

热带低压也是导致坝区产生短时强降水的主要天气系统之一。热带低压（热带低气压的简称），是热带气旋的一种，形成于热带地区的低气压，在我国指底层中心附近最大平均风速在 10.8~17.1 m/s 的热带气旋，属于热带气旋强度最弱的级别。热带低压是由许多向上发展强盛的对流云所组成，往往由热带海洋上空气不稳定区内发展的云团形成的所谓"热带扰动"开始。发展初期的热带气旋，或者强热带气旋登陆后减弱时，都为热带低压。

影响坝区热带低压的具体环流形势一般为：500 hPa 高度场上，昆明、曲靖地区形成低涡（西南涡），700 hPa 高度场上坝区形成低涡（西南涡）；或 700 hPa 高度场上，云贵交界地区形成低涡（西南涡）；或 700 hPa 高度场上，滇东北形成低涡（西南涡）；或700 hPa 滇南有热带低压形成；或中南半岛中低层（500 hPa 高度场和 700 hPa 高度场上）有热带低压形成；或南海中低层（500 hPa 高度场和 700 hPa 高度场上）有热带低压发展；或孟加拉湾中低层（500 hPa 高度场和 700 hPa 高度场上）有热带低压发展。

4.1.2　低空切变线

一般把出现在低空（850 hPa 和 700 hPa 面上）风场上具有气旋式切变的不连续线称为低空切变线。切变线附近气压场较弱，有时分析不出等高线来，但风场表现却很明显。我国南方的低空切变线多为东西向，从气压场上来看也就是低空东西向的横槽（朱乾根等，2010）。低空切变线是坝区产生短时强降水的主要天气系统之一。

4.1.3 两高辐合区

西太平洋副高是一个在太平洋上空的永久性高压环流系统，范围一般以 500 hPa 高度图上西太平洋地区 5880 gpm 线（以下简称"588 线"）包围的区域为代表。西太平洋副高对我国天气、气候有重要影响，特别是它西部的高压脊。副高的位置在南北方向用副高脊线所在纬度的平均值代表，6—8 月位于 24°N；东西方向用 588 线西伸端点所在经度代表，平均位于 122°E。

西太平洋副高的强度和位置有明显的季节变化。每年 6 月以前，副高脊线位于 20°N 以南，高压北缘是沿副高脊线北上的暖湿气流与中纬度南下的冷空气相交绥地区，锋面、气旋活动频繁，形成大范围阴雨天气，受其影响华南进入雨季；到 6 月中、下旬，副高脊线北跳，并稳定在 20°~25°N，雨带随之北移，长江中下游地区进入雨季，即梅雨季节；7 月上、中旬，副高脊线再次北跳，摆动在 25°~30°N，这时黄河下游地区进入雨季，长江中下游地区的梅雨结束进入盛夏，由于处于高压脊控制，出现伏旱；7 月末至 8 月初，副高脊线跨越 30°N，到达一年中最北位置，雨带随之北移，华北北部、东北地区进入雨季；8 月底或 9 月初，高压脊开始南退，雨带随之南移；10 月以后，高压脊退至 20°N 以南，大部分地区雨季结束。从上述可知，西太平洋副高的季节性活动特点为夏季北进时，持续时间较长，移动速度较慢，而秋季南退时，却时间短，速度快。西太平洋副高活动的年际变化较大。当其活动出现异常时，常常造成我国较大范围的旱涝灾害。

青藏高压是北半球对流层上部夏季副热带势力最强、最稳定的大气活动中心。青藏高压的形成与青藏高压的热力作用有密切关系。夏季青藏高原是一个热源，近地层和低层大气受热上升，到对流层上层，上升的空气向四周辐散，在地转偏向力作用下，形成一个强大的反气旋环流。青藏高压东西范围可达 120 个经度左右，南北宽度占 20~30 个纬距，在 100~200 hPa 上表现最明显。夏季，青藏高原 500 hPa 上空也常有高压出现，它的尺度有时较大，可以控制整个青藏高原上空；有时较小，只是一个不大的单体。

夏季的 500 hPa 高度上，滇缅之间有时会出现一个次天气尺度的高压系统，该高压是由青藏高压分裂南下或由副高西进断裂所形成，通常称之为滇缅高压。两高辐合区是指在 500 hPa 高度上，坝区南北两个高压环流（一般是西太平洋副高和青藏高压）之间、坝区东西两个高压环流（一般是西太平洋副高和滇缅高压）之间和坝区西北东南两个高压环流（一般是西太平洋副高和青藏高压）之间的辐合区，辐合区是热量和动量交换的通道，是大气活动最为激烈的地区，也是短时强降水最易发生的地区。两高辐合区是坝区产生短时强降水的主要天气系统之一。

4.1.4 高空槽

高空槽是高空存在的一种气压槽，常指那些在高空要比在地面附近更明显的气压槽，又称高空低压槽。高空槽是活动在对流层中层西风带上的短波槽，一年四季都有出现，但春季出现最多。高空槽的波长约 1000 km，移动方向为自西向东。槽前盛行暖湿西南气流,常常成云致雨;槽后盛行干冷西北气流,常常带来晴冷天气。一次高空槽活动反映了不同纬度间冷、暖空气的一次交换过程,给中、高纬度地区造成阴雨和大风天气。高空槽常与高空温度槽相配合,当温度槽和高空槽位置不同时,易出现 3 种不同形式的高空槽,即后倾槽、垂直槽和前倾槽。

4.1.4.1 后倾槽

当温度槽落后于高空槽时,低压槽线随高度升高逐渐向与其移动方向相反的方向倾斜,即向冷区倾斜,这种情况叫后倾槽。后倾槽随着温度槽位置的前移,平流作用加强,高空槽将继续加深发展,槽前广阔范围内盛行辐合上升气流,如果水汽充沛,将产生稳定性云系和降水。

4.1.4.2 垂直槽

当温度槽与高空槽重合时,低压槽线垂直,称为垂直槽。当高空槽发展到最强盛阶段,天气也发展到最强盛。

4.1.4.3 前倾槽

当温度槽超前于高空槽时,高空槽线随高度升高向前倾斜,称前倾槽。前倾槽的槽后冷空气将置于槽前暖空气之上,导致低压槽很快消失,产生不稳定云系和阵性降水。

影响坝区高空槽的具体环流形势一般为:500 hPa 高度场上,西藏、四川、云南、贵州地区形成的准东—西向高空槽或四川、云南地区形成的东北—西南向高空槽。高空槽是坝区产生短时强降水的主要天气系统之一。

4.1.5 副高外围偏南气流

副高西侧盛行的偏南暖湿气流,为低层暖湿空气辐合上升运动区,容易出现雷阵雨天气。尤其北侧是西风带,经常带来北方较冷的空气,与暖空气结合更容易形成激烈的天气。

影响坝区副高外围偏南气流的具体环流形势一般为:700 hPa 高度场上,或中低层(500 hPa 高度场和 700 hPa 高度场上)坝区位于西太平洋副热带高压西侧,受偏南暖湿气流影响。

4.1.6 西行台风

按照国家标准《热带气旋等级》(GB/T 19201—2006),台风是指底层中心附近最大平均风速 ≥ 32.7 m/s 的热带气旋。南海是太平洋的一部分、亚洲三大边缘海之一。其北接中国广东、广西,属中国海南省管辖。南缘曾母暗沙为中国领海的最南端。其东面和南面分别与菲律宾群岛和印度洋为邻,西临中南半岛和马来半岛,面积 350 万 km²,平均深度 1212 m,最深处达 5559 m。其中的北部湾位于中国南海的西北部,是一个半封闭的大海湾,东临中国雷州半岛和海南岛,北临中国广西壮族自治区,西临越南,南与南海相连。西行台风在广西和广东登陆后继续西行,或穿过海南岛进入北部湾在越南北部登陆,对坝区产生较大影响,是产生短时强降水的主要天气系统之一。

4.2 短时强降水时空分布

云南省短时临近预报业务规定（试行）定义小时降水量（R_{1h}）≥ 20 mm 的降水为短时强降水。本节采用 2014—2019 年坝区 7 个自动气象站逐日（20∶00 至次日 20∶00）降水资料和逐时降水资料，统计 2014—2019 年短时强降水累计发生频次，发现近 6 a 资料记录长度相同（左导进站 2019 年 11 月 16 日拆除，大茶铺站 2020 年故障）的坝区 7 个自动气象站累计发生 63 站次短时强降水。按照文献（王芬 等，2017）方法将短时强降水分为 4 个等级：20 mm ≤ R_{1h} < 30 mm、30 mm ≤ R_{1h} < 40 mm、40 mm ≤ R_{1h} < 50 mm、R_{1h} ≥ 50 mm。

4.2.1 短时强降水的空间分布

分析 6 a 坝区短时强降水累计频次的空间分布得知（图 4.1），呈现"西北多东南少"的空间分布，发生频次最多的是前期营地站和左导进站，各出现 13 次（占 20.3%），雷家包站和金坪子站最少，各出现 5 次（占 7.8%）。

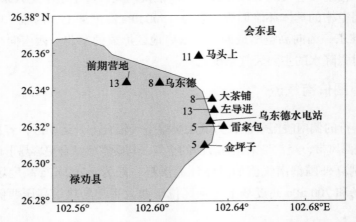

图 4.1　2014—2019 年坝区短时强降水（R_{1h} ≥ 20 mm）累计频次空间分布

分析 6 a 坝区不同等级短时强降水累计频次的空间分布得知，20 mm ≤ R_{1h} < 30 mm 短时强降水（图 4.2a）累计频次为 45 次，呈现"西北多东南少"的空间分布特征，前期营地和马头上发生频次最多，各出现 8 次（占 17.8%），金坪子、雷家包最少，各出现 5 次（占 11.1%）；30 mm ≤ R_{1h} < 40 mm 短时强降水（图 4.2b）累计频次为 14 次，左导进发生频次最多，出现 6 次（占 42.9%），金坪子、雷家包和乌东德未出现过该等级短时强降水；40 mm ≤ R_{1h} < 50 mm 短时强降水（图 4.2c）累计频次为 2 次，乌东德、左导进各出现 1 次，其余站未出现过该等级短时强降水；R_{1h} ≤ 50 mm 短时强降水（图 4.2d）累计频次为 2 次，前期营地、马头上各出现 1 次，其余站未出现过该等级短时强降水。

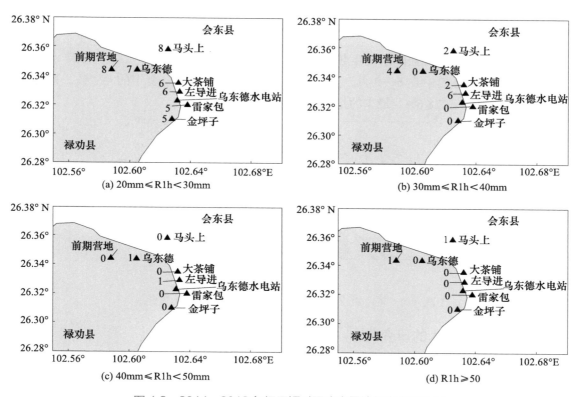

图 4.2　2014—2019 年坝区短时强降水累计频次空间分布

4.2.2　短时强降水的年际变化

分析 6 a 坝区短时强降水发生频次的年际变化特征得知（图 4.3），短时强降水累计出现频次 63 次，年平均 10.5 次，其中 2014 年出现短时强降水次数最多，达 19 次，其次为 2018 年，为 13 次，最少的年份为 2016 年和 2019 年，分别为 6 次。

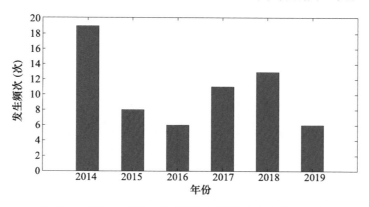

图 4.3　2014—2019 年坝区短时强降水频次年际变化

4.2.3　短时强降水的月际变化

分析 6 a 坝区短时强降水发生频次的月际变化特征得知（图 4.4），短时强降水出现在 5—9 月，主要集中在 6—8 月，其中 7 月最多，为 31 次，占全年的 49.2%，其次是 8 月，为 18 次，占 28.6%，最少的是 5 月，为 1 次，仅占 1.6%。

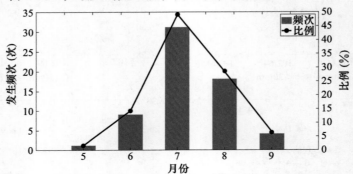

图 4.4　2014—2019 年坝区短时强降水频次月际变化

4.2.4　短时强降水的日变化

分析 6 a 坝区短时强降水发生频次的日变化特征得知（图 4.5），短时强降水累计出现频次为 63 次，其中，夜间 50 次（占 79.4%），出现时段为 20∶00—07∶00，白天为低发时段，累计频次为 13 次（占 20.6%），出现时段为 08∶00—10∶00、12∶00—13∶00、14∶00—15∶00、18∶00—20∶00，在夜间 21∶00—22∶00 达到峰值。可见短时强降水日变化特征表现为夜间高发、白天低发。

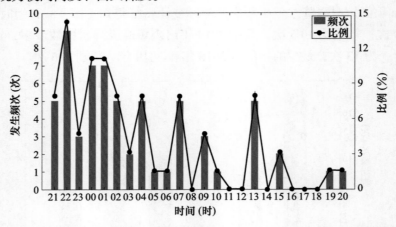

图 4.5　2014—2019 年坝区短时强降水（$R_{1h} \leqslant 20 \text{ mm}$）频次日变化

分析 6 a 不同等级短时强降水的日变化特征得知，$20 \text{ mm} \leqslant R_{1h} < 30 \text{ mm}$ 短时强降水（图 4.6a）出现频次为 45 次，夜间发生频次为 36 次（占 80.0%），出现时段为 21∶00—07∶00，白天发生频次为 9 次（占 20.0%），出现时段为 08∶00—10∶00、12∶00—

13：00、18：00—20：00，在夜间 21：00—22：00 达到峰值；30 mm ≤ R_{1h} < 40 mm 短时强降水（图 4.6b）出现频次为 14 次，夜间发生频次为 10 次（占 71.4%），出现时段为 21：00—22：00、23：00—03：00、06：00—07：00，白天发生频次为 4 次（占 28.6%），出现时段为 08：00—09：00、12：00—13：00、14：00—15：00，在夜间的 00：00—01：00 达到峰值；40 mm ≤ R_{1h} < 50 mm 短时强降水（图 4.6c）出现频次为 2 次，仅出现在夜间 00：00—01：00；R_{1h} ≥ 50 mm 短时强降水（图 4.6d）出现频次为 2 次，仅出现在夜间 23：00—00：00、06：00—07：00。由上述分析可知，4 个等级的短时强降水均表现为夜间高发、白天低发的日变化特征，特别是在白天未出现过 R_{1h} ≥ 40 mm 的短时强降水。

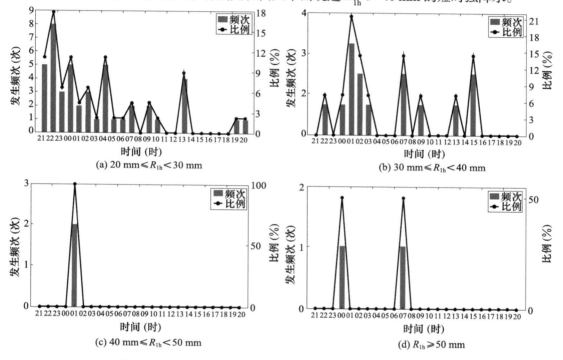

图 4.6　2014—2019 年坝区不同等级短时强降水频次日变化

通过上述分析可知，不同等级的短时强降水均表现为夜间高发、白天低发的日变化特征。分析原因主要有 3 个：一是坝区位于青藏高原东南侧，境内山峦纵横，由于受到山脉的阻挡，白天山脚接收的太阳辐射相对较少，山脚的空气冷，山顶的空气热，大气层结稳定，白天不易产生降水，特别是短时强降水；夜间，山顶气温下降迅速，山脚的空气热，山顶的空气冷，大气层结不稳定，夜间易发生强对流天气，出现短时强降水。二是产生暴雨的中尺度对流系统多出现在夜间。三是昆明准静止锋有夜间加强、白天减弱的特征。

4.2.5　不同级别的短时强降水比较

分析 6 a 各等级短时强降水发生频次占所有短时强降水的比例得知（图 4.7），20 mm ≤ R_{1h} < 30 mm 短时强降水发生频次最多，出现 45 次（占 71.4%），30 mm ≤

$R_{1h} < 40$ mm 短时强降水出现 14 次（占 22.2%），40 mm $\leq R_{1h} < 50$ mm 和 50 mm $\leq$ R_{1h} 短时强降水发生频次最少，各出现 2 次（占 3.2%）。

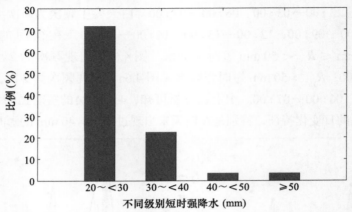

图 4.7 2014—2019 年坝区不同级别短时强降水频次所占比例

4.3 短时强降水天气过程环流分型

本节采用的资料为 2014—2019 年坝区 7 个自动气象站 20：00—20：00 逐日降水资料和逐时降水资料，以及 2014—2019 年 NCAR/NCEP（1°×1°）再分析资料。

分析 2014—2019 年坝区各类短时强降水过程天气环流分型频次所占比例得知（图 4.8），低涡（低压）型频次最多，为 10 次（占 34.5%），低空切变线型为 8 次（占 27.6%），两高辐合区型为 5 次（占 17.2%），高空槽切变线型为 3 次（占 10.3%），副高外围偏南气流型为 2 次（占 6.9%），西行台风型频次最少，为 1 次（占 3.4%）。其中低涡（低压）型可细分为低涡型、中南半岛低压型、南海低压型、孟加拉湾低压型（以下简称孟湾低压型）（图 4.9），低涡型频次为 4 次（占 13.8%），中南半岛低压型频次为 3 次（占 10.3%），南海低压型频次为 2 次（占 6.9%），孟湾低压型频次为 1 次（占 3.4%）。

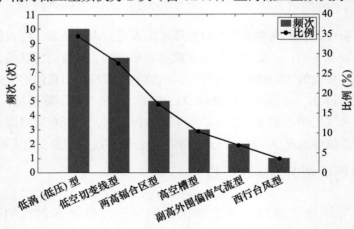

图 4.8 2014—2019 年坝区各类短时强降水过程天气环流分型频次所占比例

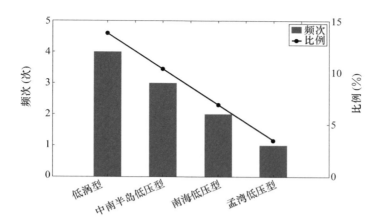

图 4.9　2014—2019 年坝区低涡（低压）型短时强降水过程天气环流分型频次所占比例

4.3.1　低涡（低压）型

4.3.1.1　低涡（低压）型短时强降水过程的主要天气形势

2014 年 6 月 28 日、2014 年 7 月 4 日、2014 年 7 月 8 日、2014 年 8 月 5 日、2018 年 6 月 22 日、2018 年 7 月 8 日、2018 年 7 月 22 日、2018 年 8 月 7 日、2018 年 7 月 31 日、2019 年 8 月 4 日强降水即为此短时强降水天气环流分型。此类型短时强降水过程共有 10 次，占总次数的 34.5%。此类型短时强降水过程仅出现在 6—8 月，6 月出现 2 次，7 月最多出现 5 次，8 月出现 3 次。

（1）低涡型

在对流层低层高湿背景下（700 hPa 比湿为 11~12 g/kg），地面浅薄冷空气（12 h 正变压为 2.5 hPa、18 h 正变压 2.5 hPa）配合低层低涡或者中低层低涡触发和维持了强降水，即造成短时强降水的低涡型天气环流分型。

2014 年 6 月 28 日、2014 年 7 月 4 日、2018 年 6 月 22 日、2018 年 7 月 8 日强降水即为此短时强降水天气环流分型。此类型短时强降水过程共有 4 次，占总次数的 13.8%。此类型短时强降水过程仅出现在 6 月和 7 月，每月出现了 2 次。

（2）中南半岛低压型

中南半岛有热带低压形成，向坝区输送了充沛的水汽和能量，在对流层低层高湿背景下（700 hPa 比湿为 10~11 g/kg），中低层中南半岛低压或地面浅薄冷空气（6 h 正变压 2.5 hPa，冷高压边缘）配合中低层中南半岛低压触发和维持了强降水，即造成短时强降水的中南半岛低压型天气环流分型。

2014 年 7 月 8 日、2014 年 8 月 5 日、2019 年 8 月 4 日坝区强降水即为此短时强降水天气环流分型。此类型短时强降水过程共有 3 次，占总次数的 10.3%。此类型短时强降水过程仅出现在 7—8 月，8 月份最多，共有 2 次。

（3）南海低压型

南海有热带低压形成，向坝区输送了充沛的水汽和能量，在对流层低层高湿背景下

（700 hPa 比湿为 10~11 g/kg），地面浅薄冷空气（6 h 正变压 2.5~5.0 hPa）配合中低层南海低压触发和维持了强降水，即造成短时强降水的南海低压型天气环流分型。

2018 年 7 月 22 日、2018 年 8 月 7 日坝区强降水即为此短时强降水天气环流分型。此类型短时强降水过程共有 2 次，占总次数的 6.9%。此类型短时强降水过程仅出现在 7 月。

（4）孟湾低压型

孟湾低压沿着高压外围气流向坝区输送了充沛的水汽和能量；在对流层低层高湿背景下（700 hPa 比湿为 10 g/kg），地面浅薄冷空气（6 h 正变压 5.0 hPa）配合中低层孟湾低压触发和维持了强降水，即造成短时强降水的孟湾低压型天气环流分型。

2018 年 7 月 31 日坝区强降水即为此短时强降水天气环流分型。此类型短时强降水过程共有 1 次，占总次数的 3.4%。此类型短时强降水过程仅出现在 7 月。

4.3.1.2 低涡型短时强降水过程个例——2018 年 7 月 8 日坝区短时强降水过程

（1）降水特点概述

2018 年 7 月 7 日 20：00—8 日 20：00 坝区出现了一次短时强降水过程，降水量空间分布不均，24 h 累积降水量（mm）：乌东德站 49.2、大茶铺站 57.4、雷家包站 18.3、左导进站 50.3、前期营地站 42.8、马头上站 55.1、金坪子站 9.8。大茶铺站逐小时降水量变化显示（图 4.10），降水出现在 8 日 03：00—10：00、13：00—14：00，降水强度大，最大小时雨强为 20.5 mm/h（8 日 04：00—05：00），强降水时间为 2 h。这次短时强降水过程具有降水量空间分布不均、局地性明显、强度大\强降水持续时间长的特点。

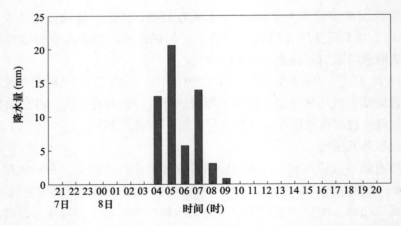

图 4.10　2018 年 7 月 7 日 20：00—8 日 20：00 大茶铺站逐小时降水量

（2）环流背景分析

分析 500 hPa 位势高度场和风场（图 4.11）可知，8 日 02 时孟加拉湾和南海有热带低压发展，坝区为副高外围（西南侧）东风（E）气流控制，风速为 4 m/s。02—14 时，形势稳定。

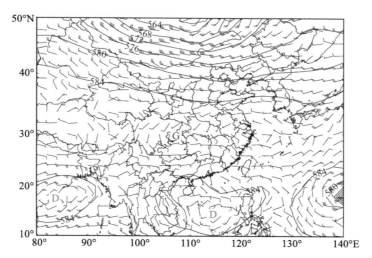

图 4.11　2018 年 7 月 8 日 02 时 500 hPa 位势高度场（蓝线，单位：dagpm）和
风场（单位：m/s）（G：高压中心，D：低压中心，红点：坝区）

　　分析 700 hPa 位势高度场、风场和比湿场（图 4.12）可知，8 日 02 时低涡中心位于滇南，坝区为低涡北部东南（SE）气流控制，风速为 2 m/s，比湿＞ 12 g/kg。02—14时，低涡中心在滇南和滇中以西摆动，坝区为低涡东部 / 北部的南 / 东南（S/SE）气流控制，风速为 1~2 m/s，比湿＞ 12 g/kg（8 日 08 时为南风（S）气流控制，风速为 1 m/s，比湿＞ 12 g/kg；14 时为东南（SE）气流控制，风速为 2 m/s，比湿＞ 12 g/kg）。

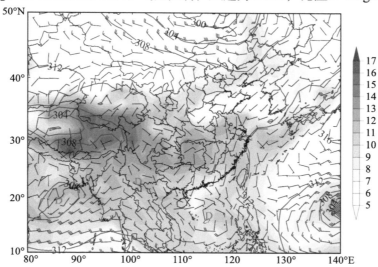

图 4.12　2018 年 7 月 8 日 02 时 700 hPa 位势高度场（蓝线，单位：dagpm）、
风场（单位：m/s）和比湿（阴影，单位：g/kg）（D：低压中心，红点：坝区）

　　分析海平面气压场（图 4.13）可知，7 日 20 时坝区位于冷高压边缘，地面气压＞1002.5 hPa，从 7 日 20 时至 8 日 08 时，坝区 12 h 正变压 2.5 hPa，近地层有浅薄冷空气影响坝区。

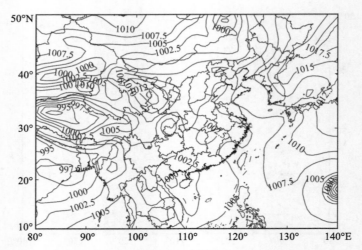

图 4.13 2018 年 7 月 7 日 20 时海平面气压场（蓝线，单位：hPa）
（G：高压中心，红点：坝区）

综合分析高、低空系统配置：近地层有浅薄冷空气活动；低层有低涡，比湿＞ 12 g/kg；中层为副高外围（西南侧）东风（E）气流控制。在对流层低层高湿背景下，地面浅薄冷空气配合低层低涡触发和维持了强降水。

其余个例详见附录 2。

4.3.1.3 中南半岛低压型短时强降水过程个例——2019 年 8 月 4 日坝区短时强降水过程

（1）降水特点概述

2019 年 8 月 3 日 20：00—4 日 20：00 坝区出现了一次短时强降水过程，降水量空间分布不均，24 h 累积降水量：乌东德站 21.3 mm、大茶铺站 11.6 mm、雷家包站 3.4 mm、左导进站 10.2 mm、前期营地站 43.5 mm、马头上站 5.8 mm、金坪子站 2.1 mm。前期营地站逐小时降水量变化显示（图 4.14），降水出现在 4 日 18：00—20：00，降水强度大，最大小时雨强为 25.7 mm/h（4 日 19：00—20：00），强降水持续时间为 2 h。这次短时强降水过程具有降水量空间分布不均、局地性明显、降水强度大、强降水持续时间长的特点。

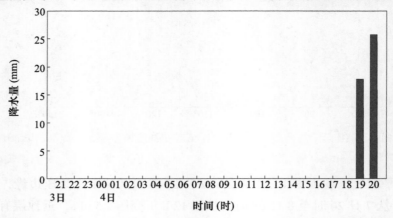

图 4.14 2019 年 8 月 3 日 20：00 至 4 日 20：00 前期营地站逐小时降水量

（2）环流背景分析

分析 500 hPa 位势高度场和风场（图 4.15）可知，4 日 20 时南海、中南半岛、孟加拉湾有热带低压发展，坝区为中南半岛热带低压环流外围（北侧）的东风（E）气流控制，风速为 4 m/s。

分析 700 hPa 位势高度场、风场和比湿场（图 4.16）可知，与 500 hPa 形势类似，4 日 20 时南海、中南半岛、孟加拉湾有热带低压发展，坝区为中南半岛热带低压外围（北侧）的偏东（ESE）气流，风速为 2 m/s，比湿＞ 10 g/kg。

分析海平面气压场（图 4.17）可知，4 日 20 时坝区位于冷高压边缘，地面气压＞ 1005.0 hPa，近地层有浅薄冷空气影响坝区。

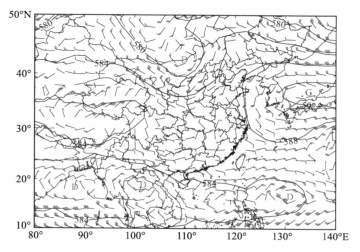

图 4.15　2019 年 8 月 4 日 20 时 500 hPa 位势高度场（蓝线，单位：dagpm）和风场（单位：m/s）（D：低压中心，G：高压中心，红点：坝区）

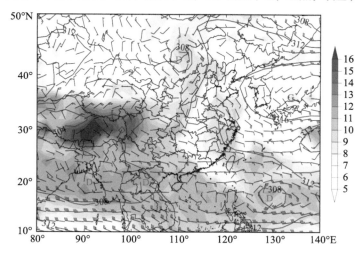

图 4.16　2019 年 8 月 4 日 20 时 700 hPa 位势高度场（蓝线，单位：dagpm）、风场（单位：m/s）和比湿（阴影，单位：g/kg）（D：低压中心，G：高压中心，红点：坝区）

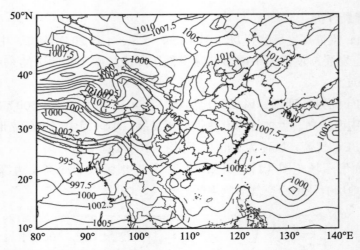

图 4.17　2019 年 8 月 4 日 20 时海平面气压场（蓝线，单位：hPa）（G：高压中心，红点：坝区）

综合分析高、低空系统配置：近地层有浅薄冷空气活动；中低空中南半岛有热带低压形成，向坝区输送了充沛的水汽和能量，比湿 > 10 g/kg。中南半岛有热带低压形成，向坝区输送了充沛的水汽和能量，在对流层低层高湿背景下，地面浅薄冷空气配合中低层热带低压触发和维持了强降水。

其余个例详见附录 2。

4.3.1.4　南海低压型短时强降水过程个例——2018 年 8 月 7 日坝区短时强降水过程

（1）降水特点概述

2018 年 8 月 6 日 20：00—7 日 20：00 坝区出现了一次短时强降水过程，降水量空间分布不均，24 h 累积降水量：乌东德站 20.2 mm、大茶铺站 3.3 mm、雷家包站 6.1 mm、左导进站 3.5 mm、前期营地站 42.3 mm、马头上站 4.3 mm、金坪子站 6.9 mm。前期营地站逐小时降水量变化显示（图 4.18），降水出现在 7 日 01：00—04：00，降水强度大，最大小时雨强为 36.4 mm/h（7 日 02：00—03：00），强降水持续时间为 1 h。这次短时强降水过程具有降水量空间分布不均、局地性明显、降水强度大、强降水持续时间短的特点。

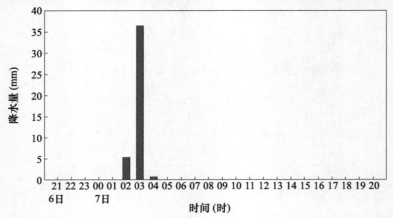

图 4.18　2018 年 8 月 6 日 20：00 至 7 日 20：00 前期营地站逐小时降水量

（2）环流背景分析

分析 500 hPa 位势高度场和风场（图 4.19）可知，7 日 02 时孟加拉湾、南海有热带低压发展，坝区为副高外围（东南侧）的偏东（ENE）气流控制，风速为 4 m/s。

分析 700 hPa 位势高度场、风场和比湿场（图 4.20）可知，与 500 hPa 形势类似，7 日 02 时孟加拉湾、南海有热带低压发展，贵州中部有低涡形成，坝区为副高外围（西侧）偏南（SSE）气流控制，风速为 2 m/s，比湿＞9 g/kg。南海热带低压向坝区输送了充沛的水汽和能量。

分析海平面气压场（图 4.21）可知，6 日 20 时坝区位于冷高压边缘，地面气压＞1005.0 hPa。从 6 日 20 时至 7 日 02 时，坝区 6 h 正变压为 5.0 hPa，近地层有浅薄冷空气影响坝区。

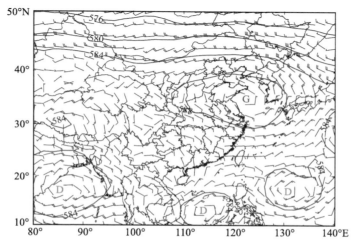

图 4.19　2018 年 8 月 7 日 02 时 500 hPa 位势高度场（蓝线，单位：dagpm）和
风场（单位：m/s）（D：低压中心，G：高压中心，红点：坝区）

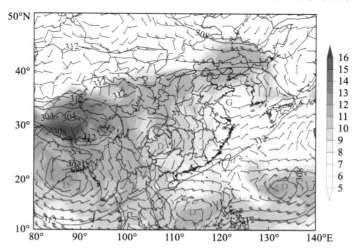

图 4.20　2018 年 8 月 7 日 02 时 700 hPa 位势高度场（蓝线，单位：dagpm）、
风场（单位：m/s）和比湿（阴影，单位：g/kg）（D：低压中心，G：高压中心，红点：坝区）

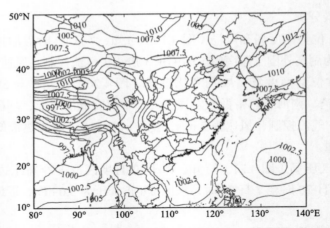

图 4.21　2018 年 8 月 6 日 20 时海平面气压场（蓝线，单位：hPa）（G：高压中心，红点：坝区）

综合分析高、低空系统配置：近地层有浅薄冷空气活动；中低层南海有热带低压形成，向坝区输送了充沛的水汽和能量，比湿 > 9 g/kg。南海有热带低压形成，向坝区输送了充沛的水汽和能量，在对流层低层高湿背景下，地面浅薄冷空气配合中低层南海低压触发和维持了强降水。

其余个例详见附录 2。

4.3.1.5　孟湾低压型短时强降水过程个例——2018 年 7 月 31 日坝区短时强降水过程

（1）降水特点概述

2018 年 7 月 30 日 20：00—31 日 20：00 坝区出现了一次短时强降水过程，降水量空间分布不均，24 h 累积降水量：乌东德站 19.0 mm、大茶铺站 35.6 mm、雷家包站 18.6 mm、左导进站 37.7 mm、前期营地站 5.3 mm、马头上站 81.5 mm、金坪子站 9.1 mm。马头上站逐小时降水量变化显示（图 4.22），降水出现在 30 日 23：00 至 31 日 05：00、31 日 16：00—17：00，降水强度大，最大小时雨强为 68.9 mm/h（30 日 23：00 至 31 日 00：00），强降水持续时间为 2 h。这次短时强降水过程具有降水量空间分布不均、局地性明显、降水强度大、强降水持续时间长的特点。

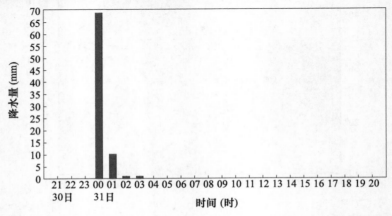

图 4.22　2018 年 7 月 30 日 20：00—31 日 20：00 马头上站逐小时降水量

（2）环流背景分析

分析 500 hPa 位势高度场和风场（图 4.23）可知，30 日 20 时孟加拉湾有热带低压发展，西太平洋副热带高压位于菲律宾以东，坝区为高压环流外围（西北侧）西南（SW）气流控制，风速为 1 m/s。高压外围的西南（SW）气流和孟湾低压向坝区输送了充沛的水汽和能量。

分析 700 hPa 位势高度场、风场和比湿场（图 4.24）可知，与 500 hPa 形势类似，30 日 20 时孟加拉湾西部有热带低压发展，坝区为副高外围（西侧）的偏南（SSW）气流控制，风速为 4 m/s，比湿 > 10 g/kg。高压外围的偏南（SSW）气流和孟湾低压向坝区输送了充沛的水汽和能量。

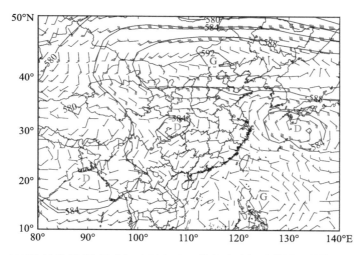

图 4.23　2018 年 7 月 30 日 20 时 500 hPa 位势高度场（蓝线，单位：dagpm）和风场（单位：m/s）（G：高压中心，D：低压中心，红点：坝区）

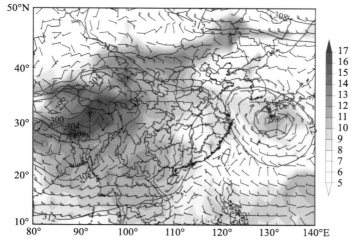

图 4.24　2018 年 7 月 30 日 20 时 700 hPa 位势高度场（蓝线，单位：dagpm）、风场（单位：m/s）和比湿（阴影，单位：g/kg）（G：高压中心，D：低压中心，红点：坝区）

分析海平面气压场（图 4.25）可知，30 日 20 时坝区位于冷高压边缘，地面气压＞1002.5 hPa。从 30 日 20 时至 31 日 02 时，坝区 6 h 正变压为 5.0 hPa，近地层有浅薄冷空气影响坝区。

综合分析高、低空系统配置：近地层有浅薄冷空气活动；中低层高压外围的西南／偏南（SW/SSW）气流和孟湾低压向坝区输送了充沛的水汽和能量，比湿＞10 g/kg。孟湾低压沿着高压外围气流向坝区输送了充沛的水汽和能量；在对流层低层高湿背景下，地面浅薄冷空气配合中低层孟湾低压触发和维持了强降水。

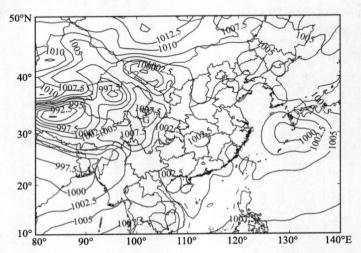

图 4.25　2018 年 7 月 30 日 20 时海平面气压场（蓝线，单位：hPa）
（G：高压中心，红点：坝区）

4.3.2　低空切变线型

4.3.2.1　低空切变线型短时强降水过程的主要天气形势

在对流层低层高湿背景下（700 hPa 比湿为 7~12 g/kg），地面浅薄冷空气（6 h 正变压为 2.5~5.0 hPa，12 h 正变压 2.5~5.0 hPa，24 h 正变压 5.0 hPa，冷高压边缘）配合低层切变线或者切变线触发和维持了强降水。

2014 年 5 月 2 日、2014 年 6 月 16 日、2015 年 7 月 2 日、2015 年 9 月 6 日、2017 年 7 月 1 日、2017 年 8 月 2 日、2019 年 6 月 23 日、2019 年 8 月 7 日强降水即为此短时强降水天气环流分型。此类型短时强降水过程共有 8 次，占总次数的 27.6%。此类型短时强降水过程 5—9 月均有出现，但在 6—8 月最多，每月各出现了 2 次。

4.3.2.2　低空切变线型短时强降水过程个例——2019 年 8 月 7 日坝区短时强降水过程

（1）降水特点概述

2019 年 8 月 6 日 20：00—7 日 20：00 坝区出现了一次短时强降水过程，降水量空间分布不均，24 h 累积降水量：乌东德站 51.2 mm、大茶铺站 36.9 mm、雷家包站 32.7 mm、左导进站 49.3 mm、前期营地站 79.7 mm、马头上站 51.7 mm、金坪子站 15.5 mm。

前期营地站逐小时降水量变化显示（图 4.26），降水出现在 7 日 06：00—12：00，降水强度大，最大小时雨强为 52.3 mm/h（7 日 06：00—07：00），强降水持续时间为 2 h。这次短时强降水过程具有降水量空间分布不均、局地性明显、降水强度大、强降水持续时间长的特点。

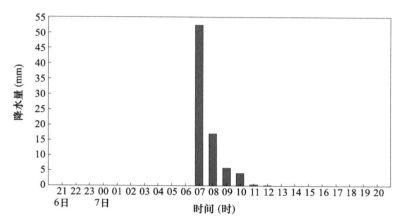

图 4.26　2019 年 8 月 6 日 20：00—7 日 20：00 前期营地站逐小时降水量

（2）环流背景分析

分析 500 hPa 位势高度场和风场（图 4.27）可知，7 日 08 时西太平洋有台风"利奇马"，南海、孟加拉湾有热带低压发展，西南地区为高压环流控制，坝区为高压环流外围（西侧）的西南（SW）气流控制，风速为 4 m/s。

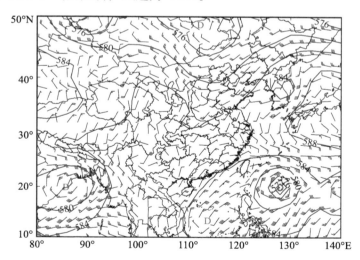

图 4.27　2019 年 8 月 7 日 08 时 500 hPa 位势高度场（蓝线，单位：dagpm）和
风场（单位：m/s）（G：高压中心，D：低压中心，红点：坝区）

分析 700 hPa 位势高度场、风场和比湿场（图 4.28）可知，7 日 08 时西太平洋有台风"利奇马"，南海、孟加拉湾有热带低压发展，滇东北、坝区、滇西北形成一条东—西

向切变线，坝区为西风（W）气流控制，风速为 2 m/s，比湿＞ 10 g/kg。

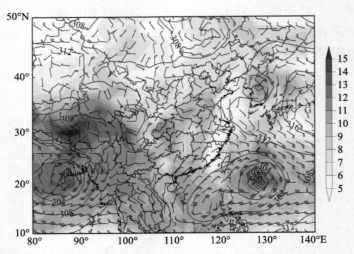

图 4.28　2019 年 8 月 7 日 08 时 700 hPa 位势高度场（蓝线，单位：dagpm）、风场（单位：m/s）
和比湿（阴影，单位：g/kg）（G：高压中心，D：低压中心，红粗线：切变线，红点：坝区）

分析海平面气压场（图 4.29）可知，6 日 20 时坝区位于冷高压边缘，地面气压＞
1005.0 hPa，从 6 日 20 时至 7 日 08 时，坝区 12 h 正变压为 2.5 hPa，近地层有浅薄冷空
气影响坝区。

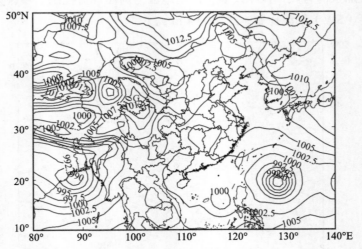

图 4.29　2019 年 8 月 6 日 20 时海平面气压场（蓝线，单位：hPa）
（G：高压中心，红点：坝区）

综合分析高、低空系统配置：近低层有浅薄冷空气活动；低层有切变线，比湿＞
10 g/kg，中层为高压外围的西南（SW）气流控制，南海低压、孟湾低压向坝区输送了充
沛的水汽和能量。在对流层低层高湿背景下，地面浅薄冷空气配合低层切变线触发和维
持了强降水。

其余个例详见附录 2。

4.3.3　两高辐合区型

4.3.3.1　两高辐合区型短时强降水过程的主要天气形势

在对流层低层高湿背景下（700 hPa 比湿为 10~12 g/kg），地面浅薄冷空气（6 h 正变压 2.5~5.0 hPa，12 h 正变压 5.0 hPa，冷高压边缘）配合中层或中低层两高辐合区触发和维持了强降水。

2014 年 8 月 1 日、2014 年 8 月 18 日、2015 年 6 月 11 日、2016 年 7 月 15 日、2017 年 7 月 7 日坝区强降水即为此短时强水天气环流分型。此类型短时强降水过程共有 5 次，占总次数的 17.2%。此类型短时强降水过程仅出现在 6—8 月，7 月和 8 月份最多，每月各有 2 次。

4.3.3.2　两高辐合区型短时强降水过程个例——2014 年 8 月 1 日坝区短时强降水过程

（1）降水特点概述

2014 年 7 月 31 日 20：00 至 8 月 1 日 20：00 坝区出现了一次短时强降水过程，降水量空间分布不均，24 h 累积降水量（mm）：乌东德站 43.8、大茶铺站 35.0、雷家包站 34.5、左导进站 60.4、前期营地站 43.2、马头上站 37.1、金坪子站 34.9。左导进站逐小时降水量变化显示（图 4.30），降水主要出现在 8 月 1 日 05：00—06：00、07：00—14：00、18：00—19：00，降水强度大，最大小时雨强为 34.5 mm·h^{-1}（1 日 08：00—09：00），强降水持续时间为 1 h。小时雨强在时间演变上呈现的不均匀特征表明降水过程中存在着中尺度甚至小尺度强对流系统活动。这次短时强降水过程具有降水量空间分布均匀、降水强度大、强降水持续时间短的特点。

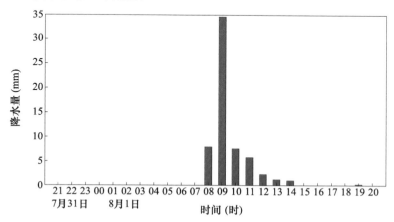

图 4.30　2014 年 7 月 31 日 20：00 至 8 月 1 日 20：00 左导进站逐小时降水量

（2）环流背景分析

分析 500 hPa 位势高度场和风场（图 4.31）可知，8 月 1 日 08 时孟加拉湾西部有热带低压发展，浙江东部洋面有热带风暴"娜基莉"，坝区南北各有一个大陆高压，中心分别位于云南南部边缘、陕西西部，坝区为两高之间的辐合区。孟湾低压和热带风暴都沿着高压环流向坝区输送充沛的水汽和能量。

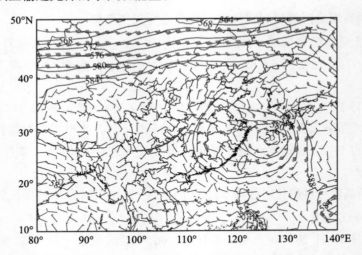

图 4.31　2014 年 8 月 1 日 08 时 500 hPa 位势高度场（蓝线，单位：dagpm）和
风场（单位：m/s）（D：低压中心，G：高压中心，棕粗线：辐合区，红点：坝区）

分析 700 hPa 位势高度场、风场和比湿场（图 4.32）可知，8 月 1 日 08 时与 500 hPa 相似，孟加拉湾西部有热带低压发展，浙江东部洋面有热带风暴"娜基莉"，坝区南北各有一个大陆高压，中心分别位于北部湾、陕西北部，坝区为两高之间的辐合区。孟湾低压和热带风暴都沿着高压环流向坝区输送充沛的水汽和能量，坝区比湿＞ 11 g/kg。

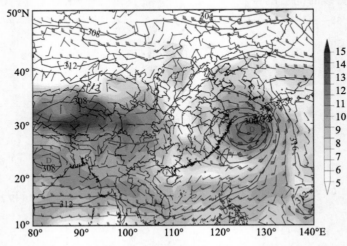

图 4.32　2014 年 8 月 1 日 08 时 700 hPa 位势高度场（蓝线，单位：dagpm）、风场（单位：m/s）
和比湿（阴影，单位：g/kg）（D：低压中心，G：高压中心，红粗线：辐合区，红点：坝区）

分析海平面气压场（图 4.33）可知，8 月 1 日 08 时坝区位于冷高压边缘，地面气

压＞ 1005.0 hPa。从 1 日 08 时至 14 时，坝区地面气压＞ 1005.0 hPa，近地层有浅薄冷空气影响坝区。

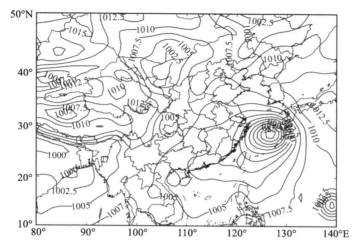

图 4.33　2014 年 8 月 1 日 08 时海平面气压场（蓝线，单位：hPa）
（G：高压中心，红点：坝区）

综合分析高、低空系统配置：近地层有浅薄冷空气活动；中低层为两高辐合区，大陆高压外围的东南气流和孟湾低压向坝区输送了充沛的水汽和能量，比湿＞ 11 g/kg。孟湾低压和热带风暴都沿着高压环流向坝区输送充沛的水汽和能量；在对流层低层高湿背景下，地面浅薄冷空气配合中低层两高辐合区触发和维持了强降水。

其余个例详见附录 2。

4.3.4　高空槽切变线型

4.3.4.1　高空槽切变线型短时强降水过程的主要天气形势

在对流层低层高湿背景下（700 hPa 比湿为 10~11 g/kg），地面浅薄冷空气（6 h 正变压 5.0 hPa，12 h 正变压 2.5~5.0 hPa）配合中层高空槽和低层切变线触发和维持了强降水。

2015 年 8 月 8 日、2016 年 9 月 10 日、2018 年 6 月 8 日坝区强降水即为此短时强降水天气环流分型。此类型短时强降水过程共有 3 次，占总次数的 10.3%。此类型短时强降水过程仅出现在 6 月、8 月、9 月，各有 1 次。

4.3.4.2　高空槽切变线型短时强降水过程个例——2016 年 9 月 10 日坝区短时强降水过程

（1）降水特点概述

2016 年 9 月 9 日 20：00—10 日 20：00 坝区出现了一次短时强降水过程，降水量空间分布不均，24 h 累积降水量：乌东德站 51.1 mm、大茶铺站 47.6 mm、雷家包站 20.6 mm、左导进站 38.0 mm、前期营地站 59.0 mm、马头上站 48.5 mm、金坪子站

23.0 mm。前期营地站逐小时降水量变化显示（图 4.34），降水出现在 9 日 20：00—10 日 05：00、06：00—07：00，降水强度大，最大小时雨强为 36.6 mm/h（9 日 21：00—22：00），强降水持续时间为 1 h。这次短时强降水过程具有降水量空间分布不匀、局地性明显、降水强度大、强降水持续时间短的特点。

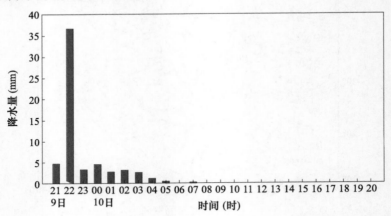

图 4.34 2016 年 9 月 9 日 20：00—10 日 20：00 前期营地站逐小时降水量

（2）环流背景分析

分析 500 hPa 位势高度场和风场（图 4.35）可知，9 日 20 时孟加拉湾有热带低压发展，贵州中部、坝区、滇西北形成一条东—西向高空槽，坝区为西太平洋副热带高压北侧的西风（W）气流控制，风速为 6 m/s。

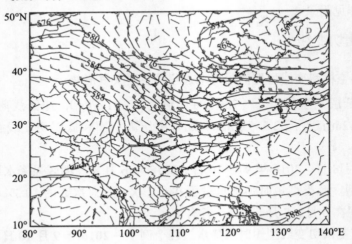

图 4.35 2016 年 9 月 9 日 20 时 500 hPa 位势高度场（蓝线，单位：dagpm）和风场（单位：m/s）（棕粗线：槽线，G：高压中心，D：低压中心，红点：坝区）

分析 700 hPa 位势高度场、风场和比湿场（图 4.36）可知，9 日 20 时，贵州中部、坝区、滇西北形成一条东—西向切变线，坝区为东南（SE）气流控制，风速为 2 m/s，坝区比湿 > 11 g/kg。

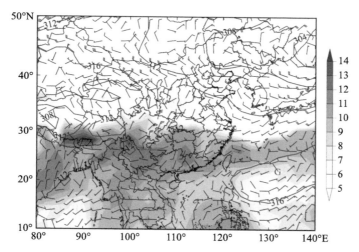

图 4.36　2016 年 9 月 9 日 20 时 700 hPa 位势高度场（蓝线，单位：dagpm）、风场（单位：m/s）和比湿（阴影，单位：g/kg）（G：高压中心，D：低压中心，红粗线：切变线，红点：坝区）

分析海平面气压场（图 4.37）可知，9 日 20 时坝区位于冷高压边缘，地面气压＞1010.0 hPa。从 9 日 20 时至 10 日 08 时，坝区 12 h 正变压 5.0 hPa，近地层有浅薄冷空气影响坝区。

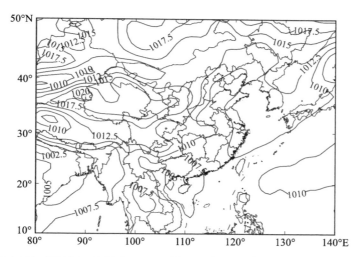

图 4.37　2016 年 9 月 9 日 20 时海平面气压场（蓝线，单位：hPa）
（G：高压中心，红点：坝区）

综合分析高、低空系统配置：近低层有浅薄冷空气活动；低层有切变线，比湿＞11 g/kg，中层有高空槽。在对流层低层高湿背景下，地面浅薄冷空气配合中层高空槽和低层切变线触发和维持了强降水。

其余个例详见附录 2。

4.3.5 副高外围偏南气流型

4.3.5.1 副高外围偏南气流型短时强降水过程的主要天气形势

在对流层低层高湿背景下（700 hPa 比湿为 10~11 g/kg），地面浅薄冷空气（6 h 正变压 5.0 hPa，12 h 正变压 5.0 hPa）配合低层或中低层副高外围的偏南气流触发和维持了强降水。

2017 年 7 月 22 日、2017 年 7 月 26 日坝区强降水即为此短时强降水天气环流分型。此类型短时强降水过程共有 2 次，占总次数的 6.9%。此类型短时强降水过程仅出现在 7 月。

4.3.5.2 副高外围偏南气流型短时强降水过程个例——2017 年 7 月 26 日坝区短时强降水过程

（1）降水特点概述

2017 年 7 月 25 日 20∶00—26 日 20∶00 坝区出现了一次短时强降水过程，降水量空间分布不均，24 h 累积降水量：乌东德站 11.9 mm、大茶铺站 0.4 mm、雷家包站 0.2 mm、左导进站 0.3 mm、前期营地站 38.9 mm、马头上站 5.8 mm、金坪子站 5.6 mm。前期营地站逐小时降水量变化显示（图 4.38），降水出现在 25 日 20∶00—22∶00、26 日 07∶00—08∶00，降水强度大，最大小时雨强为 26.7 mm/h（25 日 20∶00—21∶00），强降水持续时间为 2 h。这次短时强降水过程具有降水量空间分布不匀、局地性明显、降水强度大、强降水持续时间长的特点。

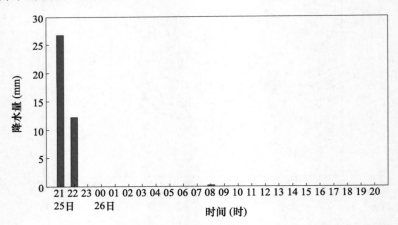

图 4.38　2017 年 7 月 25 日 20∶00—26 日 20∶00 前期营地站逐小时降水量

（2）环流背景分析

分析 500 hPa 位势高度场和风场（图 4.39）可知，25 日 20 时台风"桑卡"登陆后的热带低压中心位于中南半岛东部，西太平洋副热带高压中心位于湖南湖北交界地区，坝区为副高 588 线外围（西侧）的东南（SE）气流控制，风速为 2 m/s。充沛的水汽和能量从热带低压向坝区输送。

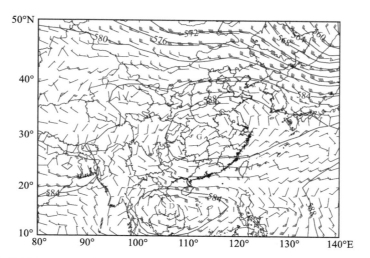

图 4.39　2017 年 7 月 25 日 20 时 500 hPa 位势高度场（蓝线，单位：dagpm）和风场（单位：m/s）
（G：高压中心，D：低压中心，红点：坝区）

　　分析 700 hPa 位势高度场、风场和比湿场（图 4.40）可知，25 日 20 时，台风"桑卡"登陆后的热带低压中心位于中南半岛东部，西太平洋副热带高压中心位于安徽省，坝区为副高外围偏南（SSE）气流控制，风速为 4 m/s，比湿＞10 g/kg。

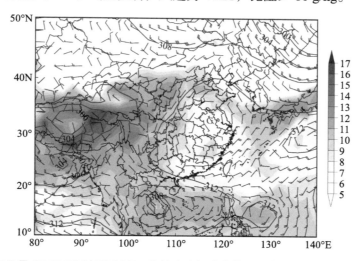

图 4.40　2017 年 7 月 25 日 20 时 700 hPa 位势高度场（蓝线，单位：dagpm）、风场（单位：m/s）
和比湿（阴影，单位：g/kg）（G：高压中心，红点：坝区）

　　分析海平面气压场（图 4.41）可知，25 日 20 时地面气压＞1005.0 hPa，从 25 日 20 时至 26 日 02 时，坝区 6 h 正变压 5.0 hPa，坝区受地面浅薄冷空气影响。

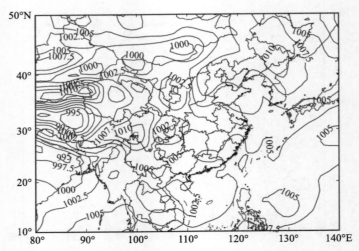

图 4.41 2017 年 7 月 25 日 20 时海平面气压场（蓝线，单位：hPa）
（G：高压中心，红点：坝区）

综合分析高、低空系统配置：近地层有浅薄冷空气；中低层为副高外围的东南 / 偏南（SE/SSE）气流控制；中南半岛东部有台风"桑卡"登陆后的热带低压向坝区输送充沛的水汽和能量，比湿 > 10 g/kg。在对流层低层高湿背景下，地面浅薄冷空气配合中低层副高外围的偏南气流触发和维持了强降水。

其余个例详见附录 2。

4.3.6 西行台风型

4.3.6.1 西行台风型短时强降水过程的主要天气形势

在对流层低层高湿背景下（700 hPa 比湿为 10 g/kg），地面浅薄冷空气（6 h 正变压 2.5 hPa）配合西行台风触发和维持了强降水。

2015 年 8 月 8 日坝区强降水即为此短时强降水天气环流分型。此类型短时强降水过程共有 1 次，占总次数的 3.4%。此类型短时强降水过程仅出现在 8 月。

4.3.6.2 西行台风型短时强降水过程个例——2015 年 8 月 8 日坝区短时强降水过程

（1）降水特点概述

2015 年 8 月 7 日 20：00—8 日 20：00 坝区出现了一次短时强降水过程，降水量空间分布不均，24 h 累积降水量：乌东德站 31.7 mm、大茶铺站 33.2 mm、雷家包站 18.6 mm、左导进站 28.7 mm、前期营地站 47.6 mm、马头上站 29.1 mm、金坪子站 14.8 mm。前期营地站逐小时降水量变化显示（图 4.42），降水出现在 7 日 20：00 至 8 日 03：00，8 日 04：00—12：00、18：00—20：00，降水强度大，最大小时雨强为 21.3 mm/h（8 日 05：00—06：00），强降水持续时间为 1 h。小时雨强在时间演变上呈现的不均匀特征表明降水过程中存在着中尺度甚至小尺度强对流系统活动。这次短时强降水过程具有降水量空间分布均匀、降水强度大、强降水持续时间短的特点。

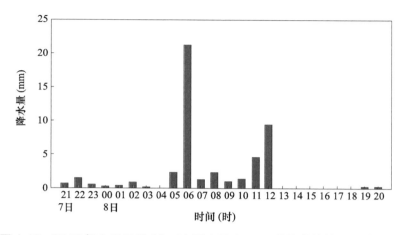

图 4.42　2015 年 8 月 7 日 20：00 至 8 日 20：00 前期营地站逐小时降水量

（2）环流背景分析

分析 500 hPa 位势高度场和风场（图 4.43）可知，8 日 08 时孟加拉湾有热带低压发展，台湾有台风"苏迪罗"，云南为高压环流控制，坝区为高压环流外围的西风（W）气流控制，风速为 4 m/s。7 日 20 时至 8 日 20 时台风低压中心由台湾西移至福建东部，坝区维持为高压环流外围的偏南 / 西南 / 西风 / 偏西风（SSW/SW/W/WNW）气流，风速为 2~4 m/s。

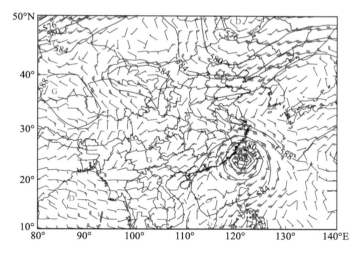

图 4.43　2015 年 8 月 8 日 08 时 500 hPa 位势高度场（蓝线，单位：dagpm）和
风场（单位：m/s）（D：低压中心，G：高压中心，红点：坝区）

分析 700 hPa 位势高度场、风场和比湿场（图 4.44）可知，8 日 08 时与 500 hPa 相似，孟加拉湾有热带低压发展，台湾有台风"苏迪罗"，坝区为台风外围偏南（SSW）气流控制，风速为 4 m/s，坝区比湿＞ 10 g/kg。7 日 20 时至 8 日 20 时台风低压中心由台湾东部西移至台湾西部，坝区维持为台风外围的偏南 / 东南 / 偏南（SSE/SE/SSW）气流，

坝区比湿＞10 g/kg。

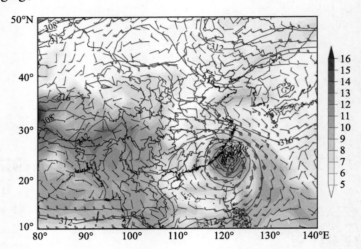

图4.44　2015年8月8日08时700 hPa 位势高度场（蓝线，单位：dagpm）、风场（单位：m/s）和比湿（阴影，单位：g/kg）（D：低压中心，G：高压中心，红点：坝区）

分析海平面气压场（图4.45）可知，7日20时坝区位于冷高压边缘，地面气压＞1007.5 hPa。从7日20时至8日02时，坝区6 h正变压为2.5 hPa，近地层有浅薄冷空气影响坝区。

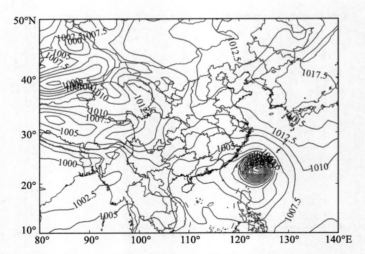

图4.45　2015年8月7日20时海平面气压场（蓝线，单位：hPa）（G：高压中心，红点：坝区）

综合分析高、低空系统配置：近低层有浅薄冷空气；中低层台风低压中心由台湾东部西移至台湾西部，比湿＞10 g/kg。在对流层低层高湿背景下，地面浅薄冷空气配合西行台风触发和维持了强降水。

4.4 本章小结

本章对 2014—2019 年坝区的短时强降水进行统计，得出以下结论：

（1）2014—2019 年坝区短时强降水的空间分布呈现"西北多、东南少"的特征。其中 20 mm ≤ R_{1h} < 30 mm 短时强降水的空间分布呈现"西北多、东南少"的特征；30 mm ≤ R_{1h} < 40 mm 短时强降水累计频次为 14 次，左导进发生频次最多，出现 6 次（占 42.9%），金坪子、雷家包和乌东德未出现过该等级短时强降水；40 mm ≤ R_{1h} < 50 mm 短时强降水累计频次为 2 次，乌东德、左导进各出现一次，其余站未出现过该等级短时强降水；R_{1h} ≥ 50 mm 短时强降水累计频次为 2 次，前期营地、马头上各出现一次，其余站未出现过该等级短时强降水。

（2）2014—2019 年坝区共发生了 63 次短时强降水，年平均 10.5 次，2014 年最多，有 19 次，发生季节主要集中在 6—8 月，其中 7 月最多，为 31 次，占总次数的 49.2%，短时强降水及 4 个等级的短时强降水均表现为夜间高发、白天低发的日变化特征，特别是在白天未出现过 R_{1h} ≥ 40 mm 短时强降水。

（3）2014—2019 年坝区各等级短时强降水发生频次占所有短时强降水的比例得知，20 mm ≤ R_{1h} < 30 mm 短时强降水发生频次最多，出现 45 次（占 71.4%），30 mm ≤ R_{1h} < 40 mm 短时强降水出现 14 次（占 22.2%），40 mm ≤ R_{1h} < 50 mm 和 R_{1h} ≥ 50 mm 短时强降水发生频次最少，各出现 2 次（占 3.2%）。

（4）2014—2019 年坝区各类短时强降水过程天气环流分型可分为 6 类：低涡（低压）型、低空切变线型、两高辐合区型、高空槽切变线型、副高外围偏南气流型、西行台风型，其中低涡（低压）型可细分为低涡型、中南半岛低压型、南海低压型、孟湾低压型。低涡（低压）型频次最多，为 10 次（占 34.5%），此类型短时强降水过程仅出现在 6—8 月，6 月出现 2 次，7 月最多出现 5 次，8 月出现 3 次，其中低涡型频次为 4 次（占 13.8%），此类型短时强降水过程仅出现在 6—7 月，均出现了 2 次，中南半岛低压型频次为 3 次（占 10.3%），中南半岛低压型短时强降水过程仅出现在 7—8 月，8 月份最多，共有 2 次；南海低压型频次为 2 次（占 6.9%），此类型的短时强降水过程仅出现在 7 月，孟湾低压型频次为 1 次（占 3.4%），此类型短时强降水过程仅出现在 7 月；低空切变线型频次为 8 次（占 27.6%），此类型短时强降水过程 5—9 月均有出现，但在 6—8 最多，均出现了 2 次；两高辐合区型频次为 5 次（占 17.2%），此类型短时强降水过程仅出现在 6—8 月，7—8 月最多，均有 2 次；高空槽切变线型频次均为 3 次（占 10.3%），此类型短时强降水过程仅出现在 6 月、8 月、9 月，均有 1 次；副高外围偏南气流型频次为 2 次（占 6.9%），此类型的短时强降水过程均仅出现在 7 月；西行台风型频次最少，为 1 次（占 3.4%），此类型短时强降水过程仅出现在 8 月。

第 5 章

坝区降水量短期预报

天气预报分为天气形势预报和气象要素预报。在天气学方法的预报中，只有对未来天气形势变化做出正确的判断，才能对天气（气象要素和天气现象）变化做出正确的预报。

天气形势预报是对基础大范围环流，高、低气压系统（高空的长波槽、脊，地面气旋、反气旋）和锋面等的预报。如西风带的强弱，位置的变化；长波槽、脊的强度和移动方向、速度；地面气旋、反气旋强度的变化和移动方向、速度；锋的强度，锋生、锋消和锋的移动。诊断分析各种物理量场罗斯贝波的移速公式涡度方程锋生动力学。诊断分析是天气学与动力气象学逐步结合的产物，其主要任务是利用实测气象资料计算出散度、涡度、垂直速度、水汽通量、热量和能量等物理量场，分析其空间分布和时间演变特征，分析它们与天气系统发生演变的关系。

气象要素预报是根据天气形势预报的结果和各种天气系统中天气分布的特点，结合各地特殊的自然地理条件，气象要素的统计规律来做出未来气象要素的变化情况推断。降水的预报目前都认为难度很大，特别是中小尺度的降水，其强度和落点都较难报准，通常要配合统计方法进行预报，给出降水的概率。每天按时将观测资料处理好，输入模式中运行，计算出以后若干天或更长时间的各种气象要素值，推知未来天气的变化，并对外发布预报。

气象统计预报方法是用概率统计方法通过对大量历史资料的分析，寻找出天气变化的统计规律以及预报因子与预报量之间的数量关系，建立统计数学模式来预报未来的天气。

数值模式直接的降水预测技巧较低缺乏直接使用的价值，误差订正和统计降尺度等技术被广泛用来改进模式降水预测。但是，迄今常用的误差订正和统计降尺度技术通常基于传统的多元线性回归来实现，从而无法有效处理预报量时间序列不稳定和预报因子间存在共线性两种情况，这使得预测性能的提升受到了明显的限制。

统计降尺度方法是解决由气象模式输出的低分辨率资料到流域尺度资料转换的手段

之一，已成为一个重要的研究领域（李江萍 等，2008；范丽军 等，2005；魏凤英 等，2010；刘永和 等，2011）。统计降尺度方法的基本原理在于采用统计经验的方法建立大尺度气象变量与区域气象变量之间的线性或非线性联系（Zorita et al.，1995）。统计降尺度有以下优点：①能够以很高的计算效率由大尺度气象要素得到区域尺度的气象要素；②能输出较高分辨率或站点尺度的气象要素；③模型参数可以受区域下垫面特征的控制。统计降尺度能够弥补动力降尺度的一些不足，因而也得到了广泛应用（Charles et al.，1999）。

统计降尺度方法十分丰富，主要分传递函数法（Transfer Function Method）、天气形势法（Weather Pattern Method）和天气发生器（Stochastic Weather Generator）3 类（郝振纯 等，2009；应冬梅 等，2003；胡轶佳 等，2013；廖要明 等，2009；吴金栋 等，2001）。近年来的发展趋势表明以上 3 类方法并无严格界限，天气发生器常被作为传递函数法的输出后端，而天气形势法本身也是具有 Markov 发生器随机模拟的特点。近年来，相似法、隐马尔可夫模型、广义线性模型、Poisson 点过程以及乘性瀑布过程获得了较大的发展和应用，并诞生了各种非线性模型以及物理—统计模型等新方法，已有一些影响较大的统计降尺度模型软件。非线性方法主要以人工神经网络（BP）（张驰 等，2021；张长卫，2009；农吉夫 等，2008）、支持向量机（SVM）（刘小建 等，2017；胡彩虹 等，2010；常军 等，2008；刘琰，2012）等为代表。另外一些非线性方法也得到一定的应用，如广义线性模型、广义可加模型（Generalized Additional Model）、分位数回归、基因编程（Genetic Programming）等（张浩 等，2012；付英姿 等，2011；吴刘仓，2016；武辉芹，2021；何耀耀 等，2013；张利，2009；王新宇，2009；黄振宇 等，2017）。新的方法在不断涌现，其中非线性模型、气候情境随机模拟技术、短期预报资料降尺度技术以及结合物理机理的统计降尺度方法是未来的主要发展趋势（代刊 等，2016；朱占云 等，2017）。全球气候模式（GCM）能够较好地模拟出未来的气候变化情境，是预估未来全球气候变化的最重要工具（Wilby et al.，2002）。

为此，设计了一个新的统计降尺度方案，引进机器学习领域中的 BP、SVM、随机森林、决策树等最新的统计建模技术进行试验，并采用遗传算法和粒子群优化算法对模型进行优化，得到坝区最优模型。基于 ECMWF 数值预报数据集，新方法对 2017 年和 2021 年坝区 5 站逐时降水预报业务进行了后报实验，部分预报结果与 ECMWF 数值预报和 T639 数值预报业务系统以及现场服务主观预报的同期预报进行了对比。研究表明，以 GA-BP 回归为例，采用机器学习新建模方法预报坝区 TS 评分比较优良，能够很大程度上弥补现有降水量预报的短板。研究显示机器学习的新建模方法在模式误差订正，统计降尺度等领域有很大的应用潜力。

5.1 坝区常规预报方法介绍

目前坝区使用的降水天气预报方法，大体分为两类，即天气学预报方法（天气图方法）和数值预报产品主观解释技术方法。天气图方法是出现最早的一种天气预报方法，至今仍然是大多数气象台采用的主要方法，天气图方法以天气图为基本工具，配合卫星云图、雷达图等，用天气学的原理来分析和研究天气的变化规律，从天气现象（或天气过程）具有必然性出发，认为天气变化不是随机的，它满足一定的规律（如动量守恒、能量守恒、质量守恒等），在相同的条件下应该发生相同的变化。根据大气某一时刻的状态，可以推算出其下一时刻的确定的状态，从而制作天气预报。这种方法主要用于制作短期预报。

5.1.1 天气图方法

在降水天气预报过程中，除了遵循天气学的分析原则以外，与预报员的实践经验也有很大关系，因而天气图方法带有一定的主观成分，预报的精确度受到一定的限制，属于半经验性的预报。在实际工作中经常使用的方法，一般是经验方法，如外推法、引导气流法及历史资料的应用等。

5.1.1.1 外推法

天气形势的发展一般都在一定时间内具有一定的持续性。因此，可以把天气系统和锋面、气旋、反气旋和高空槽、脊等的过去演变趋势外延至以后一段时间，以推测天气形势的未来变化，这种方法称为外推法。天气系统的移动和强度变化均可用外推法，但外推法只有在引起天气系统变化的因子作用较小的情况下，预报效果才比较好。实际上，天气形势往往会发生较大的变化，特别是当天气系统消失或新生时，使用外推法进行天气预报就会遭到失败，因而外推法也不能做出较长时间的预报。

5.1.1.2 引导气流法

地面上的浅薄系统（如冷高压、成熟时期的气旋等）的移动方向与高空某一高度的气流方向一致。移动速度与该高度上的风速成一定的比例。这个高度上的气流，成为引导气流。地面系统移速与其上空引导气流速度的比值，称为引导系数。

引导气流层的高度一般在 700~500 hPa，坝区采用 500 hPa。在一般情况下，地面系统中心移速为 500 hPa 地转风速的 0.5~0.7 倍。引导气流方法对浅薄系统移动的预报效果比较好，对地面系统加深后预报效果就比较差，这时应该使用其他方法进行预报。另外，在使用这种方法时，必须注意山岭对地面系统移动的阻挡和动力作用，同时，也应注意引导气流本身也是在变化着的。

5.1.1.3 历史资料的应用

在应用历史资料方面，一般采用相似形势法，即从大量历史天气图中找出一些相似的天气形势，归纳成一定的模式的方法。但在实际的天气形势变化过程中，没有完全相同的变化，因此不但要找出相似的情况，还要找出其不相似之处，找出各自的特殊情况，分析其内因和外因，结合起来对预报进行订正。将历史上许多相似的天气加以综合分析，归纳出若干典型的天气模式。在预报时，视当时的天气形势同天气模式，找出某一相似模式，依照该模式的变化规律来预报未来天气形势的变化。

5.1.2　数值预报产品主观解释技术方法

数值产品要素预报场图形的直接解释应用，直接解读就是预报员将绘成形的数值预报产品，如同使用要素分布图那样直接应用。这是最常用的一种数值预报释用技术，也是现在预报员预报降水时用得最多的方法。因为数值预报模式在形势场、温度场等方面已经具有了很高的准确度和可靠性，气压、高度、温度、降水等形势要素场的预报能力早已超过了预报员，而且利用数值预报产品的时空精度，精细分析天气系统的演变非常有用，尤其是对冷空气、低槽等大系统的预报分析，准确度非常高。

数值产品中物理量场图形的诊断分析，是分析、预报暴雨、强对流天气最常用的技术方法。用数值模式导出（或数值预报产品二次计算得出）的物理量来诊断分析，最大的特点和优势是实况（暴雨、强对流）与物理量场同时性，反映了发生暴雨、强对流时物理量的结构和状态数值产品的物理量诊断分析解读在预报复杂天气时非常有用，为我们增加了对水汽含量、相对湿度、稳定度指数、散度等的诊断分析，增强了对雷雨、降水量级等方面的预报能力。

数值产品中形势场图形的天气学诊断分析，是天气预报中最重要的预报方法，在数值预报发展广泛的情况下，天气学仍是预报业务中的重要技术方法，数值预报与天气学结合可以有力促进预报质量的提高，因为天气预报的理论基础就是天气学。数值预报产品具有丰富的层次、时效和空间精细度的形势场格点资料，同实况天气形势图的分析处理一样，对数值模式的温度场、湿度场、风场、物理量场，以及上、下层配置等，运用天气学原理进行综合地、细致地诊断分析，可以较好地判断出一些不易发现的天气形势变化特征和影响天气变化的机制，从而把握天气变化的走势。

坝区制作降水天气预报通常是将天气图方法和数值预报产品主观解释技术方法配合起来使用，将天气图、卫星和雷达图像、动力分析和统计分析、数值预报产品等进行综合分析，最后做出天气预报。分析和研究天气的变化规律，制作天气预报。

利用天气图并根据天气学原理可以分析这些天气系统和天气区的变化趋势，移动方向和速度，进而预报各天气系统未来的位置、强度以及对各地天气变化的影响。过去天气图的填图、等值线的绘制和分析是由预报员手工完成的，现在从资料收集、检查、填图直到等值线的绘制和分析已全部由计算机完成，实现了天气分析的自动化。

5.2　坝区统计降尺度方法介绍

统计降尺度技术的非线性方法主要包括人工神经元网络、支持向量机等。该类方法主要应用于气象要素的降尺度和非线性回归建模的解释应用，如梁立为等（2015）即用 BP 与 SVM 等方法做逐时气温预报的对比研究。特别是近年来 SVM 在天气预报领域应用广泛，如王在文等（2012）基于 SVM 非线性回归方法预报气象要素整体效果优于

MOS 方法；韦惠红等（2009）用 SVM 方法预报武汉区域夏季暴雨 TS 评分为 33.59%；贺佳佳等（2017）研究表明，SVM 方法对短时临近降水预报 TS 评分可达 40% 以上；赵文婧（2016）基于 SVM 建立云量精细化预报模型。

BP、SVM 建模过程中最主要的问题是过拟合问题，表现为完美的预测训练样本，但检验测试样本预测结果差，主要原因是 BP、SVM 模型参数寻优过程中出现局部最优现象，无法得到全局最优参数。为了解决过拟合问题，提高模型泛化能力，首先提高训练样本的数量和质量，大量普查集成 ECMWF 及 T639 等多家数值预报产品的良好预报因子建立训练样本，使训练样本尽可能具有多样性和代表性；其次采用粒子群优化算法（PSO）（李爱国 等，2002）和遗传算法（GA）（余文 等，2002；Li et al., 2011）对 BP、SVM 模型核函数优选和主要参数进行训练优化，得到全局最优的参数，既达到参数变量解决过拟合问题，又不出现参数变量分类太差。

随机森林算法有一个重要的优点就是，没有必要对它进行交叉验证或者用一个独立的测试集来获得误差的一个无偏估计。它可以在内部进行评估，也就是说在生成的过程中就可以对误差建立一个无偏估计能处理高维数据，不用做特征选择；既能处理离散数据、也能处理连续数据，数据集无须规范化训练，速度快，可以得到特征重要性排序（基于分裂时的 GINI 指数减少量），易于并行化，在大数据集上有优势。缺点是难以学习到组合特征，在每棵决策树的生成过程中，每一次划分都是做出一次局部最优的选择，最终结果并不能保证全局最优。

5.2.1 叠套方法消空预报简介

叠套法常用于雷暴和强对流预报，叠套法的思路同样可以用于其他高影响天气的预报。用叠套方法消空预报只是消空预报样本，减小晴空天气的样本。当预报消空时，直接输出无降水结论。只有不能消空时再进行下一步预报。

5.2.2 BP 模型简介

人工神经网络（Artificial Neural Networks，ANN）系统是 20 世纪 40 年代后出现的。它是由众多的神经元可调的连接权值连接而成，具有大规模并行处理、分布式信息存储、良好的自组织自学习能力等特点。BP（Back Propagation）算法又称为误差反向传播算法，是人工神经网络中的一种监督式的学习算法。BP 神经网络算法在理论上可以逼近任意函数，基本的结构由非线性变化单元组成，具有很强的非线性映射能力。而且网络的中间层数、各层的处理单元数及网络的学习系数等参数可根据具体情况设定，灵活性很大，在优化、信号处理与模式识别、智能控制、故障诊断等许多领域都有着广泛的应用前景。

神经元的简单结构我们类比为多条输入，而轴突可以类比为最终的输出。这里我们构造一个典型的神经元模型，该模型包含有 3 个输入、1 个输出，以及中间的计算功能

（图 5.1）。

从单层神经网络，到两层神经网络，再到多层神经网络，随着网络层数的增加，以及激活函数的调整，神经网络所能拟合的决策分界平面的能力。随着层数增加，其非线性分界拟合能力不断增强。

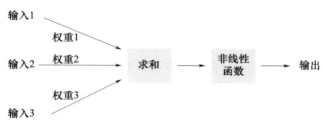

图 5.1　BP 网络简单结构

到 2010 年以后，研究人员发现，用于高性能计算的图形加速卡（GPU）可以极佳地匹配神经网络训练所需要的要求：高并行性，高存储，没有太多的控制需求，配合预训练等算法，神经网络才得以大放光彩。特别是卷积神经元（Convolutional cells，CNN）在图像识别中应用广泛。

5.2.3　SVM 模型简介

支持向量机（Support Vector Machine，SVM）方法是通过一个非线性映射，把样本空间映射到一个高维乃至无穷维的特征空间中，使得原来的非线性问题，通过映射到高维空间，转化为线性可分的问题。应用核函数的展开定理，不增加计算的复杂性，避免了维数灾难。

SVM 核函数有线性核函数、多项式（Polynomial）核函数、Sigmoid 核函数和 RBF 核函数，RBF 核函数和 Sigmoid 核函数便于处理非线性的分类问题。RBF 核函数与 Sigmoid 核函数的某些参数基本相似，同时与多项式核函数相比具有参数少的优点。

根据 SVM 回归理论（式 5.1）和降水量样本的复杂性，优选多项式核函数（式 5.2）、RBF 核函数（式 5.3）和 Sigmoid 核函数（式 5.4），然后对惩罚系数 C 和核参数 γ（γ 为 $1/m$，m 为样本空间维数）进行优化。

$$f(x)=b_0+\sum_{i=1}^{n}(a_i-b_i)\,K(x,x_i) \tag{5.1}$$

$$K(x,x_i)=(\gamma x^T x_i+\mathrm{coef})^d \tag{5.2}$$

$$K(x,x_i)=\mathrm{e}^{(-\gamma\|x-x_i\|^2)} \tag{5.3}$$

$$K(x,x_i)=\tanh(\gamma x^T x_i+\mathrm{coef}) \tag{5.4}$$

式中：$f(x)$ 为预报函数；n 为支持向量的训练样本个数；a_i、b_i、b_0 为通过训练样本确定的最优超平面参数；K 是核函数；x_i 为预报因子；coef 为偏置系数；d 为多项式核函数的最高次项次数。

5.2.4 RF 模型简介

随机森林（Random Forest，RF）是美国加利福尼亚州大学伯克利分校的 Breiman（2001）和 Cutler 等（2001）发表的论文中提到的新的机器学习算法，可以用来做分类、聚类、回归分析。

随机森林算法（RF）在数据集上表现良好（吕红燕，2019），每棵树的训练样本是随机的，每棵树的训练特征集合也是随机从所有特征中抽取的。因为两个随机性的引入，使得随机森林不容易陷入过拟合，并且具有很好的抗噪声能力。随机森林不仅随机选择样本，而且在节点分裂的过程中随机选择特征。

RF 在以决策树（Decision Tree，DT）作为基学习器构建 bagging 集成的基础上，进一步在决策树的训练过程中加入了随机属性的选择。随机森林将决策树用做 bagging 中的模型。首先，用 bootstrap 方法生成 m 个训练集，而后，对于每一个训练集，构造一棵决策树，在节点找特征进行分裂的时候，并非对全部特征找到能使得指标（如信息增益）最大的，而是在特征中随机抽取一部分特征，在抽到的特征中间找到最优解，应用于节点，进行分裂。随机森林的 bagging 方法，也就是统计重采样的技术，可以正常地处理不稳定情况，使得最终集成的泛化能力进一步增强，因此能够避免过拟合。

5.2.5 遗传算法简介

遗传算法（Genetic Algorithm，GA）最早是经 Holland 教授在研究自然和人工自适应系统的基础上提出的，它是一种自适应随机搜索启发式算法。遗传算法的基本架构是以自然选择规律与遗传理论为依托，对自然界中生物的进化方式和遗传进行模拟求解问题的一类自组织与自适应的人工智能技术，现已广泛应用于复杂函数系统优化、机器学习、系统识别、故障诊断、分类系统、控制器设计、神经网络设计、自适应滤波器设计等。

GA 是一种进化算法，是从代表问题可能潜在的解集的一个种群（population）开始的，而一个种群则由经过基因（gene）编码的一定数目的个体（individual）组成。因此，第一步需要实现从表现型到基因型的映射即编码工作。初代种群产生之后，按照适者生存和优胜劣汰的原理，逐代（generation）演化产生出越来越好的近似解，在每一代，根据问题域中个体的适应度（fitness）大小选择个体，并借助于自然遗传学的遗传算子（genetic operators）进行组合交叉和变异，产生出代表新的解集的种群。这个过程将导致种群像自然进化一样，后代种群比前代更加适应环境，末代种群中的最优个体经过解码（decoding），可以作为问题近似最优解。

遗传算法有三个基本操作：选择（Selection）、交叉（Crossover）和变异（Mutation）。选择的目的是为了从当前群体中选出优良的个体，使它们有机会作为父代"繁衍子孙"。根据各个个体的适应度值，按照一定的规则或方法从上一代群体中选择出一些优良的个体遗传到下一代种群中，适应性强的个体为下一代贡献一个或多个后代的概率大。通过交叉操作可以得到新一代个体，新个体组合了父辈个体的特性。将群体中的各个个体随机搭配成对，对每一个个体，以交叉概率交换它们之间的部分染色体。对种群中的每一个个体，以变异概率改变某一个或多个基因座上的基因值为其他的等位基因。同生物界中一样，变异发生的概率很低，变异为新个体的产生提供了机会。

5.2.6　粒子群优化算法简介

粒子群优化算法（Particle Swarm Optimization，PSO）属于进化算法的一种，它源于鸟群捕食的行为研究。基本思想是通过群体中个体之间的协作和信息共享来寻找最优解。在 PSO 中，每个优化问题的潜在解都是搜索空间中的一只鸟，抽象为粒子，每个粒子都有一个由目标函数决定的适应值（fitness value），以决定它们飞行的方向和距离。PSO 具有实现容易、精度高、收敛快等优点。算法的惯性部分，反映了粒子的运动习惯，代表粒子有维持自己先前速度的趋势；自我认知部分，反映了粒子对自身历史经验的记忆，代表粒子有向自身最佳位置逼近的趋势；社会认知部分，反映了粒子间协同与知识共享的群体历史经验，代表粒子有向群体或领域历史最佳位置逼近的趋势。算法通用性强，不依赖于问题信息。可群体搜索，并具有记忆功能，保留局部个体和全局种群的最优信息，无需梯度信息。原理结构简单，设置参数少，容易实现。可协同搜索，同时利用个体局部信息和群体全局信息指导搜索，收敛速度快。PSO 算法的缺点为算法局部搜索能力较差，搜索精度不够高；算法不能够绝对保证搜索到全局最优解，容易陷入局部极小解；算法搜索性能对参数具有一定的依赖性。

📶 5.3　降水的预报因子选取

使用 2017—2021 年 ECMWF 每天 00：00（世界时，下同）和 12：00 起报的 1~72 h 预报资料，资料格距均为 0.25°×0.25°，时间间隔 3 h。ECMWF 数值预报资料的独立变量因子分别为 25 个和 8 个。预报因子主要有 500 hPa 和 700 hPa 的垂直速度、相对湿度、温度以及风速的南、北分量，500 hPa 的位涡和绝对散度等。同时构造组合因子 10 个，有反映动力结构的 500 hPa 涡度减去 700 hPa 散度，反映水汽垂直输送的 700 hPa 相对湿度乘以 700 hPa 垂直速度，反映水汽辐合的 500 hPa 水汽通量散度与 700 hPa 水汽通量散度之和，反映天气系统强度变化的 48 h 的 500 hPa 高度与 24 h 的 500 hPa 高度差等。总共 43 个因子。

降水量观测资料为坝区 5 个自动站点逐 1 h 累积降水资料。自动站探测密度约在 1.85 km×1.85 km，平均海拔高度 1077 m，最高的是前期营地站（1330 m），雷家包站最低（936 m）。采用 2017—2021 年自动站数据，时间分辨率为 1 h，构成降水预报样本集。

首先根据降水过程的水汽条件和垂直运动条件等天气学条件，以及降水的物理机制，初步归纳备选因子为 43 个（表 5.1）。然后在备选因子的基础上，进行精选预报因子。通过相关系数显著性水平检验，样本容量为 219 000（5 个自动站，5 年逐小时总样本），设定 $\alpha=0.05$ 时，查相关系数临界值表，相关系数显著性的临界值为 0.088，也就是说这个条件下，只要相关系数 r 的绝对值在 0.088 以上（每个模型大约 500 个样本），就可以认为此相关系数在 0.05 水平上显著。计算预报量与精选预报因子的相关系数，排列与预报量相关性较好的因子（表 5.2）。

表 5.1　预报因子选取表

序号	本站因子	含义	序号	关键区因子	含义
1	wVor5	500 hPa 涡度	23	rtd	500 hPa 相对湿度除以 t-2d
2	wDiv7	700 hPa 散度	24	wq	700 hPa 垂直速度乘以 700 hPa 比湿
3	wq7	700 hPa 比湿	25	V-D	500 hPa 涡度减去 700 hPa 散度
4	wRH5	500 hPa 相对湿度	26	RH	500 hPa 相对湿度和 700 hPa 相对湿度平均值
5	wRH7	700 hPa 相对湿度	27	jVor5	500 hPa 涡度
6	wW	700 hPa 垂直速度	28	jDiv7	700 hPa 散度
7	wU	700 hPa 风速 U 分量	29	jq7	700 hPa 比湿
8	wV	700 hPa 风速 V 分量	30	jRH5	500 hPa 相对湿度
9	wT5	500 hPa 温度	31	jRH7	700 hPa 相对湿度
10	wT7	700 hPa 温度	32	jW	700 hPa 垂直速度
11	wT8	850 hPa 温度	33	jU	700 hPa 风速 U 分量
12	wT8y	前一天 850 hPa 温度	34	jV	700 hPa 风速 V 分量
13	wH	500 hPa 高度	35	jT5	500 hPa 温度
14	wHy	前一天 500 hPa 高度	36	jT7	700 hPa 温度
15	wCAPE	有效位能	37	jT8	850 hPa 温度
16	wR	ECMWF 逐小时降水量预报值	38	jT8y	前一天 850 hPa 温度
17	2d	2 m 露点温度	39	jH	500 hPa 高度
18	ol	0 ℃层高度	40	jHy	前一天 500 hPa 高度
19	t-2d	850 hPa 温度减去 2 m 露点温度	41	jdt	850 hPa 温度 24 h 差值
20	wdt	850 hPa 温度 24 h 差值	42	jdh	500 hPa 高度 24 h 差值
21	wdh	500 hPa 高度 24 h 差值	43	jTT	700 hPa 温度减去 850 hPa 温度
22	wTT	700 hPa 温度减去 850 hPa 温度			

表 5.2 乌东德站西南气流型预报因子与降水相关系数表

预报因子	wVor5	wDiv7	wq7	wRH5	wRH7	wW	wU	wV
相关系数	0.075	-0.085	0.147	0.246	0.195	0.086	0.033	0.027
预报因子	wT5	wT7	wT8	wT8y	wH	wHy	wCAPE	wR
相关系数	-0.110	-0.123	-0.216	-0.124	-0.020	0.055	-0.036	0.281
预报因子	2 d	ol	t-2 d	wdt	wdh	wTT	rtd	wq
相关系数	0.107	-0.133	-0.239	-0.151	-0.131	0.263	0.187	0.094
预报因子	V-D	RH	jVor5	jDiv7	jq7	jRH5	jRH7	jW
相关系数	0.095	0.242	-0.239	-0.151	-0.082	0.069	0.020	0.096
预报因子	jU	jV	jT5	jT7	wT8	wT8y	jH	jHy
相关系数	0.221	0.137	0.012	0.067	0.014	0.099	0.098	0.139
预报因子	jdt	jdh	jTT					
相关系数	0.095	0.030	0.046					

上述预报因子符合天气学原理，基本包括了预报站点的温度、湿度、稳定性参数和垂直速度等。而且各个优选预报因子之间的相关性较差，这样预报因子的共线性特征显著，预报因子代表性也良好。

5.4 降水量预报模型构建和优化

5.4.1 用叠套法消空预报

该方案的基本思路是根据前期各种物理量场与降水的关系，确定产生降水量的各种物理量 R 的临界值，从中找出与降水量对应关系较好的若干种物理量场作为预报因子场。然后，在预报日的预报因子场中分析出 R 的临界值 R_0 等值线，各预报因子场的临界值 R_0 等值线共同包围的区域就是降水的预报落区（图 5.2）。

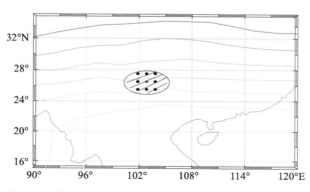

图 5.2 物理量叠套示意图（阴影区内为 $R \geqslant R_0$ 区域）

5.4.1.1　确定临界值

确定各物理量场与降水的对应关系，利用历史样本求出各物理量场产生降水量（$R \geq R_0$）的临界值（临界值取整数）。

5.4.1.2　m 值确定方法

用同样数目的试验样本，根据上述叠套方法，分别选用 1 个、2 个、3 个、4 个……物理量场作为预报因子场，制作降水量预报，计算其不同预报因子场数所得到的预报准确率，以准确率最高的预报因子场数作为 m 值。

各预报因子场进行叠套得到的其共同包围区（简称有效格点数，下同）具有 2 个特征：

（1）有效格点数 ≥ 降水量（$R \geq R_0$）格点数；

（2）有效格点数 ≤ 单个因子场的临界格点数。

例如，图 5.2 所示的垂直速度、相对湿度场的临界格点数分别为 10、4，它们共同包围的有效格点数为 3，而降水量（$R \geq R_0$）格点数为 2，符合上述特征。

应注意不同级别的降水量预报可能需要不同的 m 值。但是，在进行实时预报时，同一个预报时段只能用 1 个 m 值，否则可能因为因子场数不同而出现自相矛盾的预报结果。所以消空预报只能做降水有无预报。

5.4.1.3　叠套作消空预报

叠套法常用于雷暴和强对流预报，叠套法的思路同样可以用于其他高影响天气的预报。例如降水，其主要要素为相对强的上升运动和充分的水汽供应。相对强的上升运动可以由短波槽、锋面气旋、高空急流、地形抬升等提供，同时静力稳定度较低（按照准地转理论，在同样的正涡度平流和暖平流强迫下，大气静力稳定度越小，垂直运动越大），而充足的水汽供应往往意味着存在一支输送水汽的低空急流。

在叠套方法中的 R_0 可以是任意给定的，改变 R_0 就可预报不同的降水量。所以，用叠套方法可以制作任意级别的降水量预报。叠套方法的明显缺陷是预报的最大降水量不可能超过已出现的降水实况最大值。

这里我们用叠套方法消空预报只是消空预报样本，减小晴空天气的样本。当预报消空时，直接输出无降水结论。只有不能消空时才进行 BP、SVM 和 RF 模型预报。

如图 5.3 所示，选取坝区地区附近 15 个格点范围的物理量场进行消空预报，通过统计分析选用 3 个物理量做预报因子场，分别是 850 hPa 温度场差（850 hPa 温度场的气候平均值与预报日的 850 hPa 温度场之差）、700 hPa 相对湿度和 500 hPa 高度场差（500 hPa 高度场的气候平均值与预报日的 500 hPa 高度场之差）。R_0 是通过分析物理量与降水的频率关系选取的，R_0 分别是 700 hPa 相对湿度 71%、850 hPa 温度场差 –2.1 ℃和 500 hPa 高度场差 –13.6 gpm。格点数 m 为 5，即满足小于格点数 m 为 5 的数时，降水消空预报，不再进行 BP、SVM 和 RF 模型预报。

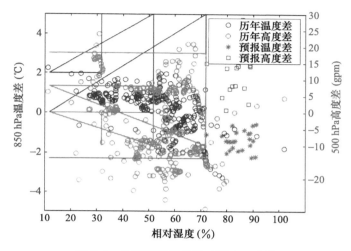

图 5.3　物理量叠套作降水消空示意图

5.4.2　环流分型

依据《云南省天气预报员手册》（许美玲 等，2011），影响云南降水的天气系统分为 7 类，即昆明准静止锋、切变线、两高辐合、南支槽、西南涡、西行台风及孟加拉湾风暴。针对不同自然季节、不同天气影响系统，根据乌东德水电站气象保障服务经验，开展 6 类典型天气系统分型的降水量预报模型研究，分别是昆明准静止锋型、切变线型、西南低值系统型、西南气流型、东南气流型及其他类型。

（1）昆明准静止锋型，主要是指坝区东北部至白鹤滩水电站之间区域出现静止锋，判断依据是：700 hPa 温度场存在锋区，南北或东西温差 ≥ 3 ℃。

（2）切变线型，是指坝区（102°~103°E，26°~27°N）出现切变线，判断依据是：700 hPa 风场出现风向不连续界面，且两侧至少出现 2 个格点 ≥ 90° 的风向不连续。

（3）西南低值系统，主要是综合了南支槽、西北槽、西南涡的综合类型，判断依据是：500 hPa 风场出现 2 个以上的位置上连续槽点，范围为 102°~103°E，26°~27°N。

（4）西南气流型，是孟加拉湾风暴和两高辐合的综合，判断依据是：500 hPa 风场和 700 hPa 风场中，关键区四分之一以上格点出现西南风，且风速 ≥ 2 m/s，范围为 102°~103°E，25.3°~26.3°N。

（5）东南气流型，是西行台风、副高外围和两高辐合的综合，判断依据是：500 hPa 风场和 700 hPa 风场中，关键区四分之一以上格点出现东南风，且风速 ≥ 2 m/s，范围为 102°~103°E，25.3°~26.3°N，当出现正南气流时，归为西南气流型。

（6）其他无法识别的类型归为其他类型。

5.4.3　BP 降水量预报模型

BP 神经网络是一种误差可反向传递训练的前馈网络，BP 算法主要可分为两个过程：

信息的前向传递和误差的反向传递。它主要通过对训练样本的学习，改进网络中隐含层的连接权重，完善输入层与输出层的非线性映射关系。BP 神经网络作为一种热门的信息处理方法，具有分布式存储、并行处理、自学习和自适应等特点，适用于非线性预测。BP 神经网络结构如图 5.4 所示。BP 神经网络的输入层和输出层的节点数是由具体问题给出。因此，网络结构设计主要针对隐含层，增加隐含层数在一定程度上可以提高神经网络的拟合精度，但隐含层过多，可能导致算法不能收。

图 5.4 为夏季乌东德营地站的西南气流类型的网络设计，输入层为 28 个节点（对应 28 个预报因子），中间层 25 个节点，输出层 1 个节点（对应 1 个站点的预报量），建立 3 层网络，使用 Levenberg-Marquardt 算法进行 BP 神经网络的训练，训练函数为 trainscg，训练前进行归一化处理，运用上述的网络模型，根据观测数据建立学习样本进行学习。

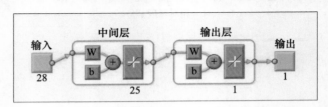

图 5.4 BP 降水量预报网络设计图

夏季乌东德营地站的西南气流类型的训练样本为 1005 个，每个样本 28 个数据。选择 1005 个训练样本经过训练得到预测值模型。经 MATLAB 计算，得到训练过程图，如图 5.5 所示。

图 5.6 可见，回归值 R 测量输出和目标之间的相关性。R 值为 1 表示密切关系，0 表示随机关系。这里 $R=0.74517$，表明相关性比较合适，如果接近 1，容易出现过拟合现象；如果接近 0 表示训练效果较差。

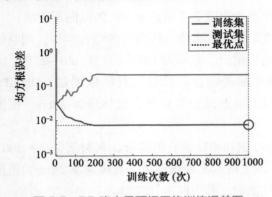

图 5.5 BP 降水量预报网络训练误差图

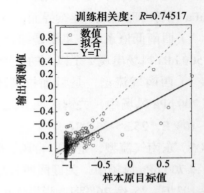

图 5.6 BP 降水量预报网络训练结果图

5.4.4 SVM 降水量预报模型

通过学习集训练样本，选择 SVM 参数惩罚系数 C 的变化范围为 [0.1,100]，参数 γ 的值为 0.9164 的条件下，考察 SVM 模型的最优核函数。

由图 5.7 可见，惩罚系数 C 的范围为 [0.1,50] 时，Sigmoid 核函数最优，多项式核函数（Polynomial）效果最差；惩罚系数 C 的范围为 [50,100] 时，RBF 核函数最优，Sigmoid 核函数效果最差。惩罚系数 C 越大，分类曲线越复杂，预测过程容易发生过拟合问题，使分类模型对训练数据过分拟合，而对测试数据预测效果不佳。因此，尽可能使惩罚系数 C 值较小。SVM 的 3 个核函数中 RBF 核函数和 Sigmoid 核函数优于多项式核函数（Polynomial），尽管 SVM 广泛选用 RBF 核函数，但对于易发生过拟合现象的坝区降水预报，Sigmoid 核函数其实更适合。

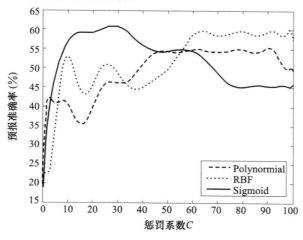

图 5.7　SVM 模型核函数的优选

5.4.5　RF 降水量预报模型

随机森林算法是 2001 年提出的一种机器学习算法，以决策树为基学习器，通过将若干个建立好的模型所得到的结果进行综合得到一个模型，而最后的预测结果由所有模型的预测结果平均而得。随机森林算法具有分类和回归两种情况，若用于分类，则决策树使用分类树（一般使用 C4.5），若用于回归，则决策树使用回归树（一般使用 CART）。对应的算法基本步骤如图 5.8 所示。

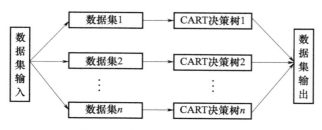

图 5.8　随机森林算法训练流程

随机森林算法属于非传统式的机器学习算法，由多棵决策树组成，每棵决策树处理的是一个训练样本子集。训练阶段，通过决策树的节点分裂来筛选特征，层层对样本进行细分，直至每个训练样本子集分类正确。测试阶段，直接基于训练出的特征进行样本分类，所以测试速度较快（但训练速度较慢）。有回放的随机选择 N 个样本（每次随机选择一个样本，然后返回继续选择）用来训练一个决策树，作为决策树根节点处的样本。当每个样本有 M 个属性时，在决策树的每个节点需要分裂，随机从这 M 个属性中选取出 m 个属性，满足条件 $m<<M$。然后从这 m 个属性中采用某种策略（如信息增益）来选择一个属性，作为该节点的分裂属性。决策树形成过程中，每个节点都要分裂，一直到不能再分裂为止。算法分类结果由这些决策树投票得到。

RF 算法是对每个样本，计算它作为 OOB 样本的树对它的分类情况（约 1/3 的树）；然后以简单多数投票作为该样本的分类结果；最后用误分个数占样本总数的比率（或者是误差函数的值）作为随机森林算法的 OOB 误分率。随机森林算法中我们可以用 OOB 误分率来衡量模型性能。

5.4.6 降水量预报模型优化

5.4.6.1 粒子群算法优化 BP 和 SVM 降水量预报模型流程

粒子群优化算法（PSO）是通过群体中个体之间的协作和信息共享来寻找最优解。PSO 初始化为一群随机粒子，然后通过迭代找到最优解。PSO–SVM（PSO–BP）算法的流程如下：

第一步：参数初始化和粒子群初始化。包括权重因子、终止条件、粒子随机位置和速度。

第二步：调整粒子速度和位置。按照粒子的位置和速度更新公式进行迭代计算，更新粒子的位置和速度。

第三步：计算适应度值。按照粒子的适应度函数，计算每次迭代后每个粒子的适应度值。

第四步：评价粒子适应度。计算每个粒子适应度并保留与其经过的最好位置。

第五步：迭代寻优。保留更新后的每个粒子的个体极值与全局极值中更优值。

第六步：判断是否满足终止条件，若达到最大迭代次数或者所得解收敛或者所得解已经达到预期的效果，就终止迭代，否则转第二步。

第七步：得到最佳的参数组合，构建最优模型。

5.4.6.2 遗传算法优化 BP 和 SVM 降水量预报模型流程

遗传算法（GA）是一种启发式搜索算法。利用 GA 对 BP 的隐层神经元个数、传递函数、训练函数进行优化；对 SVM 的惩罚系数 γ 和核函数参数 C 进行优化，寻找最优的参数。一般设定参数的取值范围，然后送入 GA 迭代寻优，最后将优化的参数代入 BP 和 SVM 模型。GA–BP（GA–SVM）算法的流程如下：

第一步：随机初始化种群。设定种群数、进化代数、交叉概率、变异概率等参数。

第二步：计算适应度值。轮盘赌法选择个体，实施交叉、变异，得到优化后的适应度值。

第三步：判断准则。若满足进化代数或者适应度值要求，输出神经元个数、传递函数、训练函数（γ 和 C）。否则，转第二步。

第四步：产生新种群。对神经元个数、传递函数、训练函数（γ 和 C）进行选择（赋值），计算训练后的每个个体的适应度。

第五步：若达到设定的停止训练条件，输出神经元个数、传递函数、训练函数（γ 和 C），退出优化程序。否则，转第三步。

第六步：确立 GA 优化的新参数，建立 BP 和 SVM 模型。

第七步：判断准确率。判断交叉验证准确率是否满足设定条件。满足转下步，否则转第一步。

第八步：确立最优的神经元个数、传递函数、训练函数（最优的 C 和 γ），构建 BP 和 SVM 模型。

5.4.6.3　遍历全局优化 RF 降水量预报模型流程

森林中所要生长出的树的个数 ntree，生长每棵树中节点分裂随机选择的变量子集中变量的个数 mtry，以及每棵树的规模，在用于样本的预测分类的情况下，每个样本所占的权重也可以设置。

（1）mtry 的控制：参数 mtry 可以视为随机森林模型的自由度（df, degrees of freedom）控制参数，mtry 越大，自由度越小。

（2）ntree 的控制：其中一个重要参数是需要在森林中生长出多少棵分类决策树，即参数 ntree。与参数 mtry 复杂的情况不同的是，参数 ntree 值越大越好。

（3）规模的控制：从实验角度讲，限制树的规模一定的效应，因为可以加快计算的速度，特别是对于有很多噪声变量的情况下，可以减少多余的节点分裂而生成仅含有重要变量的更小规模的分类回归树。

RF 预报模型的两个关键参数是 mtry 和 ntree。一般对 mtry 的选择是逐一尝试，直到找到比较理想的值；ntree 的选择则可通过图形无效判断模型内误差稳定时的值。mtry 参数是随机森林建模中，构建决策树分支时随机抽样的变量个数。选择合适的 mtry 参数值可以降低随机森林模型的预测错误率。

RF 预报模型的流程如下：

（1）抽样：从训练数据集 S 中，通过有放回的 Boostrasp 抽样，生成 K 组数据集，每组数据集分为被抽中数据与未被抽中数据（被称作袋外数据）2 种，每组数据集会通过训练产生一个决策树。

（2）生长：通过训练数据对每个决策树进行训练。在每次分节点时，从 M 个属性中（即 M 个不同测井的测井响应值）随机选取 m 个特征（推荐 $m=\log_2 d+1$，其中 d 为特征维度），依据 Gini 指标选取最优特征进行分支充分生长，直到无法再生长为止，不进行剪枝。

（3）利用袋外数据检验模型的精度，由于袋外数据未参与建模，其能一定程度上检验模型效果与泛化能力。通过袋外数据的预测误差，确定算法中最佳决策树数目重新进行建模。

（4）利用确定的模型对新数据集进行预测，所有决策树的预测结果的平均即为最终的输出结果。

随机森林算法的最大优势是每个决策树均利用所有样本中的一部分，并只抽取其中一部分属性进行建模。这种做法能极大地提高模型的多样性，最小化各棵决策树的相关性。依照集成学习理论来说，基学习器的多样性越强，其泛化能力就越高。

5.4.6.4 BP、SVM 和 RF 降水量预报模型建立

利用历史样本构造 BP、SVM 和 RF 学习矩阵。将叠套消空所得的新样本数据集，以2018—2020 年的欧洲细网格等数据作为学习集，2017 年和 2021 年的数值预报数据作为独立样本。选用坝区 5 个站点的降水预报进行分析。

这些数据第一部分作为学习集训练部分，预报对象和预报因子的时段为 2018—2020年。通过对历史资料的收集整理、消空分析，可以得到大量坝区 5 个站点预报样本数据。第二部分作为独立样本（确认样本），预报因子和预报对象的时段为 2017 年和 2021 年，约 700 d 的资料。

（1）BP 模型的建立

利用粒子群算法和遗传算法 Matlab 工具箱，建立 PSO–BP 和 GA–BP 降水量预报模型。基于 PSO 和 GA 算法，通过大量训练样本的试验，以试验训练样本分类的准确率为结果目标，寻求最优函数和参数。结果发现，编码长度取值 331 时，GA–BP 神经网络模型的分类正确率最高。建模试验的结果如表 5.3 所示。

表 5.3 2 种优化算法的 BP 模型降水预报最优函数和参数

预报模型	传递函数	训练函数	迭代次数	训练速度	均方误差
PSO_BP	logsig	trainlm	65	0.3	0.3295
GA_BP	tansig	trainbr	873	0.01	0.1113

（2）SVM 模型的建立

利用粒子群算法和遗传算法 Matlab 工具箱，建立 PSO–SVM 和 GA–SVM 降水量预报模型。

设置粒子群算法参数：学习因子或加速系数 c1=1.5（c1 表示 PSO 参数局部搜索能力），c2=1.7（c2 表示 PSO 参数全局搜索能力），进化代数为 100 次，种群规模为20，SVM 参数初始化交叉验证参数为 5，惯性权重固定为 0.6，参数 C 的变化范围为[0.1,100]，参数 γ 的变化范围为 [0.01,100]。种群最佳适应度和平均适应度变化如图 5.9所示。经过大约 20 次进化代数的搜索后，平均适应度趋于稳定，最佳适应度为 66，迭代时间较短。

设置遗传算法参数：最大的进化代数为 400，种群最大数量为 50，交叉概率为 0.4，参数 C 的变化范围为 [0.1,100]，参数 γ 的变化范围为 [0.01,1000]。为了避免局部最优放宽进化迭代结束条件，交叉验证准确率设定条件修改为 ≥ 70%（一般设为 80%）。为了提高收敛速度，修改准确率提高率为 ≤ 0.1%（一般为 0.01%）。SVM 参数初始化交叉验证参数为 5。种群最佳适应度和平均适应度变化如图 5.10 所示。经过大约 200 次进化迭代的搜索后，平均适应度趋于相对稳定，最佳适应度为 58，迭代时间较长。虽然遗传算法有较强的宏观搜索能力，但是容易陷入局部最优，而且收敛速度慢。

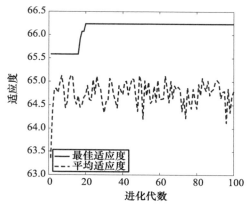

图 5.9　粒子群算法优化 SVM
最佳参数的适应度曲线

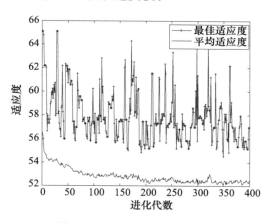

图 5.10　遗传算法优化 SVM
最佳参数的适应度曲线

因为局部最优问题，两种模型都不同程度出现过拟合问题和不稳定问题，但是相对来说 GA–SVM 的性能有很大的优化提升空间。为了提高模型的稳定性和泛化能力，防止过拟合现象，对 GA–SVM 进一步优化。

首先，优化的基础上增大样本集，构造有代表性的样本集。其次，降低预期交叉验证准确率（经实验，预期交叉验证准确率从原来的 80% 调整到 70%，交叉验证准确率增加率 0.01% 调整为 0.1%）及迭代次数截断的方法来解决过拟合的问题。最后，针对 SVM 学习参数难以确定的不足，采用先寻找参数分段局部最优，在控制惩罚系数 C 的范围基础上，尝试分段参数寻优，然后在局部最优中选择全局最优。

对独立样本进行 GA–SVM 参数分段对比检验，从各个分段参数局部最优中选择全局最优参数，并重新建立 GA–SVM 模型。

由表 5.4 可见，模型的稳定性主要看训练准确率和测试准确率差值大小，差值不大就比较稳定。惩罚系数 C 在 0.1~1.0、10.1~20.0、40.1~50.0，50.1~60.0 范围时，训练和测试准确率均 > 60%，且差值 < 5%，说明比较稳定。其中惩罚系数 C 在 0.1~1.0、40.1~50.0、50.1~60.0 范围的 TS 评分较低或空报率和漏报率较大，模型性能较差。惩罚系数 C 在 10.1~20.0 范围时，TS 评分最高，漏报率相对较低。根据水电站气象保障的实际业务需求，中雨以上量级的预报遵循"宁空勿漏"的原则，选择 TS 评分较高、漏报率较低的模型参数。因此，选择最优参数 C 为 11.1991，最优参数 γ 为 0.5640。

表 5.4　GA-SVM 模型 C 分段参数优化检验

分段区间	C	γ	CV 准确率（%）	训练准确率（%）	测试准确率（%）	TS 评分（%）	空报率（%）	漏报率（%）
0.1~1	0.8507	4.3837	63.5	68	63.4	9.1	9.1	81.8
1~10	7.5897	3.3371	67	86.8	48.8	33.3	33.3	33.3
10~20	11.1991	0.5640	65.8	74.3	70.5	61.9	23.8	14.3
20~30	27.3187	0.6651	66	75	65.9	46.2	23.1	30.8
30~40	33.1628	0.5766	63	73.8	58.7	41.9	58.1	0
40~50	45.2237	0.3347	63.8	71.5	70.5	47.1	11.8	41.1
50~60	50.0847	0.4328	64	71.5	68.3	52.9	0	47.1
60~70	60.2172	0.4610	64.3	74.5	61	57.9	10.5	31.6
70~80	73.9523	1.0263	63.8	85.3	70	52	32	16
80~90	80.1968	0.7640	66.3	84.5	61	51.7	20.7	27.6
90~100	94.2278	0.72805	64.8	83.5	63.4	50	6.3	43.7

（3）RF 模型的建立

根据遍历输出结果，当 mtry=30 时，错误率达到最低，因此本次建模过程中以 30 作为 mtry 参数值选择合适的 ntree 参数值，这里 ntree 参数值是 300，对应的所有量级的降水量最高 TS 评分，TS 评分为 60.8%。ntree 参数指出建模时决策树的数量。ntree 值设置过低会导致错误率偏高，ntree 值过高会提升模型复杂度，降低效率。以 mtry=30，ntree=300 进行随机森林建模，并将模型 TS 评分与决策树数量的关系可视化，如图 5.11 所示，

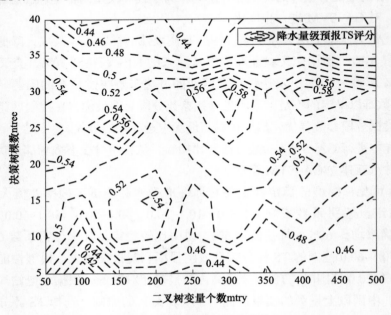

图 5.11　随机森林算法参数优化

随机森林模型的预报因子变量贡献率，反应各自变量对因变量影响程度的相对大小，计算步骤如下：

①对所有自变量标准化；

②对标准化后的自变量建逻辑回归模型，取各变量回归系数的绝对值；

③计算各变量回归系数绝对值的占比，即为特征贡献率。

因此，为了计算模型预报因子变量的重要性，绘制预报因子贡献率图示。

由图 5.12 可见，该预报模型的预报因子贡献率比较大的有 wRH5 和 ol，贡献率大约在 12%；其他预报因子在 2%~5%。

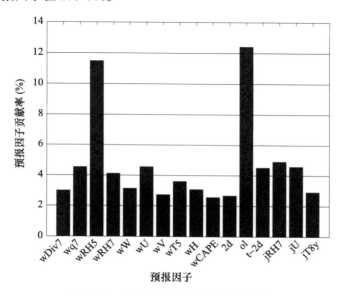

图 5.12　随机森林模型预报因子贡献率

5.5　检验结果对比分析

5.5.1　降水预报的检验

选取效果较好的 GA–BP、GA–SVM 和 RF 预报结果进行检验。对建立的预报模型进行效果检验，主要是 72 h 内逐小时降水量的检验。由于水电站气象保障的实际业务需求，重点考虑大雨以上降水的天气过程，又进行大雨以上降水量检验。

5.5.1.1　降水量的预报误差检验

将 GA–BP、GA–SVM 和 RF 输出的降水量按权重系数加权得到预报值，预报对象是输出 5 个自动站逐小时降水量，单位是"mm"，预报时效是 72 h，检验参数包含有绝对误差、相对误差和均方根误差。考虑到降水的天气过程变化多样性和复杂性，在进行降水量检验的过程中，构造种类较丰富的样本进行检验，从而尽可能代表各种类型的降水过程，要减少晴空天气样本数量。因此，选用 2017 年和 2021 年有效数据作为检验样本，检验样本数为 700，每天 20 时起报的 1 h 时间间隔的数值预报因子样本，5 个自动站逐小时降水量为预报值。

表 5.5　预报 72 h 逐时降水量的绝对误差（单位：mm）

	WDD2	WDD3	WDD4	WDD6	WDD7	平均
春季	0.7181	1.9678	1.0009	1.8388	1.3342	1.3719
夏季	1.2122	2.1121	1.6541	1.4252	1.6143	1.6035
秋季	1.1229	1.5589	0.7801	1.2181	0.8705	1.1101
冬季	1.1933	0.8257	0.3059	0.6585	0.7438	0.7454
全年	1.0616	0.8257	0.9352	1.2851	1.1407	1.2077

由表 5.5 可见，5 个自动站预报量的绝对误差数值变化不大。72 h 预报时效内的绝对误差最大值 2.1 mm，出现在 WDD3 站的夏季；最小值为 0.3 mm，出现在 WDD4 站的冬季。全年各站总的平均绝对误差是 1.2 mm。夏季各站的平均绝对误差是 1.6 mm，为四个季节中最大。

表 5.6　预报 72 h 逐时降水量的相对误差（单位：mm）

	WDD2	WDD3	WDD4	WDD6	WDD7	平均
春季	0.4044	1.7610	0.7880	1.7022	1.1288	1.1568
夏季	0.6320	1.6396	1.2160	0.9951	1.1094	1.1184
秋季	1.0417	1.3869	0.6487	1.1723	0.8056	1.0110
冬季	1.1751	0.8006	0.2750	0.5874	0.7258	0.7127
全年	0.8133	1.3970	0.7319	1.1142	0.9424	0.9997

由表 5.6 可见，5 个自动站预报量的相对误差数值变化不大。72 h 预报时效内的相对误差最大值 1.7 mm，出现在 WDD3 站和 WDD6 站的春季；最小值为 0.2 mm，出现在 WDD4 站的冬季。全年各站总的平均相对误差是 0.9 mm。春季和夏季各站的平均相对误差是 1.1 mm，为四个季节中较大。

表 5.7　预报 72 h 逐时降水量的均方根误差

	WDD2	WDD3	WDD4	WDD6	WDD7	平均
春季	3.2110	12.0225	1.7164	8.5516	12.3068	7.5616
夏季	14.9103	16.9845	16.6019	10.8098	12.4424	14.3497
秋季	5.4515	13.3451	3.2490	4.7843	2.1336	5.7927

	WDD2	WDD3	WDD4	WDD6	WDD7	平均
冬季	1.9775	1.6690	0.5219	0.6720	1.0375	1.1755
全年	6.3875	11.0052	5.5223	6.2044	6.9800	7.2199

由表 5.7 可见，5 个自动站预报量的均方根误差数值变化相差不大。72 h 预报时效内的均方根误差最大值 16.9845，出现在 WDD3 站的夏季；最小值为 0.5219，出现在 WDD4 站的冬季。全年各站总的平均均方根误差是 7.2199。夏季各站的平均均方根误差是 14.3497，为四个季节中最大。

综上分析，降水量预报存在系统性误差，降水量预报一致偏大，误差是可订正的，特别是春季和秋季的相对误差和绝对误差均在 1 mm 左右，均方根误差 < 10，是有订正可能性的。5 个自动站的降水量逐时预报是有效的，具有较好的参考意义。

5.5.1.2 夏季大雨量级的检验

选取 2017 年、2021 年夏季 182 d 有效数据作为独立样本进行 TS 评分检验，按 1 h 降水预报大雨量级对比情况，评估模型的预报性能。选取预报效果较好的 GA–BP 和 RF 输出的降水量。2017 年 1 h 降水量标准的实况前期营地站出现大雨 19 次、马头上站出现大雨 30 次、乌东德站出现大雨 25 次；坝区总体出现大雨 31 次。统计大雨以上降水的 TS 评分、空报率和漏报率，分析预报效果（表 5.8）。

表 5.8 夏季大雨降水量级模型预报检验

预报站点	GA–BP			RF		
	空报率（%）	漏报率（%）	TS 评分（%）	空报率（%）	漏报率（%）	TS 评分（%）
WDD2	35.7	19.0	45.3	6.7	66.6	26.7
WDD3	42.8	10.7	46.5	7.2	85.6	7.2
WDD4	33.3	11.9	54.8	7.1	71.4	21.5
WDD6	37.5	12.5	50.0	31.5	42.1	26.4
WDD7	32.5	13.9	53.6	6.3	87.4	6.3
平均	36.4	13.6	50.0	11.7	70.6	17.7

由表 5.8 大雨降水量预报检验结果可见，GA–BP 的 TS 评分高于 RF 的。GA–BP 模型的 WDD4、WDD6 和 WDD7 的 TS 评分均 > 50%，其他站的 > 45%，漏报率均低于 20%。RF 模型的空报率较低，但是漏报率太大，TS 评分在 6%~30%，只有 WDD2、WDD4 和 WDD6 的 TS 评分 > 20%，其他站点的均 < 10%。RF 的坝区整体平均空报率 11.7%，漏报率 70.6%，TS 评分 17.7%。GA–BP 的坝区整体空报率 36.4%，漏报率 13.6%，TS 评分 50.0%。大雨量级 GA–BP 优于 RF。

5.5.1.3　夏季中雨量级的检验

选取 2017 年、2021 年夏季 182 d 有效数据作为独立样本进行 TS 评分检验，按 1 h 降水预报中雨量级对比情况，评估模型的预报性能。选取预报效果较好的 GA–BP 和 RF 输出的降水量。统计中雨级降水的 TS 评分、空报率和漏报率，分析预报效果（表 5.9）。

表 5.9　夏季中雨降水量级模型预报检验

预报站点	GA-BP			RF		
	空报率（%）	漏报率（%）	TS 评分（%）	空报率（%）	漏报率（%）	TS 评分（%）
WDD2	36.1	4.6	59.3	6.9	25.6	67.5
WDD3	31.6	2.4	66.0	28.9	10.1	61.0
WDD4	33.5	3.9	62.6	18.8	11.3	69.9
WDD6	27.9	7.5	64.6	25.5	21.6	52.9
WDD7	40.9	4.2	54.9	20.7	22.4	56.9
平均	34.0	4.5	61.5	20.2	18.2	61.6

由表 5.9 中雨降水量预报检验结果可见，GA–BP 与 RF 的 TS 评分相近，均在 61% 左右。GA–BP 模型的 WDD3、WDD4 和 WDD6 的 TS 评分均高于 60%，其他站的 > 54%，漏报率均低于 8%。RF 模型的空报率较低，但是漏报率太大，TS 评分在 50%~70%，只有 WDD2、WDD3 和 WDD4 的 TS 评分 > 60%，其他站点的在 55% 左右。RF 的坝区整体平均空报率 20.2%，漏报率 18.2%，TS 评分 61.6%。GA–BP 的坝区整体空报率 34.0%，漏报率 4.5%，TS 评分 61.5%。中雨量级 RF 与 GA–BP 差不多。

5.5.1.4　夏季小雨量级的检验

选取 2017 年、2021 年夏季 182 d 有效数据作为独立样本进行 TS 评分检验，按 1 h 降水预报小雨量级对比情况，评估模型的预报性能。选取预报效果较好的 GA–BP 和 RF 输出的降水量。统计小雨级降水的 TS 评分、空报率和漏报率，分析预报效果（表 5.10）。

表 5.10　夏季小雨降水量级模型预报检验

预报站点	GA-BP			RF		
	空报率（%）	漏报率（%）	TS 评分（%）	空报率（%）	漏报率（%）	TS 评分（%）
WDD2	7.8	25.2	67.0	2.6	7.0	90.4
WDD3	9.6	13.5	76.9	2.1	1.7	96.2
WDD4	8.4	26.1	65.5	2.7	8.2	89.1
WDD6	9.2	43.1	47.7	3.2	8.2	88.6
WDD7	12.0	16.8	71.2	2.5	3.7	93.8
平均	9.4	24.9	65.7	2.6	5.8	91.6

由表 5.10 小雨降水量预报检验结果可见，GA–BP 小于 RF 的 TS 评分，相差 30% 左右。GA–BP 模型的 WDD3 和 WDD7 的 TS 评分均高于 70%，WDD2 和 WDD4 的高于 60%，漏报率大多数低于 20%。RF 模型的空报率和漏报率较低，TS 评分在 88% 以上。RF 的坝区整体平均空报率 2.6%，漏报率 5.8%，TS 评分 91.6%。GA–BP 的坝区整体空报率 9.4%，漏报率 24.9%，TS 评分 65.7%。小雨量级 RF 优于 GA–BP。

5.5.1.5 春、秋、冬季降水量级的检验

由表 5.11 可见，秋季的小雨量级 TS 评分较低，在 50% 左右，春季和冬季的小雨量级 TS 评分较高，在 70% 左右。GA–BP 的 TS 评分低于 RF，漏报率高于 RF，可见春季、秋季和冬季的小雨量级 RF 优于 GA–BP。冬季的小雨量级两种方法要优于春季和秋季。

表 5.11　春季秋季冬季小雨降水量级模型预报检验

季节	GA-BP			RF		
	空报率（%）	漏报率（%）	TS 评分（%）	空报率（%）	漏报率（%）	TS 评分（%）
春季	13.8	29.8	56.4	17.5	9.0	73.5
秋季	32.3	19.2	48.5	42.9	5.5	51.6
冬季	8.7	17.4	73.9	8.6	13.0	78.4

由表 5.12 可见，冬季的中雨量级 TS 评分较低，低于 20%，春季和秋季的中雨量级 TS 评分较高，在 20%~50%。GA–BP 的 TS 评分高于 RF，漏报率是低于 RF，可见春季、秋季和冬季的中雨量级 GA–BP 优于 RF。春季的中雨量级两种方法要优于秋季和冬季。

表 5.12　春季秋季冬季中雨降水量级模型预报检验

季节	GA-BP			RF		
	空报率（%）	漏报率（%）	TS 评分（%）	空报率（%）	漏报率（%）	TS 评分（%）
春季	25.0	24.0	51.0	14.6	41.6	43.8
秋季	41.3	17.3	41.3	43.7	32.4	23.9
冬季	70.0	10.0	20.0	56.7	33.7	10.0

综上分析，春季、秋季和冬季降水量级预报 TS 评分不高，降水量预报偏差较大，小雨量级春季和冬季的 TS 评分高于秋季的，中雨量级春季和秋季的 TS 评分高于冬季的。春季、秋季和冬季，GA–BP 预报中雨优于 RF，RF 预报小雨优于 GA–BP，和夏季的结果一致。5 个自动站的降水量逐时预报是有效的，具有较好的参考意义。

5.5.2　GA–SVM 与 ECMWF 和 T639 的预报效果对比

为进一步了解 GA–SVM 的预报效果，统计坝区 2018 年 6—9 月的中雨以上（含中雨）降水过程的 GA–SVM 与 ECMWF 和 T639 的 3 h 累积降水预报对比情况。3 h 累

积降水量标准的实况出现中雨 30 次、大雨 8 次、暴雨 8 次，3 h 累积降水量最大值为 30.5 mm。通过检验得出 GA–SVM 的 TS 评分为 38.1%，ECMWF 的 TS 评分为 36.7%，T639 的 TS 评分为 34.0%，GA–SVM 的 TS 评分相对 ECMWF 和 T639 提高了 1.4%。

由表 5.13 给出的 2018 年 6 月 20—30 日降水过程预报正确次数可知，GA–SVM、ECMWF 和 T639 在中雨及以下量级预报效果相差不大，而大雨以上量级 GA–SVM 模型有明显的优势。如 6 月 22 日 02：00 的暴雨和 6 月 25 日 08：00 的大雨，GA–SVM 模型预报正确，ECMWF 和 T639 分别预报为中雨和小雨。6 月 28 日 20：00 的暴雨和 6 月 25 日 20：00 的大雨，GA–SVM、ECMWF 和 T639 预报均为小雨。

表 5.13　2018 年 6 月 20—30 日 GA–SVM、ECMWF 和 T639 预报与实况对比

量级	降水实况	ECMWF	T639	GA–SVM
零星小雨	5	3	2	3
小雨	12	6	5	8
中雨	4	2	2	2
大雨	2	0	0	1
暴雨	4	0	0	2

图 5.13 是 2018 年 7 月 7—8 日的 GA–SVM、ECMWF 和 T639 预报 3 h 累积降水量。可见，GA–SVM 预报对 ECMWF 和 T639 预报有订正作用，特别是强降水预报效果优于 ECMWF 和 T639，GA–SVM 预报具有一定的参考价值。

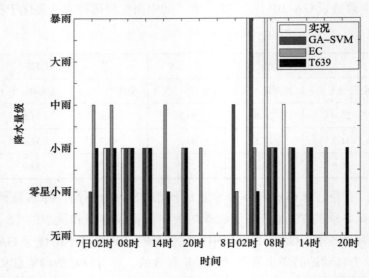

图 5.13　GA-SVM、ECMWF 和 T639 预报 2018 年 7 月 7—8 日 3 h 累积降水量

5.5.3　模型预报与主观预报效果对比

选取 2019 年 5 月 1 日至 9 月 30 日 120 d 有效数据作为独立样本进行 TS 评分检验，

按 1 h 累积降水预报对比情况，评估模型的预报性能（以 GA–BP 为例）。1 h 累积降水量标准的实况出现中雨 14 次、大雨 13 次、暴雨 6 次；又统计当日值班预报中雨以上降水的 TS 评分，对比分析预报效果。

由表 5.14 多级降水量预报检验结果可见，两种方法中雨 TS 评分均高于 50%，模型大雨和暴雨的 TS 评分超过 40%，主观预报大雨和暴雨的 TS 评分低于 40%。除主观预报暴雨外，两种方法的漏报率均在 20% 左右。模型的暴雨预报空报率较大，而主观暴雨预报的漏报率较高。两种方法可以对比使用，取长补短。

表 5.14　中雨以上降水量级模型与主观预报检验

预报方法	预报量级	空报率（%）	漏报率（%）	TS 评分（%）
模型预报	中雨	26.3	11.1	62.6
	大雨	38.1	16.1	45.8
	暴雨	40.0	20.0	40.0
主观预报	中雨	32.8	16.0	51.2
	大雨	43.0	19.5	37.5
	暴雨	37.0	27.5	35.5

5.5.4　降水量预报个例分析

通过对预报模型的优选和检验，最终组合 GA–BP、RF 算法作为预报系统的最优算法，选取 2019 年 6 月 23 日 12—18 时的暴雨过程作为预报个例。通过分析预报结果发现，2019 年 6 月 20 日 20 时起报，72 h 预报结果非常理想，预报 23 日 08—20 时出现暴雨。2019 年 6 月 23 日的降水实况是 23 日 12—18 时 6 h 累积降水量达到 52.0 mm（5 个站中最大降水量），属于暴雨量级；23 日 08—20 时 12 h 累积降水量达到 52.1 mm（5 个站中最大降水量），也属于暴雨量级（图 5.14）。

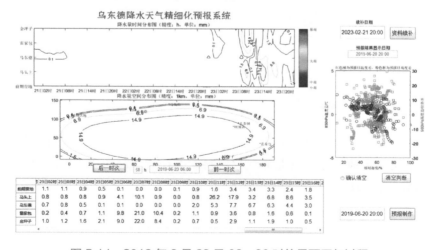

图 5.14　2019 年 6 月 23 日 08—20 时的暴雨天气过程

5.6 降水天气精细化预报系统

坝区降水天气精细化预报系统是一个集预报因子续补、叠套消空、预报制作和显示于一体的预报显示系统。该系统提供了 72 h 内逐时降水量的 5 个坝区的自动站预报，其中包括三方面内容，一是 5 个站点预报量的时间分布图，二是逐小时的空间分布图，三是 5 个站点的 72 h 内逐时预报量表格值。

5.6.1 设计思想及运行流程

根据乌东德水电站业务化运行及降水量预报需求，采用 PSO 和 GA 优化 BP 和 SVM 算法，确定了精细化预报系统建立的思路：

（1）多模式产品集合预报最优因子的筛选。

（2）降水预报模型的设计和优化。

（3）定量降水误差检验，模型参数调整。

（4）建立"乌东德降水天气精细化预报系统"，进行预报产品的检验评估。

系统的流程可以参见图 5.15。具体的系统运行流程如下：

第一步，续补每日的多模式预报因子产品资料，生成预报因子文件。

第二步，采用叠套方法，进行消空判断，排除明显的晴空天气，再进行降水量预报。

第三步，读取预报因子文件以及模型参数，每天制作预报结论，并生成结果文件。

第四步，通过系统调用，显示降水量预报结果的时间分布、空间分布及表格数据情况。

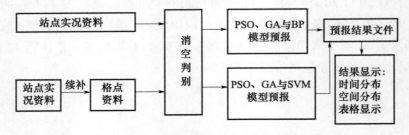

图 5.15 乌东德精细化降水量预报系统流程

5.6.2 系统运行及编译环境

资料处理程序采用 JAVA 编写，建模和显示系统采用 MATLAB 编写。历史实况预报数据，在系统运行本地的磁盘及业务气象资料盘上存放。需使用配备"奔腾 4"或更新的中央处理器的商用或家用计算机。

5.6.3 系统产品及形式

系统在预报因子方面提供多年的训练样本集文件，方便用户了解预报样本的多样性和复杂性，同时可以增补新的降水类型样本，便于用户重建预报模型，优化各种产品预报的预报模型参数性能。

系统产品显示主要是图形和数据文件，其中有：

（1）5 个站的时间分布。

（2）5 个站的空间分布。

（3）5 个站的表格数据。

5.6.4　系统界面图形

系统各操作界面如图 5.16 至图 5.22 所示。

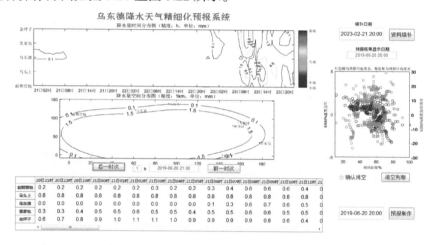

图 5.16　系统运行整体界面图（5 个站降水量逐时预报制作显示）

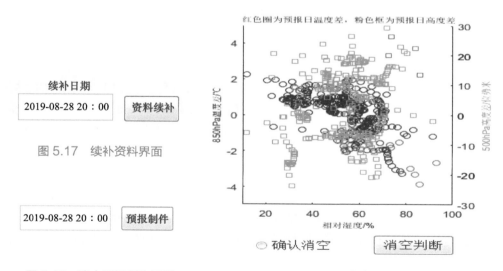

图 5.17　续补资料界面

图 5.18　降水预报制作界面

图 5.19　消空预报界面

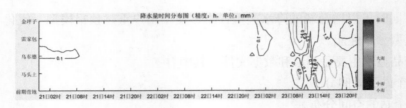

图 5.20　时间分布结果显示

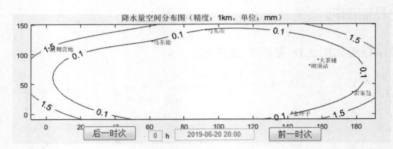

图 5.21　空间分布结果显示

	20日21时	20日22时	20日23时	21日00时	21日01时	21日02时	21日03时	21日04时	21日05时	21日06时	21日07时	21日08时	21日09时	21日10时	21日11时 2
前期营地	0.2	0.2	0.2	0.2	0.2	0.2	0.3	0.2	0.2	0.3	0.4	0.6	0.6	0.6	0.4
马头上	0.8	0.8	0.8	0.8	0.8	0.8	0.8	0.8	0.8	0.8	0.8	0.8	0.8	0.8	0.8
乌东德										0.1	0.3	0.6	0.7	0.6	0.5
雷家包	0.3	0.3	0.4	0.4	0.5	0.6	0.5	0.5	0.4	0.5	0.5	0.6	0.5	0.5	
金坪子	0.6	0.7	0.8	0.9	1.0	1.1	1.1	1.0	0.9	0.9	0.9	0.9	0.8	0.6	0.4

图 5.22　表格数据预报结果显示

5.7　本章小结

　　选用 ECMWF 数值预报产品资料和坝区降水资料，普查最优预报因子，通过预报因子优选方法，构建特征明显高质量的训练样本和测试样本，对坝区降水量进行预报。基于随机森林算法（RF）建立预报模型。基于支持向量机（SVM）方法和神经元网络（BP）方法，利用粒子群优化算法（PSO）和遗传算法（GA）对 SVM 模型和 BP 模型主要参数进行训练优化，建立粒子群优化算法、遗传算法的支持向量机模型（PSO–SVM、GA–SVM）和神经元网络模型（PSO–BP、GA–BP）。

　　针对 SVM 和 BP 学习参数难以确定的不足，采用先寻找参数分段局部最优，再选择全局最优的方法。为提高模型的稳定性和泛化能力，防止过拟合现象，优化的基础上增大训练样本集、降低交叉验证准确率及迭代次数截断和控制正则化的惩罚函数范围的方法来解决过拟合的问题。最后通过测试样本对 RF、SVM、PSO–SVM 和 GA–SVM 以及 BP、PSO–BP 和 GA–BP 多种方案进行仿真验证及对比分析，查找预报效果较好且稳定的方案。利用 PSO、GA 算法修正 BP、RF 和 SVM 机器学习模型，建立 3 种机器学习算法模型，对比分析各类算法模型的优劣，得到如下结论：

（1）通过修正优化了 BP、RF 和 SVM 算法参数，使预报模型本地化，达到更好的预报效果。

（2）GA–BP 和 RF 模型 72 h 预报时效内逐时降水量预报绝对误差在 0.3~2.1 mm，相对误差在 0.2~1.7 mm，均方根误差在 0.5219~16.9845。降水量预报误差属于系统性误差，降水量预报一致偏大，误差是可订正的，5 个自动站的降水量逐时预报是有效的，具有较好的参考意义。

（3）GA–SVM 模型逐时累积降水量预报 TS 评分在 50% 以上，漏报率在 15% 以下，与 ECMWF 和 T639 比较，模型 TS 评分提高了 1.4%。

（4）GA–BP 模型和主观预报中雨 TS 评分高于 50%，模型大雨和暴雨的 TS 评分超过 40%，主观预报大雨和暴雨的 TS 评分低于 40%。除主观预报暴雨外，两种方法的漏报率均在 20% 左右。模型的暴雨预报空报率较大，而主观暴雨预报的漏报率较高。两种方法可以对比使用，取长补短，不失为一种补充使用的方法。

存在问题：

（1）本项目所用预报因子资料为欧洲中心细网格的资料，历史资料样本年限不够多，造成资料样本数较少，对方程的稳定性有较大影响。

（2）由于降水预报的复杂性，预报因子组合和训练样本集合的优选方面还需不断完善，需要进一步重建模型，从而达到建立最佳预报模型。

（3）GA–BP 和 RF 机器学习算法取得了最好的效果，但是 PSO–BP、GA–SVM 和 PSO–SVM 算法的稳定性较差。仍然需要进一步研究。

第 6 章

乌东德水电站气象服务实践总结与发展趋势

随着金沙江流域的水力发电清洁能源的持续快速发展，特别是乌东德水电站和白鹤滩水电站顺利进入运行发电期，水电站气象保障服务能力得到加强。气象预报预警能力不断提升，气象信息自动化和集约化程度也不断提高。

预报准确性和及时性是水电气象预报和服务的核心，依托中国气象局数值预报业务系统，实现数值预报释用业务化，实现基于集合预报的概率预报，逐步发展水电气象数值预报，完成在水电站重要天气预报、气象数值预报释用、短时临近预警预报、气象信息融合、天气综合探测、水电气象信息管理等方面的技术开发。建立强降水、大风等灾害性天气对水电站高影响天气预报业务系统，提高预警预报产品制作发布的便捷性，提高预警发布的提前量，提升预报准确率、时空分辨率、更新频率。融合多种探测资料，开发重要天气综合分析与集成显示系统，进一步提升预报员在关键性转折天气中的分析预报能力加快引进人才竞争机制，提升科研和技术创新能力。

特别是坝区历年汛期自然灾害多发易发，各部门高度重视防汛减灾工作，提前对坝区防汛减灾准备工作做了安排部署，做好了防大汛、抗大灾的准备。

6.1　主要做法

6.1.1　全面落实防汛主体责任

多年以来，各相关部门多次专题安排部署坝区防汛减灾工作。汛期前召开防汛抗洪灾害防治工作会，安排部署防汛减灾和地灾防治工作，并与各单位签订防汛目标责任书。制发《关于做好防汛准备工作的通知》，要求各相关部门及早部署，扎实做好各项防汛准备工作。组织各级成员单位主要负责人、具体工作负责人员和现场气象保障人员开展监测预警和防汛减灾等相关知识培训。结合水电站运行期间安全生产工作，制定《关于开展防汛防灾和安全生产督查的工作方案》，由主要领导亲自挂帅，对各级成员单位防汛准备工作及隐患情况多次进行督查和检查，并对检查出的问题落实责任单位限期整改。召开自然灾害趋势会商会，对汛期自然灾害趋势进行分析预判。

6.1.2　强化汛期值班纪律要求

严格落实汛期领导带班和 24 h 值班制度，应急办、防汛办不定期对水电站气象业务现场值班值守情况进行抽查、检查，并对抽查、检查情况进行定期通报。要求现场业务负责人双岗制或 AB 岗位制，原则上 AB 岗位不得同时离开坝区属地，并保持通信 24 h 畅通，确保应急状态下人员能及时到位。同时，要求各相关部门在遭遇极端天气和重大汛情、险情、灾情时及时上报信息，杜绝迟报、漏报、瞒报和越级上报。现场业务负责人尽可能要求到水电站进行现场指导。

6.1.3　大力开展汛前安全检查

主要领导、分管领导要求带队深入山洪灾害威胁区、地质灾害隐患点等重点区域开展"拉网式"隐患排查。对山洪灾害危险区、地质灾害隐患点重点监测，落实防灾减灾措施。同时，要求各级相关部门按照"雨前排查、雨中巡查、雨后核查"的要求，加强隐患排查，认真落实防汛度洪措施，坚决防止灾害事故发生。

6.1.4　切实提升监测预警能力

一是进一步健全完善监测、预警体系，构建网络、短信等多途径传输预警信息体系，及时向受众发布重要天气和重大水情、雨情信息。

二是进一步加强对电站发电区、工程施工场所、河流沿线、旅游风景区等人口聚集区等重要场所的预测预报。

三是加强现有设施设备的维护管理，充分发挥气象自动站和雷电监测站等的作用，不断提升监测预警能力。坝区通信系统实现"全域覆盖、实时畅通"目标。

6.1.5　做好水电站度汛准备

按照上级文件精神，要求各水电站进一步落实抢险队伍、抢险物料和应急通信设施，按要求编制完善防洪抢险应急预案和度汛方案并报相应部门审批或备案；水电站的调度运用计划报电力主管部门审批，报县防汛办备案。

6.1.6　不断提高应急保障能力

一是进一步完善应急预案。认真修订完善了《水电站突发公共事件应急预案》《水电站防汛应急预案》等预案，指导各级相关部门完善了各类专项应急预案。各级相关部门结合预案组织开展各类应急演练，进一步检验了预案的可操作性。

二是进一步强化物资储备。防办向各单位配发了编织袋、铁丝、雨衣、发电机、铁铲、电筒等防洪物资，并在防洪物资储备仓库储备防汛物资。

三是进一步强化队伍建设。为综合应急救援队伍配备了救援指挥车、雷达生命探测仪、专业破拆装备等专业救援设备。

四是进一步强化应急管理。指导完善了卫生、交通、通信、电力等专业救援队伍体系，对应急车辆和挖掘机、装载机、大型货运车辆等专业救灾机具登记造册，实行动态管理。

6.1.7　加大防汛减灾宣传力度

一是加大依法防灾宣传。充分利用网络、广播、电视、户外大屏、发放各种宣传资料等宣传手段，进一步加强《防洪法》《防汛条例》等法律、法规的宣传。

二是努力提高群众防灾意识。以发放《防灾避险明白卡》和山洪灾害防御知识宣传手册等方式，将防灾避险基本知识宣传到户，力求做到人人知晓，户户明白。

6.2　特色亮点

乌东德水电站和白鹤滩水电站经历了施工期，顺利进入运行发电期，水电站气象保障服务能力得到加强，气象信息自动化和集约化程度也不断提高，主要表现在探测、收集、分析、处理气象资料，制作发布水电气象产品，及时、准确地提供所需的气象预报预警信息，为施工和生产安全提供有力的保障。

本书立足云南省气象的发展趋势、金沙江河谷气候特点和水电气象保障的需求，理论联系实际，开展了一种适用于巨型水电站的降水环流分型、短时强降水天气的雷达回波特征分类识别以及降尺度技术的精细化降水量预报研究，有利于提升专业气象服务人员的综合研究能力和挖掘专业气象服务的潜能，同时还能为巨型水电站水情调控和防灾减灾提供重要参考和指导。金沙江河谷地区水电站气象服务不仅为气象业务拓展带来了机遇和挑战，而且在气象服务手段和方法上，总结了一些较好的现场保障服务经验，很大程度上提升了专项预报服务的水平，增加了气象预报的时效性和准确性。同时大大提高了水电站的施工进度，降低了水电站建设成本，获得了较大的经济效益。本书的目的在于，向读者介绍金沙江河谷地区乌东德水电站降水的气候特征和降水预报方法实践，以便读者对金沙江河谷地区乌东德水电站降水的理论研究和业务有一个全面的认识，进而拓展相关从业人员研究与实践的思路，并进一步推动专业气象服务科研深入发展，为国家巨型水电站工程建设及安全运行提供更优质的气象保障服务。深度探讨气象服务过程中的经验和亮点，分析现实服务中客观存在的一些问题，思考改进方案，旨在不断地提高气象服务质量，为相关部门应急决策管理提供科学的依据。

6.2.1　整合项目建设，科学布置观探测网

通过坝区研究本地气候特征和灾害性天气空间分布和影响路径，有针对性和代表性

地布置修建观探测设备设施，整合相关项目，加大投入资金，实现重点危险河段和对外交通线路防洪防灾预警的目标。完成山洪、雷电等灾害防治项目的建设。完成全坝区监测预警平台、视频会议系统升级完善和局域观测网建设。根据高影响灾害性天气的路径特点，完善气象自动站的合理布点，自动监测平台延伸到上、下游，注重地面电场雷电监测仪的布设，实现省、市视频会商、值班管理和雨情、水情的实时查询。在河流溪沟上游深山无人区、手机信号盲区增设北斗卫星气象监测点，部分自动站建到凉山州会东县境内，有效延长提前预警时间，切实提高报汛通信保障能力。

6.2.2　结合现场领班负责制，提升山洪灾害防治能力

专业事情由专业人员去做，将防汛减灾工作纳入气象领班工作职责，工作责任落实到现场领班，现场领班认真履职，开展与周边气象单位的天气会商。及时召集水电站气象负责人召开会议，签订安全生产承诺等责任书，督促抓好防汛防灾工作，编制、完善应急预案，组织开展防汛演练等工作，将领班制和防汛减灾工作有机结合开展。

6.2.3　下放防灾救灾临危处置权，提高应急效率

借鉴近年来国内气象灾害频繁发生以及应急处置机制存在防灾救灾临危处置权过于集中上层门部的致命问题，充分明确现场负责人和气象业务领班在防灾救灾工作中的责任，将山洪灾害应急临危处置权下放到水电站防汛部门，遇突发情况时，水电站防汛部门有权先行处置，再向上级防指汇报情况。改变传统的临灾避让模式，不惜一切代价，以保障生命安全为根本，实行主动避让、提前避让和预防避让的"三避让"。

6.2.4　深挖气象科研技术，提供高质量服务

在现有的气象科技水平下，我们需要深挖气象服务科研技术，努力提高气象服务质量。水电气象服务工作是一项较为复杂的工作，产品的制作过程也涵盖着较多的因素，保障人员既要深刻地分析降水天气存在或者发展的客观状态，理解制作预报结论的客观性，更需要将自己制作预报结论的观念调整到决策层领导的思考角度，从而能够站在决策层的高度和立场去分析需要什么样的气象服务和怎样的决策产品，以助防灾减灾决策部署，这也是结合自我主观性和天气的客观性，使决策服务工作严谨、灵动、主动，但不盲目，从而提高服务质量。目前的模式虽然有精确化的降水量产品，但是准确率存疑，实际的预报需要采用模式＋经验订正（或模型订正）的方法。

在传统气象预报业务中，气象台业务值班人员更多依赖于预报员的经验判断来进行模式预报的误差调整，这种调整过程依赖于人的主观经验，具有不稳定的因素。坝区气象技术团队分析了模式预报这种误差的特点和可用的数据条件发现非常符合开展基于机器学习的统计降尺度误差订正和再次建模的范畴，所以应用基于机器学习算法开展了针对模式的订正和建模工作，并已开展了针对单模式和多模式的校准的成熟性工作，也针

对气象界公认的预报效果最高的 ECMWF 细网格预报模式的产品，建立统计降尺度降水量预报模型。

6.2.5 丰富数值预报产品，现场服务滚动精细

在多年的服务过程中，充分体会到转变传统服务理念的重要性。近年来，充分利用现代的气象科技，气象预报产品向建立数字化、网格化、精细化、无缝隙的方向发展，气象服务也朝精细化服务方向迈进。气象服务一方面在服务时效和精度上努力提高，另一方面，将滚动预报预警理念推向服务对象，让服务对象理解气象预报并非百分百准确，会根据天气形势逐渐做相应调整的，需要服务对象密切关注滚动发布的最新预报预警信息的，从而提高服务效果，达到防灾减灾的目的。

6.2.6 着眼服务重点和难点，寻找解决对策

尽管我们在多年的气象服务中已经提供了非常好的预报服务，但强降水还是给坝区带来严重灾害。由于水电站一般在四川南部，云南北部，坝区群山盘结，地势起伏不平、落差大，多面环山，特殊的地形必将是降水的汇集区域，极易发生山洪、泥石流、滑坡等灾害。

坝区建站以来发生重大山洪的马头上站点，北面山高坡陡，南面是东西横跨川滇边境的主要河流金沙江自西向东贯穿全坝区。根据马头上站气象观测记录，强降水影响期间，坝区的西面、北面、南面、东面均测得 50~80 mm 的小时降水量，近 6 a 资料记录的坝区 7 个自动气象站累计发生 63 站次短时强降水，呈现"西北多东南少"的空间分布特征，前期营地站和马头上站发生频次最多。通过多年的保障服务经验和总结，归纳系统化一些预报强降水预报着眼点（详见 6.4 节）。

6.2.7 敏锐监测极端天气，服务超前

水电保障服务对重大灾害性极端天气预报的提前量和强度、中长期天气预报的准确率等方面的要求明显提高；对服务方式要求越来越高。用户需要更加方便、更加灵活、更加经济的气象服务方式，重视基于多源数据融合的气象监测和预报联合应用，特别要适应现代信息网络技术的发展，随时随地传递最新的气象服务信息。相关气象部门要保持高度敏锐性，特别要关注将要发生的极端天气气候事件对国家政治、国民经济发展和人民生活的可能影响，主动提供针对性的决策信息。敏锐性是决策服务的灵魂。没有敏锐性，就谈不上主动、及时，光有准确性，没有敏锐性，服务效果则会大打折扣。要求水电气象服务在瞬息万变的天气中，能够敏锐地发现关键性问题，并将其变成通俗易懂的服务产品超前提供给决策者。

6.2.8 重视干热河谷的强降水，气候不是天气

金沙江河谷是典型的干热河谷气候，常年旱多涝少。但是有研究表明，近年来陆地

的极端降水事件的多发生在全球最干旱和最湿润地区，并且在本世纪内似乎还将持续加剧。研究重点强调，对于那些干旱地区来说，似乎并未对洪灾的潜在到来有所准备。科学家认为，在经历过"涝区越涝，旱区越旱"的趋势后，全球变暖会使得水文循环增强。虽然不清楚这种气候模式是否会在陆地形成普遍现象，但是各种极端降水会呈现区域性变化。有研究关注干旱和湿润地区自 1950 年起每日极端降水量呈现每年 1%~2% 的增长趋势，这与气温上升所引起的大气水分含量增加有着直接关系。

因此，科学论断是发展变化的，任何结论并不是一成不变的。气候特征代表不了，也代替不了天气预报，在把握气候背景的前提下，分析当前现实的天气实况和各项预报指标参数，做出正确的预报结论是非常科学的。

6.2.9　强化防灾减灾意识，抓住服务重点

如何避免或减轻此类灾害，一是需要社会大众增强防灾减灾意识，对强降水及其可能引发的次生灾害要了解和清楚防御办法；作为决策气象服务部门也需进一步加强防御灾害的科普宣传，增强全民防灾减灾意识，提高灾害预警信息使用效率，切实指导各地躲避灾害的袭击。二是需要气象服务要抓住服务重点，对易发灾害点要及时给予有关部门提醒和建议防御。

做到水电服务七句话的气象保障要点：注重中期，有的放矢；过程天气，瞻前顾后；灾害预警，宁空勿漏；关键节点，确保安全；果断结论，持续监测；结论订正，慎重原则；主动保障，现场服务。

‖‖‖ 6.3　典型案例

6.3.1　2017 年"7·7"大暴雨

四川盆地生成的西南涡于 2017 年 7 月 6 日夜间加强南移影响坝区，受西南涡正面袭击，坝区出现了大暴雨天气。7 月 6 日 23：30 开始，坝区及对外交通沿线出现了雷雨大风天气，最大风出现在上游围堰站为 19.1 m/s（8 级）；坝区降水于 6 日 23：30 开始一直持续到 7 日 11：30。坝区 12 个小时累积最大降水量出现在左导进站，为 95.1 mm，其次出现在乌东德站，为 92.2 mm（出现时段：7 月 6 日 23：30 至 7 日 11：30）；坝区累积 6 h 最大降水量出现在左导进站，为 81.3 mm，其次出现在乌东德站，为 80.9 mm（出现时段：7 月 6 日 23：30 至 7 日 05：30）；1 h 最大降水量出现在乌东德站，为 48.5 mm，其次出现在马头上站，为 44.6 mm（出现时段：7 月 6 日 23：30 至 7 日 00：30）。

对本次强降水天气过程，金沙江水文气象中心采用长、中、短和临近预报相结合的模式，跟踪滚动、逐步逼近、准确预报，与建设部防汛办、技术部、质安部、对外交通等部门密切配合，及时发布预警。期间共发布了雷雨大风天气警报 1 次，暴雨蓝色预警 1 次、暴雨黄色预警 1 次、暴雨橙色预警 1 次，暴雨红色预警 1 次，雨情通报和未来天

气趋势预报 2 次，红色暴雨解除警报 1 次。

6.3.1.1 预报、警报及服务情况

旬报、周报、3~7 d 天气预报、短期天气预报都提前预报了 6 日坝区及对外交通沿线有一次强降水天气过程，降水开始前提前发布了中到大雨的天气消息，雷雨大风天气警报，降水开始后依次发布了暴雨蓝色预警、暴雨黄色预警、暴雨橙色预警、暴雨红色预警，直至红色警报解除。

降水过程中，按照"预报、实报、续报"的原则，密切监视天气演变过程，加强会商，跟踪滚动，并按照建设部度汛方案相关规定，及时向防汛办汇报降水实况及未来趋势预测，通过电话和短信及时发布预警信息，为各相关单位提供咨询服务。

具体预报服务过程如下：

（一）旬报

6 月 30 日发布：2017 年 7 月上旬逐日天气趋势。1—2 日：阴有中到大雨；3—4 日：阴有中到大雨；5 日：阴有中雨；6—7 日：阴有大到暴雨；8—10 日：阴有中雨。

（二）周报

7 月 1 日大坝混凝土浇筑周例会发布周预报：未来一周（7 月 2—8 日）坝区 2—4 日、6—7 日将出现强降水天气过程，请加强防范持续强降水可能诱发的山洪、滑坡、坍塌、泥石流等次生灾害。

（三）短期天气预报（短信平台发布）

（1）6 日 15：52 发布 24 h 天气预报。坝区天气预报（6 日 15：52）：今天夜间到明天白天阴有中到大雨，极大风 6~7 级，气温 22~31 ℃。

（2）6 日 21：25 发布雷雨大风天气警报。坝区"雷雨大风天气警报"（6 日 21：25）：预计未来半小时雷雨天气即将开始，今天夜间坝区及对外交通将出现雷雨，雨量中到大雨，雷雨时伴有 8 级以上大风，请加强防范。

（3）6 日 23：58 大风通报。乌东德"大风通报"（6 日 23：58）：目前上游围堰站风速为 19.1 m/s（8 级），右岸缆机主塔站 18.6 m/s（8 级），左岸缆机平台站 17.7 m/s（8 级），雷家包站 18.6 m/s（8 级），大茶铺站 17.8 m/s（8 级），雷雨时大风天气仍将持续，请加强防范。

（四）强降水天气预警情况

水文气象中心密切监视多普勒天气雷达和卫星云图监测到天气变化情况，持续跟踪预警。6 日 23 时开始，强降水云团自北向南影响坝区及对外交通沿线，7 日 11 时降水减弱。水文气象中心通过多个降水监测系统密切监视坝区及对外交通降水情况，通过电话和手机短信发布的预警和雨情通报情况如下：

（1）7 日 00：05 发布"暴雨蓝色预警"。坝区发布"暴雨蓝色预警"（7 日 00：05）：7 月 6 日 23：30 至 7 月 7 日 00：00 坝区 30 min 累积降水量（单位：mm）为上游围堰站 6.7、雷家包 1.2、左导进，10.3、金坪子 1.0、大茶铺 4.8、马头上 13.0、乌东德 11.7、前期营地 8.1。未来 6 h 坝区还将出现 30~40 mm 的降水。各单位注意防范，并加强巡视。

（2）7 日 00：12 发布暴雨黄色预警。坝区发布"暴雨黄色预警"（7 日 00：12）：7

6 日 23:30 至 7 月 7 日 00:10 坝区 40 min 累积降水量（单位：mm）为上游围堰站 19.8、雷家包 7.0、左导进，25.0、金坪子 1.7、大茶铺 15.8、马头上 25.4、乌东德 22.7、前期营地 14.4。未来 6 h 坝区及对外交通还将出现 30~40 mm 的降水。各单位安全部主任短信回复建设部防汛办值班手机，确认收到警报，建设部防汛办要求各单位防汛责任人每 2 h 巡视一次，重点部位每 1 h 巡视一次，并反馈巡视情况。

（3）7 日 00:32 发布暴雨橙色预警。经请示建设部防汛主管领导同意后发布坝区暴雨橙色预警（7 日 00:32）：7 月 6 日 23:30 至 7 月 7 日 00:30 坝区 1 h 累积降水量（单位：mm）为上游围堰站 32.6、雷家包 13.4、左导进 41.0、金坪子 7.9、大茶铺 26.4、马头上 44.6、乌东德 48.5、前期营地 34.5，花山沟 16.4、下白滩 36.0。预计未来 6 h 坝区还将有 20~30 mm 降水，请注意防范强降水可能诱发的滑坡、泥石流等次生灾害。各单位安全部主任电话或短信回复建设部防汛办值班手机，确认收到警报，建设部防汛办要求各单位启动内部防汛应急预案，停止露天作业，人员、设备撤到安全地带，并反馈启动应急预案情况。

（4）7 日 06:50 发布暴雨红色预警。经请示建设部防汛主管领导同意后发布坝区暴雨红色预警（7 日 06:50）：6 日 23:30 至 7 月 7 日 06:30 坝区 7 h 累积降水量（单位：mm）为上游围堰 69.7、雷家包 58.6、左导进 89.0、金坪子 59.3、大茶铺 65.8、马头上 80.5、乌东德 86.8、前期营地 77.4，花山沟 66.4、下白滩 87.4。预计未来 5 h 还有 20 mm 左右降水。各单位安全部主任电话回复建设部防汛办值班手机，确认收到警报，施工单位启动本单位应急预案，现场巡视人员随时报送现场情况，当超出本单位应急处置能力时，经乌东德防汛防灾指挥部研判，启动全工区应急预案。受影响的责任单位停止露天作业，人员、设备撤到安全地带，请各单位防汛抢险应急小组随时待命，各单位对危险责任区域进行交通管制。

（5）7 日 07:35、10:00 通过手机短信发布两次雨情通报：坝区雨情通报（7 日 07:35）：6 日 23:30 至 7 月 7 日 07:30 坝区 8 h 累积降水量（单位：mm）为上游围堰站 72.6、雷家包 61.8、左导进，92.5、金坪子 62.5、大茶铺 68.7、马头上 83.2、乌东德 89.4、前期营地 71.6，花山沟 67.4、下白滩 88.4，右岸二标 67.8。预计未来 4 h 坝区及对外交通还将出现 15~20 mm 的降水。各单位加强防范持续强降水可能诱发的山洪、滑坡、泥石流等次生灾害，加强巡视。

坝区雨情通报（7 日 10:00）：6 日 23:30 至 7 月 7 日 09:30 坝区 10 h 累积降水量（单位：mm）为上游围堰站 74.5、雷家包 64.3、左导进 94.5、金坪子 65.1、大茶铺 70.9、马头上 85.7、乌东德 91.7、前期营地 81.6，花山沟 71.4、下白滩 91.4，右岸二标 71.3。预计未来 2 h 坝区及对外交通还将出现 5~10 mm 的降水。各单位加强防范持续强降水可能诱发的山洪、滑坡、泥石流等次生灾害，加强巡视。

（6）电话向防汛办通报雨情。6 日晚开始，每次发布预警时，及时通过电话向防汛办通报坝区雨量情况，并说明暴雨升级情况，提醒坝区强降水仍将持续，请加强防范。

（7）7 日 10:52 解除"红色暴雨预警"。坝区"红色暴雨预警"解除通知（7 日 10:52）：根据最新资料分析，坝区强降水天气过程减弱，预计今天下午坝区以多云有短时阵雨天气为主，现解除 7 日 06:50 发布的"红色暴雨预警"，各单位须在确保安全的情况下，全面排查雨后汛情灾情、风险和隐患，严防雨后次生灾害发生。另自然边坡仍需继续排查，暂停施工，需建设部工程部确认安全后，方可复工。

6.3.1.2 灾害情况

6月29日至7月7日，坝区出现了1 d中雨、4 d大雨连续出现了、1 d暴雨、1 d大暴雨天气。最大降量值出现在6日晚上至7日早上，6日23∶30至7日10∶30，11 h累积降水量最大值为95.0 mm（左导进站），1 h降水量最大为48.5 mm（乌东德站6日23∶30至7日00∶30）。

坝区6月29日至7月7日持续强降水天气过程是2011年以来最为严重的天气事件，其强降水持续时间、小时雨强、累积降水量均为历史罕见。坝区7 d累积降水量达310 mm，接近年平均降水量的一半。

6.3.1.3 典型的两高辐合区型环流分型

2017年7月6日20时500 hPa受西南涡和高空槽影响，北方大槽南伸到四川盆地，给西南涡不断输送冷平流。700 hPa西南涡和北方大槽的配置类似于500 hPa，北方大槽南段在四川盆地东南部更加倾斜为横向切变，使得低涡具有足够的动力条件、水汽条件和冷暖空气辐合作用，为低涡东南侧产生强对流天气提供了足够条件。另外，物理量场上坝区附近有较强的负垂直速度中心和涡度中心，说明动力条件充分。

分析500 hPa位势高度场和风场，7日02时（图6.1）坝区东西方向各有一个高压环流，中心分别位于缅甸北部和台湾东部132°E附近，四川南部、坝区、滇中为南—北向两高辐合区，坝区为南风（S）气流，风速为2 m/s。充沛的水汽和能量从孟加拉湾和南海向坝区输送。

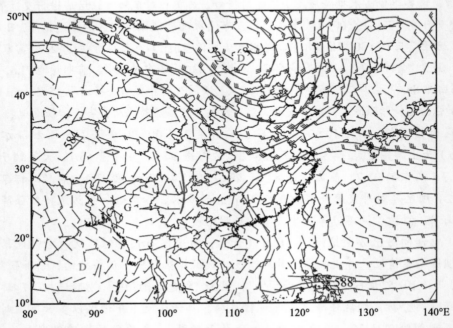

图6.1　2017年7月7日02时500 hPa位势高度场（蓝线，单位：dagpm）和风场（单位：m/s）
（D：低压中心，G：高压中心，棕粗线：辐合区，红点：坝区）

分析 700 hPa 位势高度场、风场和比湿场，7 日 02 时（图 6.2），滇东北、坝区、川西高原南部形成一条东—西向切变线，坝区为西南（SW）气流，风速为 6 m/s，比湿 > 11 g/kg。

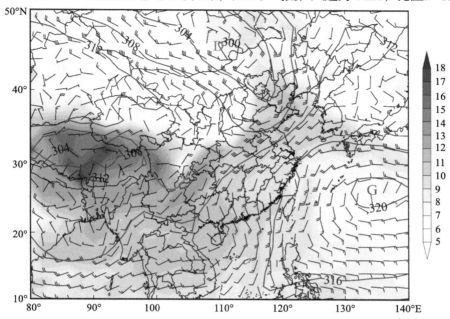

图 6.2　2017 年 7 月 7 日 02 时 700 hPa 位势高度场（蓝线，单位：dagpm）、风场（单位：m/s）和比湿（阴影，单位：g/kg）（红粗线：切变线，D：低压中心，G：高压中心，红点：坝区）

分析海平面气压场，6 日 20 时（图 6.3）坝区位于冷高压边缘，地面气压 > 1002.5 hPa。从 6 日 20 时至 7 日 08 时，坝区 12 h 正变压 5.0 hPa，坝区受地面浅薄冷空气影响。

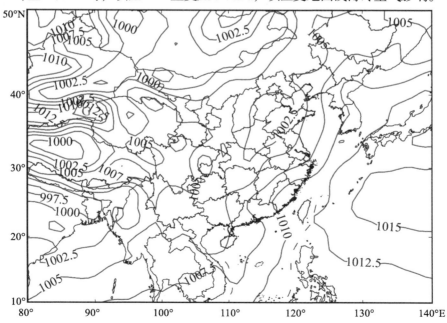

图 6.3　2017 年 7 月 6 日 20 时海平面气压场（蓝线，单位：hPa）（G：高压中心，红点：坝区）

综合分析高低空系统配置，近地层有浅薄冷空气活动；低层有切变线，中层为两高辐合区，充沛的水汽和能量从孟加拉湾和南海向坝区输送，比湿＞ 11 g/kg。充沛的水汽和能量从孟加拉湾和南海向坝区输送；在对流层低层高湿背景下，地面浅薄冷空气配合中层两高辐合区触发和维持了强降水。

6.3.1.4　典型的雷达回波特征分析

这次暴雨天气过程雷达回波分 2 个阶段。第一阶段（6 日 23：31 至 7 日 01：00），超级回波单体影响造成的短时强降水；第二阶段（7 日 01：01—10：00），持续性降水。

（1）第一阶段（6 日 23：31 至 7 日 01：00）

2017 年 7 月 6 日 23：01 雷达回波图上（图 6.4a），在坝区西侧 30 km 附近川滇交界四川一侧有对流单体出现，回波中心强度 41.5 dBZ。23：31 对流回波单体快速发展并向坝区移动，回波成块状，35 dBZ 以上回波面积约 100 km²，回波中心强度值 44.3 dBZ，回波顶高达到 12 km，已发展成超强单体，径向速度约 5 m/s，回波前沿已抵达坝区，电场仪曲线幅度加大，高海拔山上可见浓积云快速发展，坝区开始下雨（图 6.4b）。RHI 回波剖面图上，底部回波强度最大值 44.1 dBZ，离地 4.5 km，30 dBZ 回波值高度达到 8.5 km。

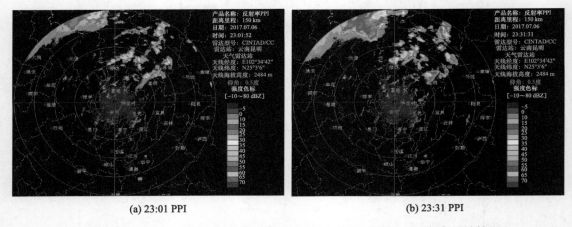

(a) 23:01 PPI　　　　　　　　　　　　　　　(b) 23:31 PPI

图 6.4　2017 年 7 月 6 日 23：00 至 7 日 00：00 昆明雷达 0.5°仰角回波特征

7 日 00：01 回波图上（图 6.5），降水回波自西向东正对坝区而来，其快速发展加强，回波中心值达到 50.1 dBZ，35 dBZ 以上回波面积扩大到 200 km²，对流单体发展旺盛，回波顶高 12 km（图 6.6）。径向速度图上（图 6.7）在强回波附近还存在逆风区，说明辐合上升运动强烈。RHI 剖面图上（图 6.8），强回波中心值 51.4 dBZ，高度 4.4 km，回波顶部凸起，30 dBZ 回波值最高发展到 8.8 km。属中尺度系统降水。

00：30 回波图上，超级回波单体开始减弱，强回波中心已移动到坝区东边，坝区西边回波顶高还有 11 km，坝区东边回波顶高下降明显，虽然回波中心强度值 49 dBZ，但回波顶高已降到 9 km 以下，说明回波移过坝区时产生强降水，回波强度开始减弱。RHI 回波剖面上，回波中心值 49 dBZ，高度 4.5 km，30 dBZ 回波值的回波最高 9 km。

01：00 回波图上，超级回波单体已瓦解分散，降水回波主体已减弱移出坝区，超级对流单体带来的短时强降水天气结束。

00：00—01：00 坝区附近回波特征：最强回波 50.4 dBZ，回波顶高 12.4 km，30 dBZ 以上回波面积约 300 km²；RHI 回波呈柱状、顶部凸起，30 dBZ 以上回波顶高度达到 12 km，小时降水量 42 mm。

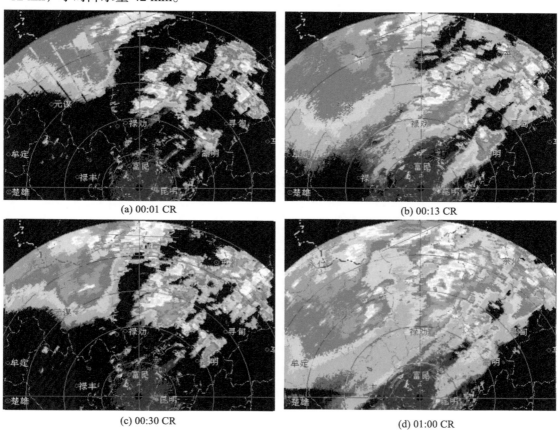

(a) 00:01 CR

(b) 00:13 CR

(c) 00:30 CR

(d) 01:00 CR

图 6.5　2017 年 7 月 7 日 00：00—01：00 昆明雷达 0.5° 仰角回波反射率因子

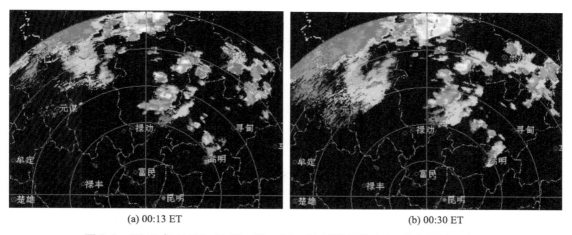

(a) 00:13 ET

(b) 00:30 ET

图 6.6　2017 年 7 月 7 日 00：00—01：00 昆明雷达 0.5° 仰角回波顶高图

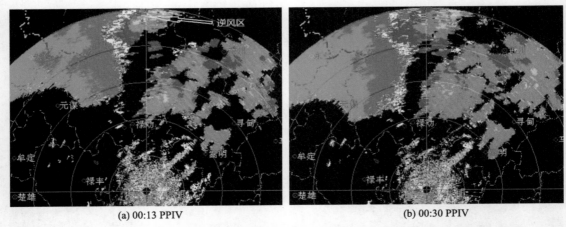

(a) 00:13 PPIV　　　　　　　　　　　　　(b) 00:30 PPIV

图 6.7　2017 年 7 月 7 日 00：00—01：00 昆明雷达 0.5° 仰角径向速度图

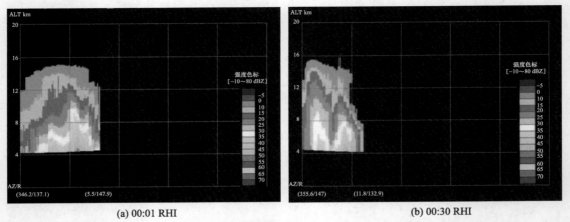

(a) 00:01 RHI　　　　　　　　　　　　　(b) 00:30 RHI

图 6.8　2017 年 7 月 7 日 00：00—01：00 昆明雷达 0.5° 仰角回波剖面图

6 日 23：30 至 7 日 01：00，超级对流单体影响坝区 1 h 30 min，此阶段乌东德站降水量 53.7 mm，小时降水量 42 mm，并伴有强雷暴和 8 级大风。回波呈块状，回波最大面积约 200 km²，属中尺度云团，回波中心强度 50.1 dBZ，回波顶高达到 12 km。RHI 剖面图上回波呈柱状，回波顶部凸起，强回波中心值达 51.4 dBZ，30 dBZ 回波顶高最高发展到约 9 km。回波移动速度约 20 km/h，移动方向为自西向东，超级对流单体生消时间持续不足小时。从 6 日 20 时高空填图上也可看出，500 hPa 和 700 hPa 的北方大槽向位于坝区附近槽末端切变中输送冷平流，切变辐合上升产生强对流，出现了对流云团的快速发展，产生了这次短时强降水型暴雨天气。

（2）第二阶段（7 日 01：01—10：00）

7 日 01：01—10：00 产生的降水属于系统性降水，小时降水量不大，但降水持续时间长，以层状云回波降水为主。7 日 01：41 回波图上，超级回波单体已完全减弱东移，最强回波移到坝区东南方向 10 km 附近，最强回波值 40 dBZ；在坝区西面、西南面有大面积降水回波出现，陆续影响坝区，回波呈片状，最强回波 38.7 dBZ，回波顶高在 6 km

以下（图 6.9）。RHI 回波剖面图上，顶部较平，坝区降水以小雨为主。04：28 坝区西边出现 35~40 dBZ 回波，回波顶高 < 8 km。RHI 回波剖面图上，30 dBZ 以上回波高度 < 6 km。07：02 以后，主要降水回波结束。第二阶段降水回波主要以层状云降水回波为主，回波移动方向是自北向南移动，回波强度偏弱，持续时间长，属系统性降水。

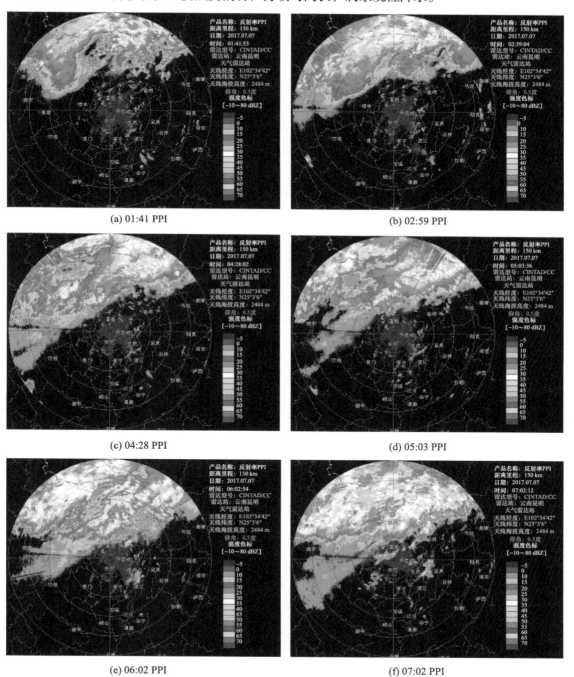

(a) 01:41 PPI

(b) 02:59 PPI

(c) 04:28 PPI

(d) 05:03 PPI

(e) 06:02 PPI

(f) 07:02 PPI

图 6.9　2017 年 7 月 7 日 01：00—07：00 昆明雷达 0.5° 仰角回波特征

本次暴雨天气过程有如下特征：

①降水性质为短时强降水、连续性降水形成的暴雨，最大 1 h 降水量 42 mm，降水持续时间 11 h。这次暴雨天气过程雷达回波分 2 个阶段，第一阶段（6 日 23:31 至 7 日 01:00）为超级回波单体影响造成的短时强降水；第二阶段（7 日 01:01—10:00）为持续性降水。

②环流形势为 500 hPa 西南涡和高空槽叠加，北方大槽和川西高原槽向西南涡输送冷平流，西南涡占主体；700 hPa 为西南涡与横向切变叠加，切变后部有东北气流输送冷平流。

③回波类型，第一阶段降水回波主要为对流云降水回波，回波呈块状，超级单体回波中心强度 50.1 dBZ，回波面积小（约 200 km²），回波顶高达到 12 km，径向速度图上有逆风区存在，RHI 图上强回波呈柱状，最强回波达 51 dBZ；第二阶段降水回波主要为层状云降水回波，回波面积大，边缘不规则，强度弱，回波顶高度较低，无强回波中心，小时降水量小、降水持续时间长。

④回波移动方向，第一阶段降水回波的移动方向为自西向东移动，移动缓慢；第二阶段降水回波的移动方向为自北向南移动。

6.3.1.5 精细化预报系统的回代检验结果

通过对预报模型的优选和检验，最终组合 GA–BP 和 RF 算法作为预报系统的最优算法，选取 2017 年 7 月 7 日 00—08 时的暴雨过程作为预报个例。通过分析预报结果发现，2017 年 7 月 5 日 20 时起报，72 h 预报结果非常理想，预报 7 日 00—04 时出现大暴雨。2017 年 7 月 7 日的降水实况是 7 日 01 时 1 h 累积降水量达到 46.1 mm（5 个站中最大降水量），属于大暴雨量级；乌东德站 7 日 00—07 时 8 h 累积降水量达到 89.9 mm（5 个站中最大降水量），也属于大暴雨量级，见图 6.10。

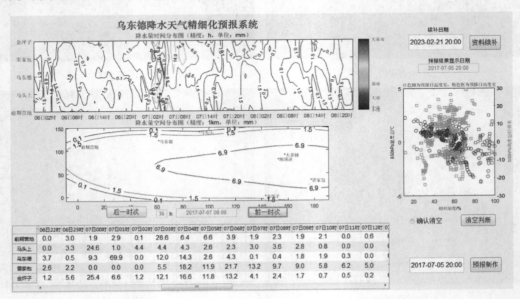

图 6.10　2017 年 7 月 7 日 00—08 时的大暴雨天气过程

6.3.2　2018 年 "7·31" 暴雨

2018 年 7 月 30 日夜间，坝区受东亚季风槽偏南气流影响，30 日 23 时在坝区南边昆明至禄劝生成的强对流云团自南向北移动，翻越撒营盘、大松树后直达坝区左岸，造成坝区左岸马头上、下白滩出现了 1 h 降水量超过 50 mm 的特大暴雨天气，30 日 23：10 至 31 日 00：10（1 h 累积降水量）：马头上站 73.6 mm，下白滩站 80.8 mm。期间共发布了雷雨大风天气警报 2 次、暴雨黄色预警 1 次、暴雨橙色预警 1 次、暴雨红色预警 1 次，雨情通报和未来天气趋势预报 1 次，红色暴雨解除警报 1 次。

6.3.2.1　预报、警报及服务情况

旬报、周报提前预测 30—31 日有雷阵雨天气发生，特别提示注意防范短时强降水天气对坝区的影响；短期天气预报发布了 7 月 31 日中雷雨天气。

本次强降水天气发生前，30 日 16：35、23：28 连续发布了 2 次雷雨大风天气警报，强降水发生后依次发布了暴雨黄色预警、暴雨橙色预警和暴雨红色预警，直至红色警报解除。

降水过程中，按照 "预报、实报、续报" 的原则，密切监视天气演变过程，加强会商，跟踪滚动，并按照建设部度汛方案相关规定，及时向防汛办汇报降水实况及未来趋势预测，通过电话和短信及时发布预警信息，为各相关单位提供咨询服务。

具体预报服务过程如下：

（一）旬报

7 月 20 日发布：2018 年 7 月下旬逐日天气趋势。预计 7 月下旬 25—27 日坝区及对外交通沿线将出现一次中到大雨天气过程，其余时段以多云天气为主。26—27 日：阴有中到大雨；28—31 日：中雨。

（二）周报

7 月 26 日大坝混凝土浇筑周例会发布周预报，未来一周（7 月 28 日—8 月 3 日）：受副高外围偏南气流控制，坝区以阵雨、雷阵雨天气为主，7 月 28 日、8 月 3 日多云有中雨。

（三）短期天气预报（短信平台发布）

（1）30 日 15：48 发布 24 h 天气预报。坝区天气预报（30 日 15：48）：今天夜间到明天白天多云有中雨，极大风 6~7 级，气温 22~32 ℃。

（2）30 日 16：35 发布雷雨大风天气警报。坝区 "雷雨大风天气警报"（30 日 16：35）：预计未来 2 h 坝区将出现雷阵雨天气，雷雨时伴有 8 级以上大风，请加强防范。

（3）30 日 23：28 第二次发布雷雨大风天气警报：坝区 "雷雨大风天气警报"（30 日 23：28）：今天夜间坝区将出现雷雨天气，雷雨时伴有 8 级以上大风，请加强防范。

（四）强降水天气预警情况

水文气象中心密切监视多普勒天气雷达和卫星云图监测到天气变化情况，持续跟踪预警：30 日 23：30 开始，强雷雨云团自西南向东北快速移动，翻越撒营盘、大松树后直达坝区左岸，遇迎风坡云系加强造成坝区左岸马头上、下白滩出现了 1 h 降水量超过 50 mm 的特大暴雨天气，31 日 01 时后降水开始减弱。水文气象中心通过多个降水监测

系统密切监视坝区降水情况，通过电话和手机短信发布的预警和雨情通报情况如下：

（1）30日23：40发布"暴雨黄色预警"。坝区发布"暴雨黄色预警"（30日23：40）：30日23：10—23：34坝区累积降水量（单位：mm）：上游围堰站8.3、雷家包站6.4、左导进站6.3、大茶铺站7.0、马头上站23.9、花山沟站9.6、下白滩站3.8。预计未来6h坝区及对外交通还将出现20~30 mm的降水。各单位安全部主任短信回复建设部防汛办值班手机，确认收到警报，建设部防汛办要求各单位防汛责任人每两小时巡视一次，重点部位每小时巡视一次，并反馈巡视情况。

（2）30日23：55发布"暴雨橙色预警"。坝区暴雨橙色预警（30日23：55）：30日23：10—23：50坝区累积降水量（单位：mm）：上游围堰站20.7、雷家包站10.6、左导进站26.0、大茶铺站22.7、马头上站58.0、乌东德站7.0、前期营地站0.8、花山沟站18.9、下白滩站3.8。预计今天夜间坝区还将有20~40 mm降水，请注意防范强降水可能诱发的滑坡、泥石流等次生灾害。各单位安全部主任电话或短信回复建设部防汛办值班手机，确认收到警报，建设部防汛办要求各单位启动内部防汛应急预案，停止露天作业，人员、设备撤到安全地带，并反馈启动应急预案情况。

（3）31日00：00发布"大风通报"。坝区"大风通报"（31日00：00）：目前乌东德站风速为19.7 m/s（8级），预计雷雨时大风天气仍将持续，请加强防范。

（4）31日00：15发布"暴雨红色预警"。坝区"暴雨红色预警"（31日00：15）：7月30日23：10至31日00：10坝区累积1h降水量（单位：mm）：马头上站73.6、左导进站31.6、大茶铺站29.8、上游围堰站24.7。预计未来6h坝区还有10~30 mm降水。各单位安全部主任电话回复建设部防汛办值班手机，确认收到警报，施工单位启动本单位应急预案，现场巡视人员随时报送现场情况，当超出本单位应急处置能力时，经乌东德防汛防灾指挥部研判，启动全工区应急预案。受影响的责任单位停止露天作业，人员、设备撤到安全地带，请各单位防汛抢险应急小组随时待命，各单位对危险责任区域进行交通管制。

（5）31日00：35坝区雨情通报。坝区雨情通报（31日00：35）：7月30日23：10至31日00：30坝区1h 20 min累积降水量（单位：mm）：马头上站77.8，左导进站32.7，大茶铺站30.8，上游围堰站25.7；下白滩站90.8，花山沟站20.9。预计今天夜间坝区还将出现10~30 mm的降水。各单位加强防范持续强降水可能诱发的山洪、滑坡、泥石流等次生灾害，加强巡视。

（6）电话向防汛办通报雨情。30日23：28开始，每次发布预警时，及时通过电话向防汛办通报坝区降水量情况，并说明暴雨升级情况，提醒坝区强降水仍将持续，请加强防范。

（7）31日03：22解除"红色暴雨预警"。坝区"红色暴雨预警"解除通知（31日03：22）：根据最新资料分析，坝区强降水天气过程减弱，预计今天夜间坝区以阵雨天气为主，现解除31日00：15发布的"红色暴雨预警"，各单位须在确保安全的情况下，全面排查雨后汛情灾情、风险和隐患，严防雨后次生灾害发生。另自然边坡仍需继续排查，暂停施工，需建设部工程部确认安全后，方可复工。

6.3.2.2　灾害情况

"7·31"特大暴雨造成了坝区马头上路段道路被毁,滚石、泥石流、坍塌等次生灾害;韭菜地至金坪子三峡集团基地公司 10 kV 跨江架空线掉落;水文气象中心预警发布及时到位,由于抢险救灾及时,坝区未造成人员伤亡。

6.3.2.3　典型的孟湾低压型环流分型

2018 年 7 月 30 日 20 时 500 hPa 上,副高的 588 线北抬至河套附近地区,孟湾低压存在,中南半岛有明显偏南风向云南中西部输送暖湿水汽,四川东部有弱低涡。700 hPa 上,四川盆地中部有东西向切变,孟湾低压向云南西部输送暖湿水汽,同时北部湾也有热低压向云南中部输送暖湿水汽,两支气流同时向云南中西部输送暖湿水汽,坝区水汽条件特别好。

分析 500 hPa 位势高度场和风场,30 日 20 时孟加拉湾有热带低压发展,西太平洋副热带高压位于菲律宾以东,坝区为高压环流外围(西北侧)西南(SW)气流控制,风速为 1 m/s(图 6.11)。高压外围的西南(SW)气流和孟湾低压向坝区输送了充沛的水汽和能量。

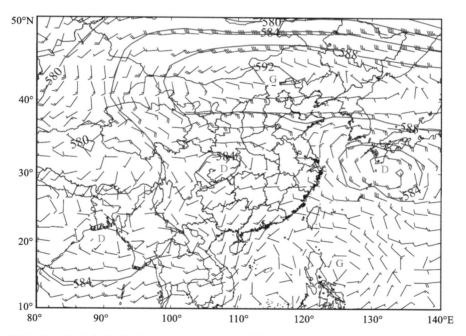

图 6.11　2018 年 7 月 30 日 20 时 500 hPa 位势高度场(蓝线,单位:dagpm)和风场(单位:m/s)(G:高压中心,D:低压中心,红点:坝区)

分析 700 hPa 位势高度场、风场和比湿场,与 500 hPa 形势类似,30 日 20 时孟加拉湾西部有热带低压发展,坝区为副高外围(西侧)的偏南(SSW)气流控制,风速为 4 m/s,比湿 > 10 g/kg(图 6.12)。高压外围的偏南(SSW)气流和孟湾低压向坝区输送了充沛的水汽和能量。

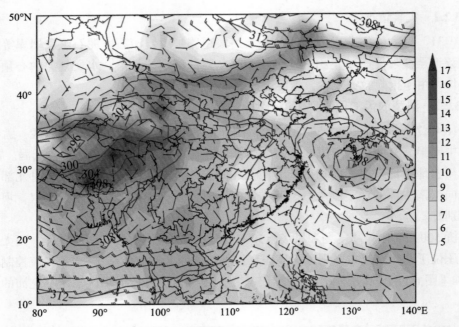

图6.12　2018年7月30日20时700 hPa位势高度场（蓝线，单位：dagpm）、风场（单位：m/s）和比湿（阴影，单位：g/kg）（G：高压中心，D：低压中心，红点：坝区）

分析海平面气压场，30日20时坝区位于冷高压边缘，地面气压＞1002.5 hPa（图6.13）。从30日20时至31日02时，坝区6 h正变压为5.0 hPa，近地层有浅薄冷空气影响坝区。

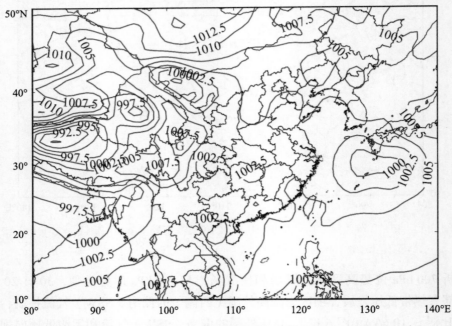

图6.13　2018年7月30日20时海平面气压场（蓝线，单位：hPa）
（G：高压中心，红点：坝区）

综合分析高低空系统配置，近地层有浅薄冷空气活动；中低层高压外围的西南 / 偏南（SW/SSW）气流和孟湾低压向坝区输送了充沛的水汽和能量，比湿 > 10 g/kg。孟湾低压沿着高压外围气流向坝区输送了充沛的水汽和能量；在对流层低层高湿背景下，地面浅薄冷空气配合中低层孟湾低压触发和维持了强降水。

6.3.2.4　典型的雷达回波特征分析

图 6.14 可见，2018 年 7 月 30 日 21：01 楚雄中部和北部有降水回波出现，回波强中心 52 dBZ，回波边缘距坝区约 50 km；同时，禄劝县境内东部有对流回波生成。22：00，楚雄境内的大片降水回波开始发散，而禄劝县境内的回波快速发展加强，并开始向北延伸，形成南北向分散的多个对流单体降水回波。23：05，坝区南面到禄劝县城方向有一条南北向的由多个对流单体组成的带状回波，回波强度 35~40 dBZ，回波顶高 < 6 km。但坝区金沙江北岸出现的一小块回波，强度达到 40 dBZ。23：34，坝区附近的小块回波迅速发展加强，回波面积虽不足 50 km²，但回波中心强度 43.7 dBZ，回波顶高迅速发展到 13 km，它给坝区北岸的马头上站和下白滩站带来短时强降水。RHI 回波剖面图上，回波呈柱状，顶部凸起，回波中心值 43.7 dBZ 的高度为 4.5 km，25 dBZ 的回波高度达到 12.8 km，说明该回波对流作用十分旺盛。随后坝区附近云团迅速发展加强，至 23：52，回波面积扩大到约 300 km²，中心强度 43 dBZ，回波顶高 12 km，最强回波正好在坝区。RHI 回波剖面图上，强回波中心 42.5 dBZ，高度 4.5 km，25 dBZ 回波伸到 11 km。31 日 00：10 PPI 图上，回波开始就地减弱，至 00：28 回波完全减弱，强降水结束。23：10 至次日 00：10 坝区 1 h 降水量马头上站为 73.6 mm，下白滩为 80.8 mm，为坝区史上小时降水量极大值。

从这次暴雨的雷达回波连续变化来看，这次暴雨天气过程的雷达回波属典型的对流云降水回波，回波面积小，突发性和局地性强，持续时间短，降水强度大，回波发展演变与地形有关，强回波中心值 43 dBZ，回波顶高 13 km。云层在禄劝境内生成后翻山进入金沙江河谷，在河谷北岸爬坡，迅速发展加强，形成强降水。

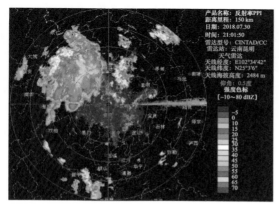

(a) 30 日 21:01 PPI

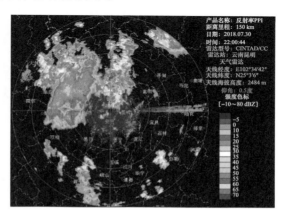

(b) 30 日 22:00 PPI

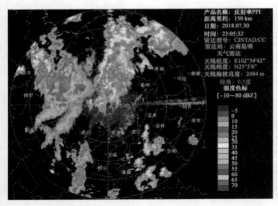

(c) 30日23:05 PPI

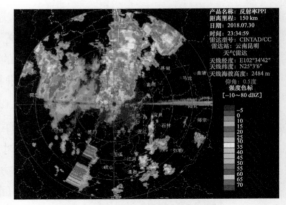

(d) 30日23:34 PPI

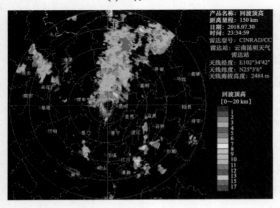

(e) 30日23:34 ET

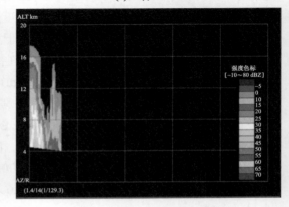

(f) 30日23:34 RHI

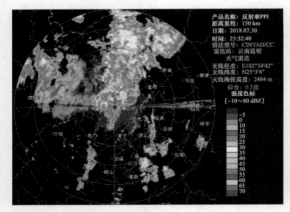

(g) 30日23:52 PPI

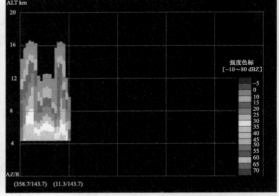

(h) 30日23:52 RHI

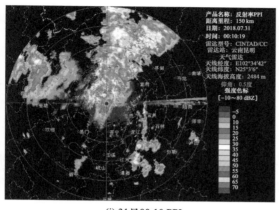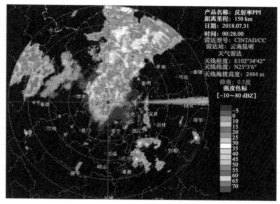

(i) 31 日 00：10 PPI　　　　　　　　　　　(j) 31 日 00：28 PPI

图 6.14　2018 年 7 月 30 日 23：00 至 31 日 00：30 昆明雷达 0.5° 仰角回波图

本次暴雨天气过程有如下特征：

（1）降水性质为短时强降水暴雨，最大 1 h 降水量 80.8 mm，降水持续时间短，空间分布极不均匀，突发性和局地性强。降水集中于大坝上游左侧相邻站点（马头上站、下白滩站），上游右岸次之，大坝下游站点为小雨。

（2）环流形势 500 hPa 为副高外围偏南气流；700 hPa 和 850 hPa 北部湾到云南南部有热低压，滇中为南风；地面为弱冷空气。

（3）回波类型属对流云降水回波。回波呈块状、边缘不规则、面积小、强度大、持续时间短，强回波中心值 43 dBZ，对流发展旺盛，局地性和突发性强，回波顶高达到 13 km。RHI 图上强回波呈柱状，顶部凸起。

（4）回波移动方向为自南向北，然后在坝区局地发展加强。

6.3.2.5　精细化预报系统的回代检验结果

通过对预报模型的优选和检验，最终组合 GA–BP 和 RF 算法作为预报系统的最优算法，选取 2018 年 7 月 31 日的暴雨过程作为预报个例。通过分析预报结果发现，2018 年 7 月 28 日 20 时起报，72 h 预报结果比较理想，预报 31 日 00—01 时出现暴雨。2018 年 7 月 31 日的降水实况是 30 日 23：10 至 31 日 00：10（1 h 累积降水量）：马头上站 73.6 mm（5 个站中最大降水量），属于暴雨量级；30 日 23：10—31 日 11：10 坝区各站 12 h 累积降水量：乌东德 17.6 mm、大茶铺 35.4 mm、雷家包 18.6 mm、左导进 37.7 mm、前期营地 4.0 mm、马头上 81.4 mm、金坪子 4.0 mm、花山沟 29.1 mm、下白滩 94.4 mm。精细化预报系统结果是 31 日 00—01 时出现暴雨，主要是马头山站，预报小时降水量达到 68 mm（图 6.15）。

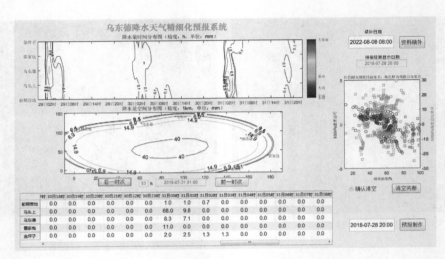

图6.15 2018年7月31日暴雨天气过程

6.3.3 2019年"8·7"暴雨

2019年8月6日20:00至7日20:00坝区出现了一次短时强降水过程，降水量空间分布不均，24 h累积降水量（mm）：乌东德站51.2、大茶铺站36.9、雷家包站32.7、左导进站49.3、前期营地站79.7、马头上站51.7、金坪子站15.5。前期营地站逐小时降水量变化显示，降水出现在7日06:00—12:00，降水强度大，最大小时雨强为52.3 mm/h（7日06:00—07:00），强降水持续时间为2 h。这次短时强降水过程具有降水量空间分布不均，局地性明显，强度大，强降水持续时间长的特点。期间共发布了雷雨天气警报1次，大风蓝色预警1次，暴雨蓝色预警1次，暴雨黄色预警1次，暴雨橙色预警1次，暴雨红色预警1次，雨情通报和未来天气趋势预报3次及暴雨红色预警解除1次。

6.3.3.1 预报、警报及服务情况

本次强降水天气发生前，02:24发布雷雨天气警报，04:16发布大风蓝色预警；强降水发生后于7日凌晨至上午依次发布了暴雨蓝色预警、暴雨黄色预警、暴雨橙色预警、暴雨红色预警，以及暴雨红色预警解除；进行了3次雨情通报。

降水过程中，按照"预报、实报、续报"的原则，密切监视天气演变过程，加强会商，跟踪滚动，并按照建设部度汛方案相关规定，及时向防汛办汇报降水实况及未来趋势预测，通过电话和短信及时发布预警信息，为各相关单位提供咨询服务，保障了大坝混凝土浇筑施工安全。

具体预报服务过程如下：

（一）短期天气预报（短信平台发布）

（1）7日15:27发布24 h天气预报。坝区天气预报（6日15:27）：今天夜间到明天白天多云有中雷雨，气温21~30 ℃，极大风6~7级。

（2）7 日 02：45 发布雷雨大风天气警报。坝区"雷雨天气警报"（7 日 02：24）：预计未来 3 h 坝区将出现雷雨天气，请加强防范。

（3）7 日 04：16 发布大风蓝色预警。坝区"大风蓝色预警"（7 日 04：16）：目前雷家包站风速 3.6 m/s（3 级），预计未来 2 h 坝区阵风 7~8 级，并伴有雷雨。请各单位做好以下防范工作：1）露天大型设备及其他易受大风影响的设备设施停止运行；2）重点关注塔吊设备、排架作业、浮石等高处作业施工，做好停工避险的准备工作；3）妥善处理棚架、敞篷、钢结构厂房等易被风吹动的搭建物，必要时采取临时加固措施，确保人员安全，必要时人员主动避让；4）人员禁止在临时搭建物下面逗留；5）加强供水、供电线路巡查，确保供电、供水系统安全；6）做好防火工作；7）发现险情、事故要及时向乌东德工程安委办报告，及时正确处置。

（二）强降水天气预警情况

水文气象中心密切监视多普勒天气雷达和卫星云图监测到天气变化情况，持续跟踪预警：7 日 02：24 开始，坝区出现积雨云向坝区西移南压，03：37 出现雷暴，05：59 开始降水，降水一直持续到 7 日 11：18。坝区大坝混凝土浇筑区的前期营地站 26 min 降水量 13.1 mm，5 h 19 min 降水量 79.7 mm。水文气象中心通过电话、QQ 群、手机短信发布的预警和雨情通报情况如下：

（1）7 日 06：19 发布"暴雨蓝色预警"。坝区"暴雨蓝色预警"（7 日 06：19）：05：50—06：16 坝区累积降水量（单位：mm）：马头上站 0.4、乌东德站 4.6、前期营地站 13.1。预计未来 6 h 坝区将出现 10~15 mm 降水。各单位注意防范，并加强巡视。

（2）7 日 06：25 发布"暴雨黄色预警"。坝区发布"暴雨黄色预警"（7 日 06：25）：05：50—06：21 坝区累积降水量（单位：mm）：马头上站 0.5、乌东德站 5.4、前期营地站 20.3。预计未来 6 h 坝区及对外交通还将出现 15~25 mm 降水。各单位安全部主任短信回复建设部防汛办值班手机，确认收到警报，建设部防汛办要求各单位防汛责任人每两小时巡视一次，重点部位每小时巡视一次，并反馈巡视情况。

（3）7 日 06：53 发布"暴雨橙色预警"。坝区暴雨橙色预警（7 日 06：53）：05：50—06：50 坝区累积 1 h 降水量（单位：mm）：雷家包站 12.8、左导进站 28.5、金坪子站 4.5、大茶铺站 17.2、马头上站 31.1、乌东德站 25.7、前期营地站 42.7。预计未来 3 h 坝区还将有 10~20 mm 降水，请注意防范强降水可能诱发的滑坡、泥石流等次生灾害。各单位安全部主任电话或短信回复建设部防汛办值班手机，确认收到警报，建设部防汛办要求各单位启动内部防汛应急预案，停止露天作业，人员、设备撤到安全地带，并反馈启动应急预案情况。

（4）强降水发生后密切监视雨情变化，进行了 3 次雨情通报。

坝区雨情通报（7 日 07：02）：05：50—07：00 坝区 1 h 10 min 累积降水量（单位：mm）：雷家包站 14.5、左导进站 31.8、大茶铺站 20.1、马头上站 35.7、金坪子站 7.1、乌东德站 32.5、前期营地站 52.3。预计未来 3 h 坝区还将出现 10~20 mm 降水。各单位加强防范持续强降水可能诱发的山洪、滑坡、泥石流等次生灾害，加强巡视。

坝区雨情通报（7日07：16）：05：50—07时15坝区1h25min累积降水量（单位：mm）：雷家包站15.9、左导进站34.6、大茶铺站22.7、马头上站38.8、金坪子站8.6、乌东德站37.1、前期营地站62.1。预计未来3h坝区还将出现10~20mm降水。各单位加强防范持续强降水可能诱发的山洪、滑坡、泥石流等次生灾害，加强巡视。

坝区雨情通报（7日10：24）：05：50—10：20坝区4h30min累积降水量（单位：mm）：雷家包站32.6、左导进站49.3、大茶铺站36.7、马头上站51.6、金坪子站15.4、乌东德站51.1、前期营地站79.5。预计未来1h坝区还将出现3~5mm降水。各单位加强防范持续强降水可能诱发的山洪、滑坡、泥石流等次生灾害，加强巡视。

（5）7日08：22发布"暴雨红色预警"。坝区"暴雨红色预警"（7日08：22）：05：50—08：20坝区累积2h30min降水量（单位：mm）：雷家包站23.3、左导进站40.8、金坪子站11.1、大茶铺站28.4、马头上站44.3、乌东德站42.9、前期营地站70.8。预计未来2h坝区还有10~15mm降水。各单位安全部主任电话回复建设部防汛办值班手机，确认收到警报，施工单位启动本单位应急预案，现场巡视人员随时报送现场情况，当超出本单位应急处置能力时，经乌东德防汛防灾指挥部研判，启动全工区应急预案。受影响的责任单位停止露天作业，人员、设备撤到安全地带，请各单位防汛抢险应急小组随时待命，各单位对危险责任区域进行交通管制。

（6）电话向防汛办通报预警、雨情情况。每次发布预警都及时通过电话向防汛办通报坝区降水量情况，并说明暴雨升级情况。

（7）电话答询葛洲坝指挥中心、西北监理、缆机运行。强降水的发生给大坝混凝土浇筑带来了不利天气，水文气象中心及时电话通知，大坝浇筑避让了此次降水影响，保障了施工安全。

（8）7日11：18解除"暴雨红色预警"。坝区"暴雨红色预警"解除（7日11：18）：根据最新资料分析，坝区强降水天气过程减弱，预计今天下午坝区以多云有短时阵雨天气为主，现解除7日08：22发布的"暴雨红色预警"，各单位须在确保安全的情况下，全面排查雨后汛情灾情、风险和隐患，严防雨后次生灾害发生。另自然边坡仍需继续排查，暂停施工，需建设部工程部确认安全后，方可复工。

6.3.3.2　灾害情况

2018年8月7日凌晨至上午，坝区前期营地站出现了79.7mm的暴雨，其余各站（除金坪子站外）降水量均达到大雨标准。特大暴雨造成了坝区部分路段道路被毁，滚石、泥石流、坍塌等次生灾害；水文气象中心预警发布及时到位，由于抢险救灾及时，坝区未造成人员伤亡。

6.3.3.3　典型的切变线型环流分型

2019年8月6日20时500hPa上，北方大槽向南延伸到四川盆地东南部，槽后有8~10m/s的东北风，向四川盆地中东部输送冷平流；川西高原上有倒槽，倒槽中有冷平流输送，孟加拉湾和南海存在双热低压，孟湾热低压将暖湿水汽向滇西北输送，与倒槽中的冷平流在滇西北相遇。700 hPa 四川盆地东部有东北—西南向切变存在,中南半岛有暖湿气流顺着南风向坝区附近输送。

分析 500 hPa 位势高度场和风场,7 日 08 时西太平洋有台风"利奇马",南海、孟加拉湾有热带低压发展,西南地区为高压环流控制,坝区为高压环流外围(西侧)的西南(SW)气流控制,风速为 4 m/s(图 6.16)。

分析 700 hPa 位势高度场、风场和比湿场,7 日 08 时西太平洋有台风"利奇马",南海、孟加拉湾有热带低压发展,滇东北、坝区、滇西北形成一条东—西向切变线,坝区为西风(W)气流控制,风速为 2 m/s,比湿 > 10 g/kg(图 6.17)。

分析海平面气压场,6 日 20 时坝区位于冷高压边缘,地面气压 > 1005.0 hPa,从 6 日 20 时至 7 日 08 时,坝区 12 h 正变压为 2.5 hPa,近地层有浅薄冷空气影响坝区(图 6.18)。

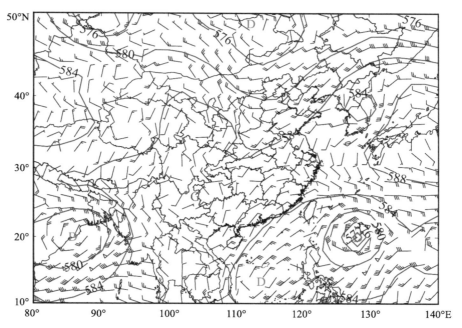

图 6.16 2019 年 8 月 7 日 08 时 500 hPa 位势高度场(蓝线,单位:dagpm)和
风场(单位:m/s)(G:高压中心,D:低压中心,红点:坝区)

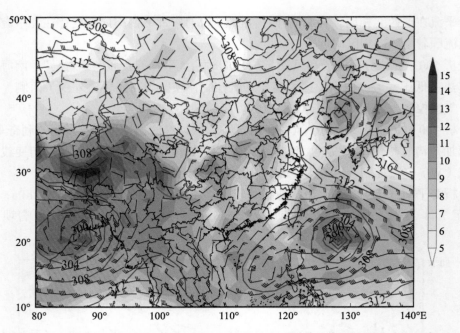

图 6.17　2019 年 8 月 7 日 08 时 700 hPa 位势高度场（蓝线，单位：dagpm）、
风场（单位：m/s）和比湿（阴影，单位：g/kg）（G：高压中心，D：低压中心，
红粗线：切变线，红点：坝区）

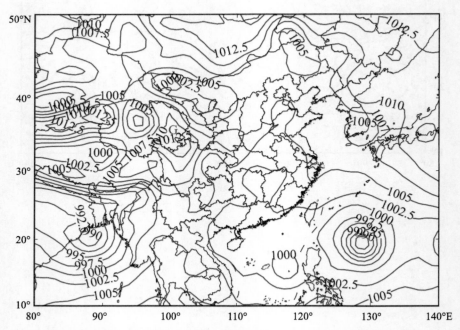

图 6.18　2019 年 8 月 6 日 20 时海平面气压场（蓝线，单位：hPa）
（G：高压中心，红点：坝区）

综合分析高低空系统配置，近地层有浅薄冷空气活动；低层有切变线，比湿＞ 10 g/kg，中层高压外围的西南（SW）气流和南海低压、孟湾低压向坝区输送了充沛的水汽和能量。在对流层低层高湿背景下，地面浅薄冷空气配合低层切变线触发和维持了强降水。

6.3.3.4 典型的雷达回波特征分析

图 6.19 可见，2019 年 8 月 7 日 03：04，坝区东面 10 km 外的四川境内新马乡山上出现了对流云降水回波，中心强度 40.5 dBZ，回波顶高 6.6 km，曲靖北部和楚雄北部也有分散性降水回波出现。04：03，坝区东西两面回波开始发展，并缓慢向坝区靠近，在坝区附近聚合叠加，此后回波得到快速发展加强。05：02，坝区东边、东川北部回波再次加强，出现半弧形带状回波，回波中心强度 43.5 dBZ，回波顶高 9.2 km。05：37，坝区东北方向 5 km 处有强回波发展加强，中心强度 42.6 dBZ，回波顶高 10.2 km，回波呈块状，边缘整齐，回波面积约 200 km²，坝区可见积雨云中的明显闪电。RHI 回波剖面图上，回波垂直发展旺盛，回波顶部凸起，最强回波 41 dBZ，高度 4.5 km，25 dBZ 以上回波高度达到 10 km，在该块回波的东边，还有对流回波靠近。东边来的回波明显强于西边的回波。05：50 坝区开始出现雷雨天气。

06：00，坝区东北方向的强对流降水回波快速移到坝区，跨过金沙江进入云南境内，在坝区右岸爬山抬升，云团继续加强。至 06：30，回波中心值增强到 51 dBZ，回波顶高达到 12.5 km，30 dBZ 以上回波面积达到 350 km²，强回波覆盖整个坝区，强回波中心刚好在坝区的前期营地站附近。RHI 回波剖面图上，回波垂直发展旺盛，呈柱状，顶部凸起，最强回波值 51.0 dBZ，所在高度 4.3 km，45 dBZ 高度到达 6 km，25 dBZ 高度到达 9.5 km，20 dBZ 高度到达 13.5 km。

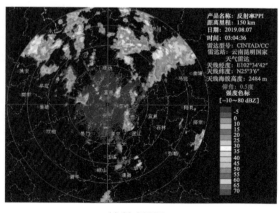

(a) 03:04 PPI

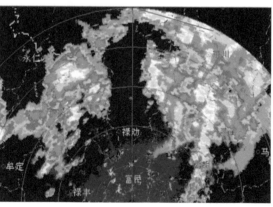

(b) 05:37 CR

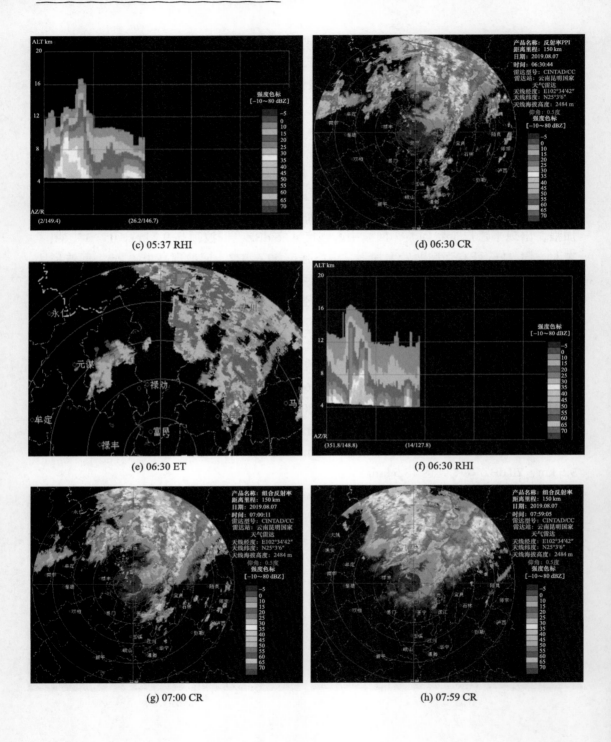

(c) 05:37 RHI

(d) 06:30 CR

(e) 06:30 ET

(f) 06:30 RHI

(g) 07:00 CR

(h) 07:59 CR

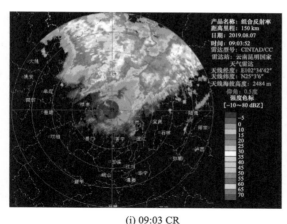
(i) 09:03 CR

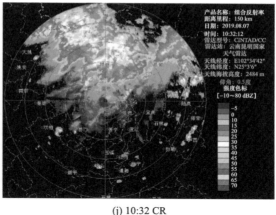
(j) 10:32 CR

图 6.19　2019 年 8 月 7 日昆明雷达 0.5° 仰角回波特征分布

07：00，回波继续向西南方向移动，此时，坝区左岸降水减弱，右岸继续强降水。06：00—07：00 前期营地站 1 h 降水量 52.3 mm。07：29 CR 回波图上，主要降水回波减弱，坝区强降水减弱。

08：00，对流云降水回波已移到坝区西南方向 15 km 以外，而且强度减弱，坝区以层状云降水回波为主，回波强度 < 30 dBZ，整个回波呈西北—东南向，边界清楚。09：04，整个回波带继续缓慢向西南方向移动，坝区附近仍以层状云降水回波为主，回波略有增强，回波减弱到 32 dBZ 以下，回波顶高 < 4 km，降水减小。

坝区附近的对流云降水回波的回波顶高度变化反映了对流云团的垂直发展情况。图 6.20 可见，06：01，坝区东北方向和偏西北方向均有强回波存在，偏西北方向的回波顶高最大值 10.6 km，东北方向的回波顶高最大值 8.6 km。06：31，回波向坝区移动并发展加强，回波顶高最大值增加到 12.5 km，达到本次过程回波顶高极大值。07：00 回波开始减弱，回波顶高 10.0 km，07：29 回波顶高 9.8 km。从 06：00—07：29 回波顶高度变化得知，强对流云团在坝区左岸高海拔山上发展，然后向南移动，跨过金沙江河谷，到达坝区右岸，遇山爬升，云团再次发展加强，形成短时强降水。到达右岸高海拔山上时因降水能量得以释放，云团减弱，高度降低。

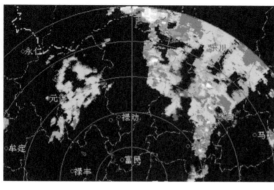
(a) 06:01 ET

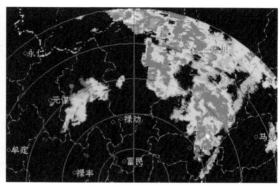
(b) 06:31 ET

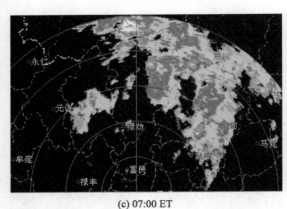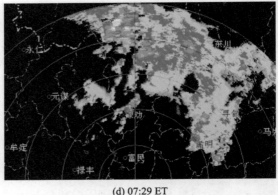

(c) 07:00 ET　　　　　　　　　　　　　　(d) 07:29 ET

图 6.20　2019 年 8 月 7 日昆明雷达 0.5°仰角回波顶高度变化

图 6.21 可见，03：00 曲靖北部、昭通南部有对流云团出现，边缘清晰整齐，云层紧密，而且是局地生成的，云团边缘已覆盖到坝区。同时，川西高原、滇西北有分散性云层出现。06：00，曲靖北部对流云团缓慢向西偏南方向移动，最强云层刚好到达坝区，川西高原分散云系逐渐向南移动并合成一体，前沿云系已与西行云系相连。07：00，曲靖北部对流云团中心到达坝区上空，并继续向西南移动，滇西北下来的云系继续在攀枝花附近发展，东西两个云系基本融为一体，坝区受东面云系影响为主。08：00 以后，东面对流云团主体向南已经移过坝区了，滇西北云系继续东南移到达坝区，直至 11：00 影响结束，与雷达回波探测结果完全一致。

从这次暴雨雷达回波连续演变来看，以对流云降水回波为主，层状云降水回波为辅。降水回波来自 2 个方向：一是昭通南部、曲靖北部地区局地云生并快速发展，缓慢向西偏南方向移动到坝区（对坝区而言，回波来自东北方向），影响坝区时以对流云降水回波为主，PPI 回波呈块状，RHI 回波呈柱状，回波中心强度最大值 51 dBZ，回波顶高12.5 km。二是从滇西北方向移动来的降水回波，影响坝区时以层状云降水回波为主，回波呈片状，回波中心强度 35 dBZ，回波顶高 6 km。

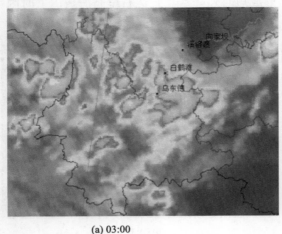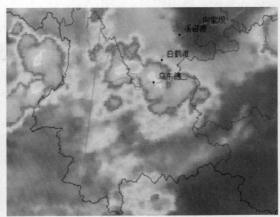

(a) 03:00　　　　　　　　　　　　　　(b) 06:00

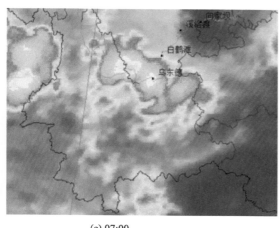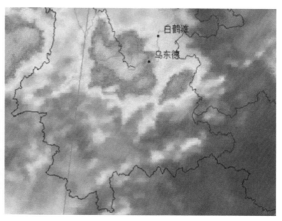

(c) 07:00　　　　　　　　　　　　　(d) 11:00

图 6.21　2019 年 8 月 7 日 FY-4 红外卫星云图

本次暴雨天气过程有如下特征：

（1）降水性质属局地强对流形成的暴雨，最大小时降水量 52.3 mm。突发性强、小时降水量大，降水持续时间短（降水持续 5 h），空间分布不均匀（3 个站测得暴雨，3 个站测得大雨，1 个站测得中雨），左岸小于右岸。

（2）环流形势，500 hPa 上北方大槽南端延伸至四川盆地，槽走向为东北—西南向，川西高原有倒槽；700 hPa 和 850 hPa 有切变存在，孟湾低压和南海低压向北输送暖湿水汽，槽后偏北气流输送冷平流；地面冷空气不明显。

（3）回波类型以对流云降水回波为主、层状云降水回波为辅，对流云降水回波呈块状、回波中心强度达 51 dBZ、回波顶高 12.5 km，回波面积小，发展迅速、移动缓慢；层状云降水回波呈片状，回波中心强度 35 dBZ，回波顶高 6 km，回波面积大。回波边缘整齐，回波顶高度变化明显。

（4）回波移动方向有 2 个，一是东北方向的昭通南部、曲靖北部局地生成的对流云强回波，向西南方向发展延伸影响坝区；二是从滇西北方向的自西北向东南移动的层状云降水回波。

6.3.3.5　精细化预报系统的回代检验结果

通过对预报模型的优选和检验，最终组合 GA-BP 和 RF 算法作为预报系统的最优算法，选取 2019 年 8 月 7 日的暴雨过程作为预报个例。通过分析预报结果发现，2019 年 8 月 5 日 20 时起报，72 h 预报结果比较理想，预报 7 日 07—08 时出现大暴雨。2019 年 8 月 7 日的降水实况是 7 日前期营地站出现了 79.7 mm 降水（5 个站中最大降水量），属于暴雨量级；8 月 7 日 05：50—11：20 坝区各站 5 h 30 min 累积降水量为雷家包站 32.7 mm、左导进站 49.3 mm、大茶铺站 36.8 mm、马头上站 51.6 mm、金坪子站 15.4 mm、乌东德站 51.2 mm、前期营地站 79.7 mm。精细化预报系统结果是 7 日 07—08 时出现暴雨，主要是马头山站，预报小时降水量达到 35 mm（图 6.22）。

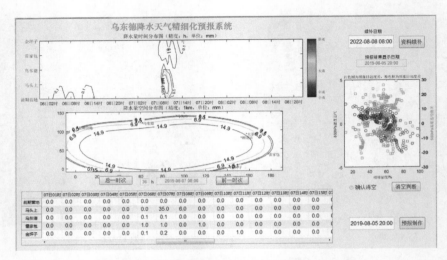

图 6.22 2019 年 8 月 7 日大暴雨天气过程

6.4 强降水预报着眼点

影响坝区强降水的天气系统较为复杂，归纳为 6 种类型：低空切变线型、两高辐合型、低涡（低压）型、高空槽型、西行台风型和副高外围偏南气流型。

6.4.1 低空切变线型

（1）在对流层低层高湿背景下（700 hPa 比湿为 7~12 g/kg），地面浅薄冷空气（6 h 正变压为 2.5~5.0 hPa、12 h 正变压 2.5~5.0 hPa、24 h 正变压为 5.0 hPa、冷高压边缘）配合低层切变线或者切变线触发和维持了强降水。

（2）700 hPa 切变线后部吹东北或偏东风，前部吹西南或偏南风，孟加拉湾到中南半岛北部常有低空急流形成，水汽输送条件好，低层具有强烈的水汽辐合。

（3）切变线北部有较强的冷平流输送，南部有较强的暖平流，通常分析切变线北侧 24 h 负变温 ≤ 6 ℃，或地面图上冷锋后部的冷高压中心和 24 h 正变压中心位于 105°E 以西。

（4）雷达回波图上，强降水产生在 β 中尺度切变线和逆风区中，回波中心强度 > 40 dBZ，回波顶高 > 10 km。

6.2.2 两高辐合型

（1）在对流层低层高湿背景下（700 hPa 比湿为 10~12 g/kg），地面浅薄冷空气（6 h 正变压 2.5~5.0 hPa、12 h 正变压 5.0 hPa、冷高压边缘）配合中层或中低层两高辐合区触发和维持了强降水。

（2）坝区位于辐合区附近，辐合区北部有低槽、冷涡影响或在其南部有热低压活动。

（3）两高之间的辐合区在垂直方向上表现出明显的斜压性。对流层下部有强辐合，对流层上部有强辐散，加强了辐合区的上升运动。

（4）两高辐合区形成后，如果有西风槽加深并与辐合区相连，700 hPa 有川滇切变或槽线、低涡生成时，易产生强降水。

6.4.3　低涡（低压）型

（1）在对流层低层高湿背景下（700 hPa 比湿为 11~12 g/kg），地面浅薄冷空气（12 h 正变压为 2.5 hPa、18 h 正变压 2.5 hPa）配合低层低涡或者中低层低涡触发和维持了强降水。

（2）四川盆地西南部有低涡形成并向东南移动，坝区位于低涡前。首先是川西高原有对流云团生成发展，并沿金沙江流域向东南移动，最后形成涡旋状云系，有时低涡位于切变线上，更容易产生强降水。

（3）低涡的正涡度区在垂直方向通常可达 300 hPa，对流层低层辐合、高层辐散。

（4）雷达回波上呈现带状回波或中尺度絮状回波团，强度在 40 dBZ 以上，回波顶高 > 10 km。

6.4.4　高空槽型

（1）在对流层低层高湿背景下（700 hPa 比湿为 10~11 g/kg），地面浅薄冷空气（6 h 正变压 5.0 hPa、12 h 正变压 2.5~5.0 hPa）配合中层高空槽和低层切变线触发和维持了强降水。

（2）四川盆地中南部 500 hPa 有高空槽或横槽东移南下影响坝区，槽后有明显偏北气流（> 12 m/s）和冷平流，700 hPa 有切变或槽线配合。

（3）冬春季有较深厚的南支槽东移，700 hPa 是否有低空急流（风速 ≥ 12 m/s）或西南大风区，地面是否有冷平流活动，700 hPa 和 500 hPa 湿度达，中低空辐合（700 hPa 和 500 hPa）、高空辐散（200 hPa），500 hPa 有较强冷平流，700 hPa 川滇有较强的切变线存在。

6.4.5　西行台风型

（1）在对流层低层高湿背景下（700 hPa 比湿为 10 g/kg），地面浅薄冷空气（6 h 正变压 2.5 hPa）配合西行台风触发和维持了强降水。

（2）副高加强西伸，其西侧有持续强盛低空偏南急流，为台风低压降水输送充沛的水汽和不稳定能量，700 hPa 风速（偏南风）在 12 m/s 以上。

（3）500 hPa 和 700 hPa 均能分析出低压环流，中心强度小于 584 dagpm 和 310 dagpm。

6.4.6　副高外围偏南气流

（1）在对流层低层高湿背景下（700 hPa 比湿为 10~11 g/kg），地面浅薄冷空气（6 h

正变压 5.0 hPa、12 h 正变压 5.0 hPa）配合低层或中低层副高外围的偏南气流触发和维持了强降水。

（2）雷达回波是否有带状回波、中尺度辐合线、飑线等强对流单体。

6.5 水电气象服务发展趋势与展望

6.5.1 以统计降尺度为主的智能化预报技术是发展方向

统计降尺度于 20 世纪 90 年代发展起来，现已是一个内容丰富、蓬勃发展的研究领域，拥有不少成熟的理论。尽管它主要应用于气候变化的研究中，但在天气预报中已有较丰富的应用。

直至目前，学者们已经把很多统计方法和人工智能技术应用于气象要素的降尺度研究，因此降尺度技术十分多样。下面对这些近年来较流行的降尺度技术的应用状况进行叙述。

一般来说，统计降尺度模型的选择不需要考虑区域的气候特征。绝大多数统计降尺度模型都对不同气候区域具有较强的适应性，这归功于它们能通过历史观测资料来训练出符合区域气候特点的模型参数。主要采用非线性回归技术方法，开发一种基于多家数值预报产品集合的降水量预报的降尺度技术。基于此方法，将分为主汛期、枯季节进行研究，分别建立各个季节的降水量降尺度预报模型；又基于 6 种环流分型建立降水量降尺度预报模型；分别使用独立的观测资料对建立的模型进行预报验证；最后将各种基于降尺度方法应用到降水量定量预报模式中，对该模式预报的降水量进行降尺度研究，同时评估检验降尺度方法对降水量的预报性能。

降尺度的应用效果与选用的统计降尺度方法、待降尺度的要素特征、时间尺度、资料状况及区域特征有很大关系。不同气象变量的时空分布特征有较大差异，因而选用的降尺度方法也有所不同。若对较长时间尺度的降水，应视具体目的而定，如果降尺度的目的为实现局地气候预报或获取气候变化信息，则采用传递函数法这类确定型方法；若降尺度的目的是为重建具有一定统计特征的气候模拟情境资料，则采用 NHMM、相似法或传递函数法与天气发生器相结合的方法；如若获取多重尺度上满足时间或空间相关性及其统计特征的精细随机情境降水，则需要使用团聚点过程或多重分形方法。

未来的统计降尺度技术主要有以下发展趋势：

（1）非线性降尺度技术将获得更加广泛的应用。以往很多 ANN 和 SVM 的应用表明非线性方法具有更强的降尺度能力，这意味着广义非线性模型、广义可加模型、分位数回归模型以及基因重组模型等结构上更清晰的非线性模型将有较好的应用前景，并且有助于揭示不同尺度间各种变量的非线性物理联系机理。从降尺度输出的效果来看，已有方法的输出精度和分辨率仍难以满足应用需求，需要进一步探索更有效的方法，而且除

ANN 外，其他非线性模型的应用较少，优势尚未充分发挥。

（2）气候情境模拟技术的发展将更加深入。团聚点过程模型、瀑布模型，属于天气形势法的 NHMM、相似法和天气分类法，以及其他类 Markov 模型将在未来气候极值研究、陆地水循环模拟、生态模拟和作物估产中发挥作用。瀑布模型的模拟技术仍不完全成熟，理论方面仍需继续深入。

（3）针对短期预报天气要素的统计降尺度方法将成为重要研究内容。以往的统计降尺度研究主要在对气候变化情境的解释以及对气候资料的模拟应用方面，其模型构建依据主要是再现区域历史资料的统计特征，而不是对观测资料的逼近和优化，而后者是短期预报资料降尺度的目的所在。由于难度较大，目前对短期资料的降尺度能力较弱，有待于继续深入。由于统计方法能弥补动力降尺度的一些不足，在今后使用统计降尺度法加强天气预报精度仍有必要性。

（4）基于结合物理模型的统计降尺度方法将会有较好的研究前景。虽然气候情境资料的模拟效果越来越逼真，但对于天气预报的降尺度问题，提高确定型降尺度技术才有意义。这可以通过不断利用统计方法来揭示气象变量间的物理机理来实现，同时有必要将某些物理推理和假设应用于统计降尺度。

6.5.2　建立水电站短临天气预报预警应用平台

针对水电站的需求，可以建设短临天气预报预警系统，提供特殊的天气预报服务。短临天气预警应用平台能够实现以下几个功能：包括多源气象资料的接收与处理、强降水、大风天气的临近预报和短时预报、中尺度天气分析等功能，各类信息集成显示。该系统核心业务包括气象数据分析与质控、大气多源资料快速融合、强降水和大风天气临近预时预报、强降水和大风天气环流分型、中尺度信息服务、预报产品检验与评估、业务产品制作与展示和产品分发与共享等模块。

6.5.3　水电气象服务的新模式

（1）基于移动社交平台的气象服务新模式

基于移动互联网的天气社区和基于手机 APP 的天气软件，很好地诠释了社交平台对于天气服务的重要意义。社交元素与气象信息的融合加强了信息发布方与受众之间良性互动，增进传播的时效性和可信性效果。因此如何有效地把社交元素整合进现有的服务产品或新产品中是未来一段时间亟待攻克的难题之一。

互联网和移动 APP 通过搭建水电站环境场景，做到实时智能感知需求、科学决策提供判别，提供了全方位高覆盖的发布手段，有助于提升水电气象服务效益，满足相关管理部门对气象服务的需要。

（2）基于智能天气设备的气象服务新模式

计算机和人工智能技术的发展，微型气象站的智能天气设备等发展十分迅速。这种智能天气设备集成了温度、湿度、光照、气压、紫外线等传感器，可精确实时监测天气信息，并通过连接到云端，发布任何地点的离散天气实况及天气预报。新的气象服务既能实时准确，还可以附加诸多更为人性化和专业化的定制服务。

以"全面、系统地提高观测和预报能力，大大减少天气对水电气象保障的影响"为服务宗旨，发挥气象信息集成共享资源，积极参与水电站运行过程中防洪泄洪与正常发电的决策保障，全面提高水电气象服务质量。水电气象服务必将呈现丰富性、准确性和精细化的局面，也将是一个更加开放、更加融合的水电气象服务体系。

参考文献

白晓平，靳双龙，王式功，等，2018.中国西北地区东部短时强降水时空特征 [J].中国沙漠，38（2）：410-417.

蔡英，钱正安，吴统文，等，2004.青藏高原及周围地区大气可降水量的分布、变化与各地多变的降水气候 [J].高原气象，23（1）：1-10.

常军，李素萍，李祯，等，2008.CAR 和 SVM 方法在郑州冬半年大雾气候趋势预测中的试用 [J].气象与环境科学，31（1）：16-19.

代刊，曹勇，钱奇峰，等，2016.中短期数字化天气预报技术现状及趋势 [J].气象，42（12）：1445-1455.

丁一汇，2005.高等天气学（第二版）[M].北京：气象出版社.

丁一汇，王绍武，郑景云，等，2013.中国气候 [M].北京：科学出版社：215-217.

段玮，林芸，刘阳容，2017.澜沧江中上游流域强降水特征与天气成因 [M].北京：气象出版社：50-73.

范丽军，符淙斌，陈德亮，2005.统计降尺度法对未来区域气候变化情景预估的研究进展 [J].地球科学进展，20（3）：320-328.

付英姿，陈雪东，2011.带有不可忽略缺失数据的广义部分线性模型的贝叶斯分析 [J].数学进展，40（3）：299-313.

桂园园，马中元，齐永胜，等，2020.2017 年鹰潭市城区暴雨天气与回波特征分析 [J].自然灾害学报，21（3）：63-75.

郝振纯，李丽，徐毅，等，2009.区域气候情景 Delta-DCSI 降尺度方法 [J].四川大学学报（工程科学版），41（5）：1-7.

何耀耀，许启发，杨善林，等，2013.基于 RBF 神经网络分位数回归的电力负荷概率密度预测方法 [J].中国电机工程学报，33（1）：93-98.

贺佳佳，陈凯，陈劲松，等，2017.一种多时间尺度 SVM 局部短时临近降雨预测方法 [J].气象，43（4）：402-412.

胡彩虹，高晶，朱业玉，等，2010.支持向量机在半干旱半湿润地区水文预报中的应用研究 [J].气象与环境科学，33（2）：1-6.

胡轶佳，朱益民，钟中，等，2013.降尺度方法对中国未来两种情景下降水变化预估 [J].高原气象，32（3）：778-786.

黄荣辉，张振洲，黄刚，等，1998.夏季东亚季风区水汽输送特征及其与南亚季风区水汽输送的差别 [J].大气科学，22（4）：76-85.

黄仪方，2014.我国高原航空气象特征及适航天气分析 [M].成都：西南交通大学出版社：79-140.

黄振宇，全伟，2017.基于多基因基因编程的激光光功率建模与预测 [J].系统仿真技术，13（3）：262-265.

姜江，姜大膀，林一骅，2015.1961—2009 年中国季风区范围和季风降水变化 [J].大气科学，39（4）：722-730.

李爱国,覃征,鲍复民,等,2002.粒子群优化算法 [J].计算机工程与应用,38(21):1-3.

李成鹏,田云平,2019.多普勒天气雷达资料在人工增雨中的应用 [J].农业与技术,39(9):125-127.

李江萍,王式功,2008.统计降尺度法在数值预报产品释用中的应用 [J].气象,34(6):41-45.

李玉林,杨梅,李玉芳,2001.夏季雷暴云雷达回波特征分析 [J].气象,27(10):33-37.

李运刚,何大明,胡金明,等,2012.红河流域1960—2007年极端降水事件的时空变化特征 [J].自然资源学报,27(11):1908-1917.

梁立为,尹洁,马振富,等,2015.三种非线性回归逐时气温预报比较订正 [J].气象科技,43(6):1116-1120.

廖要明,陈德亮,高歌,等,2009.中国天气发生器降水模拟参数的气候变化特征 [J].地理学报,64(7):871-878.

刘小建,张元,2017.基于多特征提取和 SVM 分类的手势识别 [J].计算机工程与设计,38(4):953-958.

刘琰,2012.支持向量机核函数的研究 [D].西安:西安电子科技大学:19-20.

刘永和,郭维栋,冯锦明,等,2011.气象资料的统计降尺度方法综述 [J].地球科学进展,26(8):837-847.

吕红燕,2019.随机森林算法研究综述 [J].河北省科学院学报(3):37-41.

吕俊梅,张庆云,陶诗言,等,2006.亚洲夏季风的爆发及推进特征 [J].科学通报,51(3):332-338.

农吉夫,金龙,2008.基于 MATLAB 的主成分 RBF 神经网络降水预报模型 [J].热带气象学报,24(6):713-717.

乔云亭,罗会邦,简茂球,2002.亚澳季风区水汽收支时空分布特征 [J].热带气象学报,18(3):203-210.

沈宏彬,陶祖钰,2003.成都双流机场一次多雷暴天气的雷达回波分析 [J].北京大学学报,39(1):58-67.

汤绪,钱维宏,梁萍,2006.东亚夏季风边缘带的气候特征 [J].高原气象,25(3):375-381.

王芬,严小冬,谷晓平,等,2017.2006—2015年黔西南初夏短时强降水时空特征分析 [J].暴雨灾害,36(5):460-466.

王将,邹阳,刘彬,等,2018.金沙江乌东德水电站2016年1月强寒潮天气过程分析 [J].云南大学学报(自然科学版),40(5):909-918.

王新宇,2009.基于贝叶斯分位数回归的市场风险测度模型与应用 [J].系统管理学报(1):40-48.

王在文,郑祚芳,陈敏,等,2012.支持向量机非线性回归方法的气象要素预报 [J].应用气象学报,23(5):562-570.

韦惠红,李才媛,邓红,等,2009.SVM 方法在武汉区域夏季暴雨预报业务中的应用 [J].气象科技,37(2):145-148.

魏凤英,黄嘉佑,2010.我国东部夏季降水量统计降尺度的可预测性研究 [J].热带气象学报,26(4):483-488.

吴金栋,王石立,2001.在气候影响研究中引入随机天气发生器的方法和不确定性 [J].大气科学进展,18(5):937-949.

吴刘仓,2016.缺失数据下双重广义线性模型的经验似然推断 [J].应用数学(2):252-257.

武辉芹,2021.基于3种模型的石家庄日最大电力负荷变幅预报效果分析 [J].干旱气象(4):709-715.

武秀兰,夏彬僖,朱睿,2019.云南滇中地区强对流雷达回波统计分析 [J].云南地理环境研究,31(4):75-79.

许美玲,段旭,杞明辉,等,2011.云南省天气预报员手册 [M].北京:气象出版社.

应冬梅,许爱华,支树林,2003.2次大范围强对流天气过程的天气形势和雷达回波对比分析 [J].气象与减灾研究(2):10-13.

余文, 李人厚, 2002. 遗传算法对约束优化问题的研究综述 [J]. 计算机科学, 29（6）: 98-101.

张驰, 郭嫒, 黎明, 2021. 人工神经网络模型发展及应用综述 [J]. 计算机工程与应用, 57（11）: 57-69.

张浩, 蒋艳斌, 孙巍, 等, 2012. 基于广义线性模型的地表臭氧浓度的预测 [J]. 清华大学学报: 自然科学版, 52（3）: 336-339.

张利, 2009. 线性分位数回归模型及其应用 [D]. 天津: 天津大学.

张沛源, 1995. 多普勒速度图上的暴雨判据研究 [J]. 应用气象学报, 6（3）: 373-378.

张启东, 秦大河, 康世昌, 等, 2000. 印度夏季风降水研究进展 [J]. 自然杂志, 22（4）: 207-210.

张守保, 张迎新, 王福侠, 等, 2008. 华北回流天气多普勒雷达径向速度分布特征 [J]. 气象, 34（2）: 33-37.

张长卫, 2009. 基于 BP 神经网络的单站总云量预报研究 [J]. 气象与环境科学, 32（1）: 68-71.

赵文婧, 2016. 基于支持向量机的云量精细化预报研究 [J]. 干旱气象（3）: 568-574, 589.

朱乾根, 林锦瑞, 寿绍文, 等, 2010. 天气学原理和方法 [M]. 北京: 气象出版社.

朱占云, 潘娅英, 骆月珍, 等, 2017. 浙江省水库流域面雨量的多模式预报效果分析与检验 [J]. 气象与环境科学, 40（3）: 93-100.

BREIMAN L, 2001. Using iterated bagging to debias regressions [J]. Machine Learning, 45(3): 261-277.

CHARLES S P, BATES B C, HUGHES J P, 1999. A spatiotemporal model for downscaling precipitation occurrence and amounts[J]. Journal of Geophysical Research: Atmospheres, 104（D24）: 31657-31669.

CUTLER A, ZHAO G, 2001. PERT-perfect random tree ensembles [J]. Comprting Science & Statistics, 33: 490-497

LI L, DUAN Y, 2011. Notice of RetractionA GA-based feature selection and parameters optimization for support vector regression[C]//Seventh International Conference on Natural Computation. IEEE: 335-339.

PETERSON T C, ZHANG X B, BRUNET M, et al., 2008. Changes in North American extremes derived from daily weather Data[J]. Journal of Geophysical Research: Atmospheres, 113（D7）: 1-9.

ROY S S, BALLING R C, 2004. Trends in extrme daily precipitation indices in India[J]. International Journal of Climatology, 24（4）: 457-466.

WANG Q, FAN X, QIN Z, et al., 2012. Change trends of temperature and pricipitation in the Loess Plateau Region of China, 1961-2010[J]. Global and Planetary Change, 92/93: 138-147.

WILBY R L, DAWSON C W, BARROW E M, 2002. SDSM-Adecision support tool for the assessment of regional climate change impacts[J]. Environmental Modelling & Software, 17（2）: 147-159.

ZORITA E, HUGHES J P, LETTEMAIER D P, et al., 1995. Stochastic characterization of regional circulation patterns for climate model diagnosis and estimation of local precipitation[J]. Journal of Climate, 8（5）: 1023-1042.

附录1 暴雨雷达回波分析典型个例集

个例1：2015年10月8日暴雨天气过程

2015年10月8日01时至10日11时3 d内坝区出现了一次长达56 h的降水天气过程，过程乌东德站总降水量92.6 mm。10月8日01：00—20：00降水量（mm）：乌东德站55.2，大茶铺站38.7，雷家包站34.1，左导进站34.5，前期营地站57.8，马头上站53.1，金坪子站34.1（附图1.1）。最大雨强出现在前期营地站为9.4 mm/h（10月8日04：00—05：00，附图1.2）。

这次降水天气过程持续时间长、小时降水量不大、空间分布不均匀。降水时段：8日01：00至10日11：00，持续时间56个小时。8日01：00—20：00坝区3个站测得暴雨，5个站测得大雨。

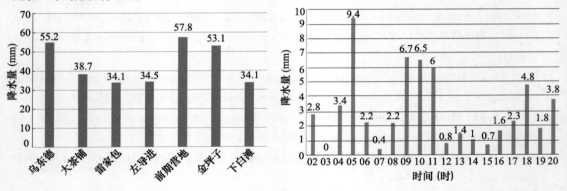

附图1.1　2015年10月8日01—20时各站降水量　附图1.2　2015年10月8日前期营地站逐小时降水量

一般情况，每年10月上中旬是坝区雨季结束的时候，2015年整个汛期降水量偏多。这次暴雨天气过程比较典型，预报难度极大。8日天气形势不明显，却出现了暴雨，9日天气形势明显，但只出现了中雨，很有复盘研究价值。

（1）环流形势

2015年10月7日20时500 hPa形势场上（附图1.3），坝区处在副高北侧偏西气流里，看不出明显的天气系统。云南西南部有西南气流存在，暖湿气流向云南中西部输送。川西高原上有南—北向高原槽，槽前的西北气流带上有冷平流输送，二者在坝区附近形成冷、暖气流辐合。从7日20时至8日20时，川西高原槽从四川盆地中部东移，副高南撤，滇西边缘的西南气流输送的暖湿水汽刚好到达滇中北部，与四川南部700 hPa的切变相遇（附图1.4），产生辐合上升运动，触发中尺度对流，形成对流性降水。

由于高空系统不明显，主要是中低层辐合切变作用，而700 hPa上切变移动非常缓慢，坝区长时间降水，形成暴雨。

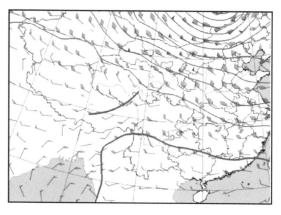 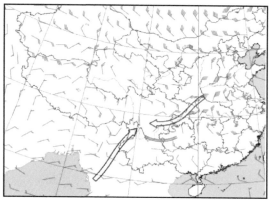

附图 1.3　2015 年 10 月 7 日 20 时 500 hPa 形势场　附图 1.4　2015 年 10 月 7 日 20 时 700 hPa 风场

（2）雷达回波特征分析

2015 年 10 月 8 日 03∶02 雷达回波组合反射率因子强度图上，攀枝花到楚雄北部永仁县有分散状降水回波出现，回波发展很快。03∶31 降水回波前沿已移到坝区西侧 10 km，回波呈片状，强度 30~35 dBZ，回波顶高 3~5 km。03∶40 坝区开始下小雨，04∶01 片状回波覆盖坝区，回波面积东西长约 22 km，回波强度相对比较均匀，在25~35 dBZ，回波顶高 < 5 km，顶部比较平坦，属层状云降水。径向速度看，西南气流明显，正、负径向速度分界线不光滑，说明辐合作用不强（附图 1.5）。

04∶00—05∶00，片状回波整体东移过坝区，回波密实均匀，边缘不规则，强度25~32 dBZ，回波顶高 3~5 km，平均移速 30 km/h。径向速度等值线分布比较稀疏，切向梯度不大，05∶30 第一阶段降水结束。05∶30—08∶30 回波分散，强度弱，坝区为分散性阵雨。

08∶02 在坝区西南方向有大面积降水回波生成，回波分散，强弱不均。08∶32 回波前沿到达坝区，坝区开始下雨。此时的回波不紧密，回波面积大，分布不均匀，强度不强，最大值 32 dBZ，无强回波中心。回波顶高 < 5 km，RHI 回波顶部较为平坦，对流性不强。径向速度图上（附图 1.6），正、负径向速度区域均较大，零分界线不整齐，径向速度梯度不大，有明显的暖湿气流。09∶31 回波大面积向坝区方向移动，坝区周围30 km 范围内回波呈幕状，强度 25~35 dBZ，无强回波中心，边界模糊不规则。径向速度图上，0 ℃层亮带不明显，正径向速度面积大于负径向速度面积，低层辐合上升作用不强。RHI 上，回波顶部比较平整，没有明显的对流单体突起，强度分布比较均匀，色彩差异比较小。11∶05 回波主体移到坝区东部和南部，坝区主要降水结束。

14∶02 楚雄北面到昆明北部又有大面积分散性降水回波形成，回波还是不强，也没有强回波中心。受其影响，坝区又开始下雨，回波陆陆续续生成并移过坝区，带来连续性小雨，20∶00 第三波主要降水结束。

9—10 日，云南西部的西南暖湿气流逐渐向东移，700 hPa 切变线已西移到云南中部，降水回波中心在滇中一带，500 hPa 上云南西部的西南暖湿气流较强，坝区正好位于其北部沿线上，回波外围扫过坝区，形成持续性降水。

从回波连续变化来看，这次降水天气过程的回波性质属层状云降水回波，持续时间长，呈阶梯状梯次影响。在 PPI 上，这次降水回波范围比较大、呈片状、边缘零散不规则、强度不大但分布均匀、无明显的强中心等特点，回波强度 25~35 dBZ，移动方向先期是自西向东，后期是自西南向东北移动。RHI 上，回波顶部比较平整，没有明显的对流单体突起，强度分布比较均匀。回波高度在 5 km 以下。径向速度分布范围较大，径向速度等值线分布比较稀疏，切向梯度不大，在零径向速度线两侧分布着范围不大的正、负径向速度中心，存在着流场辐合区。

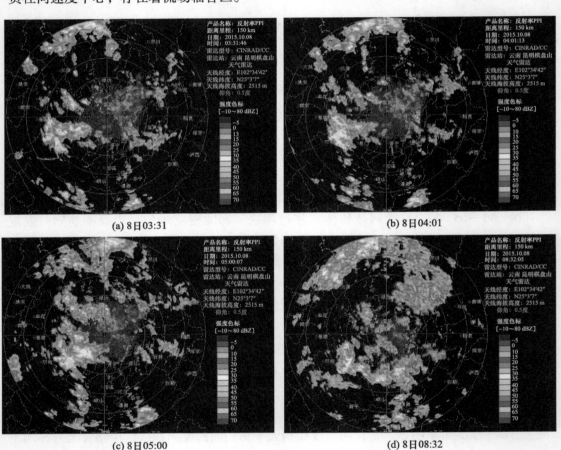

(a) 8日03:31 (b) 8日04:01

(c) 8日05:00 (d) 8日08:32

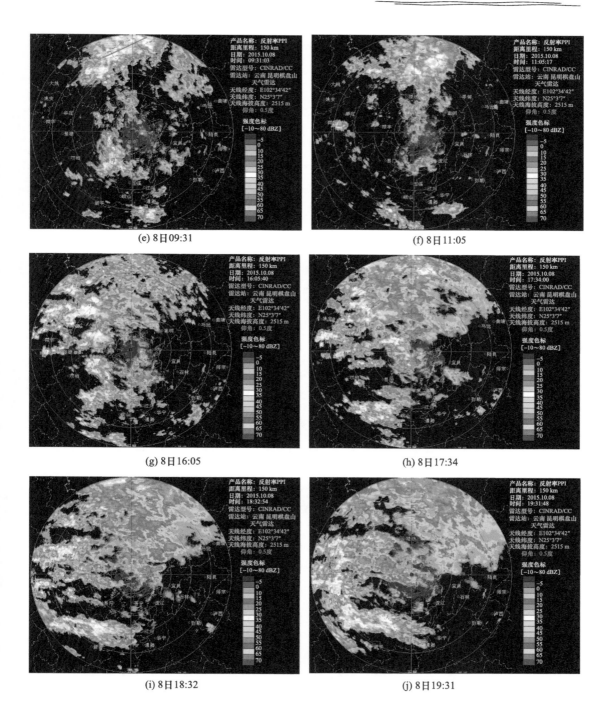

(e) 8日09:31

(f) 8日11:05

(g) 8日16:05

(h) 8日17:34

(i) 8日18:32

(j) 8日19:31

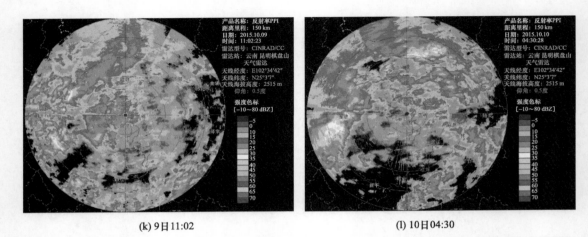

(k) 9日11:02

(l) 10日04:30

附图 1.5　2015 年 10 月 8—10 日昆明雷达 0.5° 仰角的 PPI 回波图

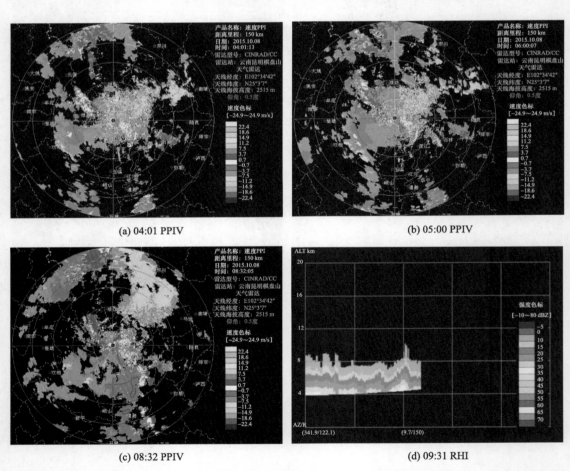

(a) 04:01 PPIV

(b) 05:00 PPIV

(c) 08:32 PPIV

(d) 09:31 RHI

附图 1.6　2015 年 10 月 8 日昆明雷达 0.5° 仰角径向速度图

本次暴雨天气过程有如下特征：

①降水性质为暴雨，持续性降水产生的暴雨，最大 1 h 降水量 8.9 mm。

②环流形势为 500 hPa 高空槽、西南暖湿气流、高空冷平流；700 hPa 为横向切变，地面为冷锋。

③回波类型为层状云降水回波。回波形状呈片状，回波范围比较大，边缘零散不规则，强度不大但分布均匀，无明显的强中心等特点，回波强度 25~35 dBZ。RHI 上回波顶部平整，没有明显的对流单体突起，强度分布比较均匀。回波顶高在 5 km 以下。径向速度分布范围较大，径向速度等值线分布比较稀疏，切向梯度不大。

④回波移动方向为先期是自西向东，后期是自西南向东北移动。

个例 2：2016 年 6 月 11 日暴雨天气过程

2016 年 6 月 11 日 03：00—21：00 坝区出现了一次暴雨天气过程。坝区各站总降水量（mm）：乌东德站 48.0，大茶铺站 31.5，雷家包站 33.6，左导进站 26.5，前期营地站 57.8，马头上站 51.3，金坪子站 32.4（附图 1.7）。最大小时降水量 14.1 mm（前期营地站，附图 1.8）。

这次过程坝区有 2 个站测得暴雨，5 个站测得大雨。降水特点为小时降水量不大、空间分布不均匀，但累积降水量大、持续时间长，降温幅度大。主要降水时段为 05：00—18：00。

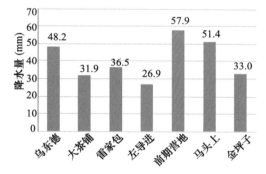

附图 1.7　2016 年 6 月 11 日各站降水量

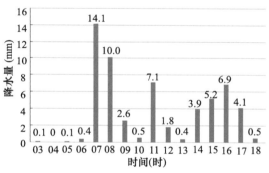

附图 1.8　2016 年 6 月 11 日前期营地站小时降水量

（1）环流形势

2016 年 6 月 11 日，500 hPa 受川西高原高空槽（横槽性质）东移南下，孟加拉湾低压有明显的西南暖湿气流向云南西北部输送（附图 1.9）。700 hPa 上滇东北到滇西北有东—西向切变存在，孟加拉湾低压槽前的西南风 12~16 m/s，源源不断向云南西部输送暖湿水汽，暖湿气流在四川南部、昆明西北部汇合，有利于强降水的产生（附图 1.10）。

167

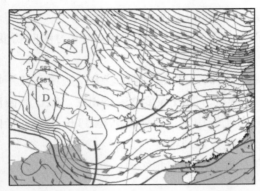 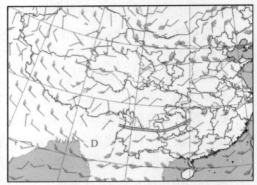

附图 1.9　2016 年 6 月 11 日 08 时 500 hPa 形势场　附图 1.10　2016 年 6 月 11 日 08 时 700 hPa 形势场

（2）雷达回波特征分析

2016 年 6 月 11 日 04:00 在昆明雷达的西部和西北部有分散的降水回波生成，并向坝区方向移动。05:31 回波前沿移到坝区西南方向 10 km 处，回波面积不大，呈块状，边界不规则，南面一块回波较强，中心强度 37.5 dBZ，回波顶高 4.8 km，从坝区东南方移过；北面一块回波中心强度 27 dBZ，回波顶高 3~4 km，正好移向坝区。06:00 降水回波移到坝区，回波面积仍然不大，东西宽度不足 30 km，强度没有增强，中心强度 32 dBZ，回波顶高 3~4 km；径向速度图上只有正径向速度区，平均径向速度 2.5~3.5 m/s，速度梯度稀疏，说明辐合上升运动不强，此时坝区开始下雨。06:00—07:00 坝区出现了短时强降水，小时降水量 14.1 mm，07:00 回波主体已移过坝区，坝区处于降水回波后沿边上（附图 1.11、附图 1.12）。

回波主体东移过坝区后，07:00—08:00 在坝区上空开始局地生云并原地发展，回波呈单点状，带来 10.1 mm 的小时降水量，雷达上该回波强度始终较弱（≤ 30 dBZ），回波顶高 < 4 km，径向速度和 RHI 剖面图上没有明显特征，至 08:20 回波再次减弱东移出坝区，降水又停止。约 90 min 的降水属局地生云产生的降水，昆明雷达探测很弱，这可能正是切变和西南暖湿气流的汇合处，或是回波在坝区偏东北方向或河谷发展，高度较低，因此昆明雷达因地形探测受阻，无法捕捉到短时强降水的回波特征和信息。这种降水临近监测预报难度相当大。

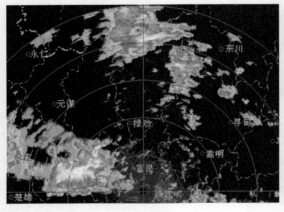 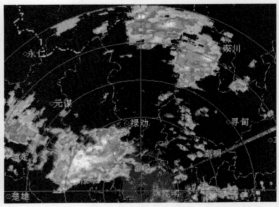

(a) 06:00 CR　　　　　　　　　　　　　　　(b) 06:30 CR

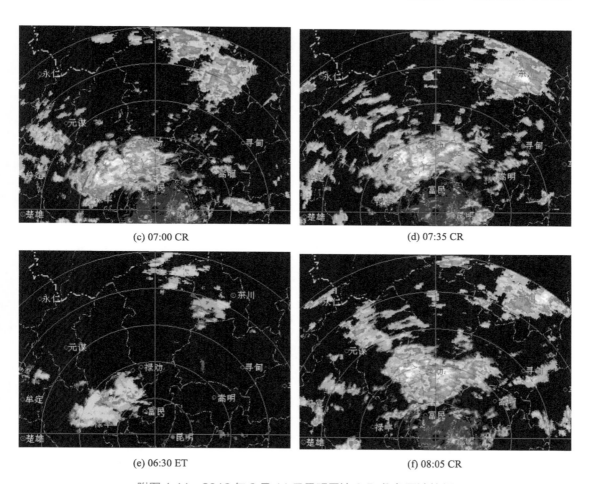

(c) 07:00 CR

(d) 07:35 CR

(e) 06:30 ET

(f) 08:05 CR

附图 1.11　2016 年 6 月 11 日昆明雷达 0.5° 仰角回波特征

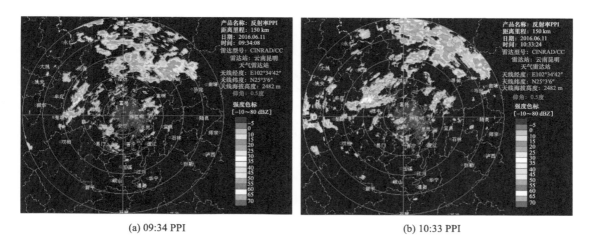

(a) 09:34 PPI

(b) 10:33 PPI

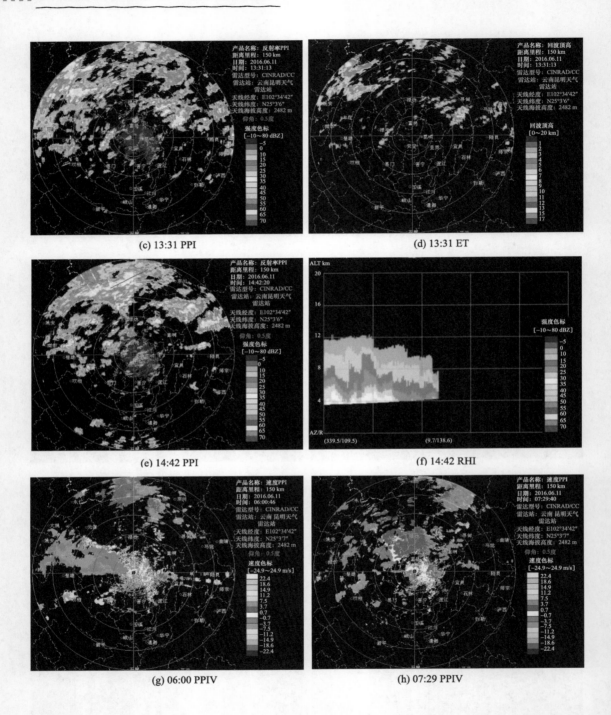

(c) 13:31 PPI

(d) 13:31 ET

(e) 14:42 PPI

(f) 14:42 RHI

(g) 06:00 PPIV

(h) 07:29 PPIV

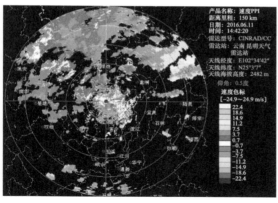
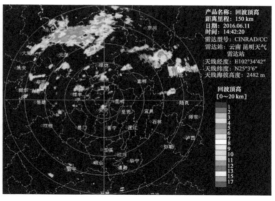

(i) 14:42 PPIV　　　　　　　　　　　(j) 14:42 ET

附图 1.12　2016 年 6 月 11 日昆明雷达 0.5° 仰角回波特征

06：00—07：00 坝区 1 h 降水量 14.1 mm，为本次暴雨的最大雨强。回波移动方向为自西向东，属层状云降水，回波呈片状，回波面积小，期间回波强度 25~35 dBZ，回波顶高 ≤ 5 km，径向速度梯度小。

09：30 在坝区附近又开始有零散的大面积降水回波生成，并不断发展加强。10：00—11：00 坝区再次出现明显降水，期间回波强度始终 ≤ 30 dBZ，无强回波中心，而且回波比较分散，11：00 回波再次东移出坝区。

12：30 坝区附近及西南方向又开始出现分散的降水回波，13：31 在元谋、永仁一带还有对流单体出现，中心强度 35~40 dBZ；坝区附近有分散性降水回波生成，强度 25~30 dBZ。位于元谋、永仁一带回波东移发展并向坝区靠近，前沿回波 14：42 到达坝区。在坝区偏南 30 km 方向有带状对流回波存在，中心强度 38.7 dBZ，移动方向为西南 - 东北向，回波顶高 6.7 km。但从 RHI 剖面图上看，对流发展不旺盛，回波高度达到 9 km，但 30 dBZ 以上回波高度 < 5 km，最强回波 37 dBZ，高度 < 4 km。15：17 回波向东北移动，带状回波移动过程中逐渐减弱，演变为片状回波，回波北部扫过坝区，带来连续 3 h 降水，小时降水量不大。至 18：00 降水结束。

这次降水过程回波性质以层状云降水回波为主，持续时间长，回波分散，有层状云回波影响，也有对流云回波演变和局地回波生成，回波变化较大。降水回波形成范围较大，回波较为凌乱，边缘不规则，强度不强，回波顶高度不高，回波强度 25~35 dBZ，主要移动方向是自西南向东北移动。RHI 剖面图上，回波顶部不高，强度偏弱。径向速度等值线分布稀疏，切向梯度不大。结合天气图分析，原因是 700 hPa 东西向切变横跨坝区，移动较慢，孟加拉湾低槽前的西南气流不断向切变附近输送暖湿水汽，与切变汇合，产生降水。

本次暴雨天气过程有如下特征：

①降水性质为暴雨，持续性降水产生的暴雨，最大小时降水量 14.1 mm。

②环流形势为 500 hPa 东北—西南向大槽，孟加拉湾低槽前西南气流输送暖湿水明显；700 hPa 为横向切变，切变后部有冷平流，切变移动缓慢。

③回波类型以层状云降水回波为主，回波分散，分阶段影响，回波持续时间长，边

缘零散不规则，强度不强，回波强度 25~35 dBZ；回波顶高大部分在 5 km 以下；径向速度等值线分布比较稀疏，切向梯度不大。RHI 上回波单体强度偏弱，持续时间短。

④回波移动方向前半段是自西向东移动，后半段是自西南向东北移动。

个例 3：2016 年 9 月 7 日暴雨天气过程

2016 年 9 月 6 日 20：00 至 7 日 14：00 坝区出现了一次暴雨天气过程。坝区各站降水量（mm）：乌东德站 58.7，大茶铺站 50.8，雷家包站 55.2，左导进站 33.0，前期营地站 55.3，马头上站 53.7，金坪子站 42.6（附图 1.13）。最大小时降水量 10.4 mm（雷家包站）。

这次暴雨过程坝区有 5 个站测得暴雨，2 个站测得大雨。本次过程降水时间长，小时降水量不大，空间分布不均匀，降温幅度大。主要降水时段为 6 日 22：00 至 7 日 12：00。过程降水量最大的前期营地站小时降水量呈三峰形分布，最大 1 h 降水量 9.2 mm，出现在 7 日 03：00—04：00（附图 1.14）。

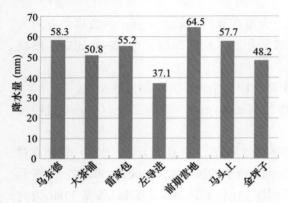

附图 1.13 2016 年 9 月 7 日各站降水量

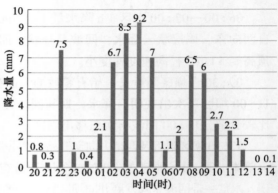

附图 1.14 2016 年 9 月 6 日 20：00 至 7 日 14：00 前期营地站小时降水量

（1）环流形势

2016 年 9 月 6 日 20 时 500 hPa 形势场上看（附图 1.15），孟加拉湾为低压，坝区受副高外围偏西气流影响。700 hPa 有东西向切变横跨坝区，切变北面的东北气流明显，有冷平流输送；切变南侧为偏南风，有暖湿水汽向切变区输送，冷暖气流在坝区附近辐合（附图 1.16）。

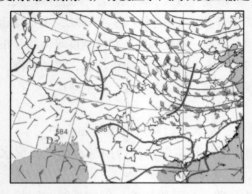

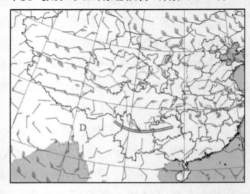

附图 1.15 2016 年 9 月 6 日 20 时 500 hPa 形势场   附图 1.16 2016 年 9 月 6 日 20 时 700 hPa 风场

（2）回波特征

附图 1.17 中可见，2016 年 9 月 6 日 20∶00 坝区西面和西南面有降水回波出现，回波呈分散的块状回波，回波单体面积不大，强度 30~40 dBZ 不等，回波顶高 < 6 km。21∶05 块状回波向东移动，随后合并成片状回波，强度减弱至 35 dBZ 以下。22∶34 回波移过坝区，降水量 8.5 mm，为本次暴雨天气的第一时间段降水（6 日 20∶00—23∶00）。

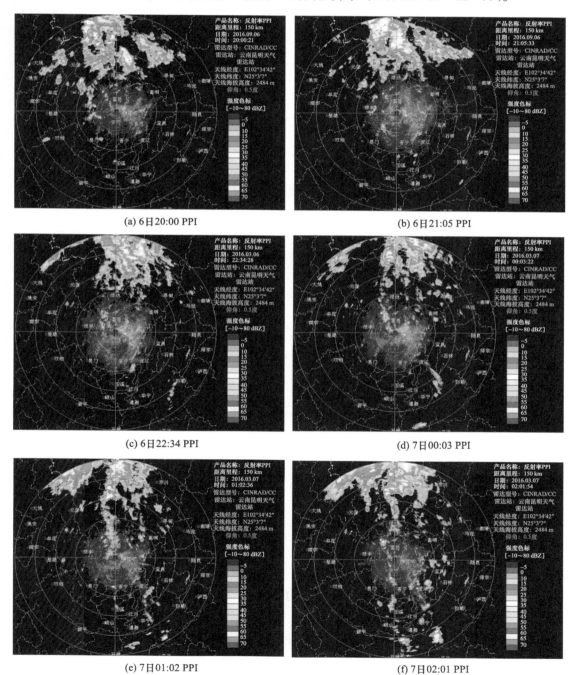

(a) 6 日 20∶00 PPI

(b) 6 日 21∶05 PPI

(c) 6 日 22∶34 PPI

(d) 7 日 00∶03 PPI

(e) 7 日 01∶02 PPI

(f) 7 日 02∶01 PPI

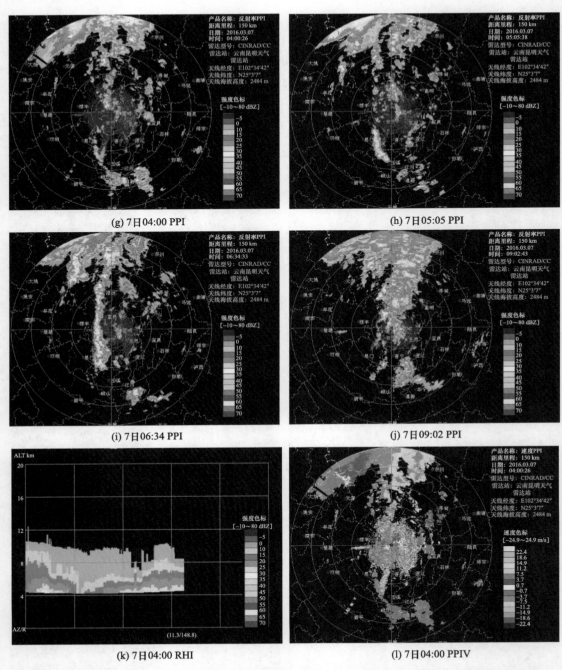

(g) 7日04:00 PPI

(h) 7日05:05 PPI

(i) 7日06:34 PPI

(j) 7日09:02 PPI

(k) 7日04:00 RHI

(l) 7日04:00 PPIV

附图1.17　2016年9月6日20:00至7日12:00昆明雷达0.5°仰角回波特征

　　7日00:04 PPI图上，云龙水库附近有降水回波生成（红色圈所示），中心强度31 dBZ。随后该回波块边发展边向北移动，翻过皎平渡山脉于00:40到达坝区，02:01该回波块主体后沿移到河谷，这期间持续时间2 h，回波强度始终在30~35 dBZ，回波顶高＜6 km，坝区出现连续性降水。该回波主体过坝区后并没有完全继续北移，而是在河谷又开始发展，形成持续性降水，因为 700 hPa 切变线位置正好位于坝区附近，此时，坝区西面又有降水回波出现，并快速向东移动，与河谷滞留回波形成一体。回波强度相对较均匀，无强回波中心，结构也比较分散，边缘不规则。回波顶高均 < 6 km，径向速度线梯度较小。04：00 坝区附近回波强度 30 dBZ 左右，无强回波中心，回波顶高 < 5 km。从 RHI 剖面图上也可看出，回波顶部较为平坦，强度弱、高度低，无强回波中心。05：05 可看出，第二时间段降水回波移出坝区。

05：05 坝区西面 25 km 外又有大面积降水回波生成，并正在向坝区移动，06：34 回波前沿到达坝区，开启第三时间段降水。回波强度 25~30 dBZ，回波呈片状，无强回波中心，平均径向速度 3~5 m/s。09：00 坝区附近回波强度减弱为 25~30 dBZ，回波顶高 < 4 km，主要降水结束。09：00—12：00 受后续弱回波影响，断断续续下小雨，12：00 降水过程全部结束。

从回波连续变化来看，这次暴雨天气过程的回波性质属层状云降水回波为主，整个降水过程分为 3 个时间段（6 日 20：00—23：00、00：40—05：00、06：34—12：00），降水回波持续时间长，回波分散，边缘不规则，强度不强，回波强度 25~35 dBZ，无强回波中心，回波顶高度不高，低于 6 km。移动速度较慢，平均径向速度 3~5 m/s。主要移动方向是自西向东移动，00：40—02：01 在云龙水库附近局地生成的回波是自南向北移动的。RHI 剖面图上，回波顶部不高，强度偏弱。径向速度等值线分布比较稀疏，切向梯度不大，无明显特征。

本次暴雨天气过程有如下特征：

①降水性质为暴雨，持续性降水雨产生的暴雨，最大小时降水量 10.4 mm。

②环流形势为 500 hPa 受副高外围西南暖湿气流影响，700 hPa 为横向切变（切变后部有冷平流，前部为南风，切变移动缓慢），地面为弱冷空气。

③回波类型以层状云降水回波为主，回波分散，分阶段影响，回波持续时间长，边缘零散不规则，强度不强，回波强度 25~35 dBZ，无强回波中心。回波顶高大部分均低于 5 km。RHI 上无强回波，回波顶部平坦。径向速度等值线分布比较稀疏，切向梯度小，平均径向速度 3~5 m/s。

④回波移动方向为自西向东移动（中间有一块回波是自南向北移动）。

个例 4：2017 年 7 月 3 日暴雨天气过程分析

2017 年 7 月 2 日 17：00 至 3 日 11：00 坝区出现了一次暴雨天气过程。坝区各站降水量（mm）：乌东德站 53.2，大茶铺站 47.7，雷家包站 53.6，左导进站 57.2，前期营地站 67.2，马头上站 47.6，金坪子站 62.6（附图 1.18）。最大小时降水量 14.2 mm（前期营地站，附图 1.19）。

这次暴雨过程坝区有 4 个站测得暴雨，3 个站测得大雨。降水持续时间长，共 17 个小时，小时降水量小，属系统性降水。

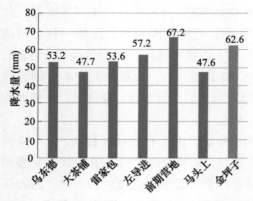

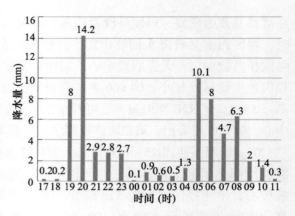

附图 1.18　2017 年 7 月 2—3 日各站降水量

附图 1.19　2017 年 7 月 2—3 日
前期营地站逐小时降水量

（1）环流形势

2017 年 7 月 2 日 20 时 500 hPa 受四川盆地南部西南涡和孟加拉湾低压向北输送暖湿水汽共同影响（附图 1.20），700 hPa 风场为横向切变，孟加拉湾水汽输送条件好（附图 1.21）。垂直速度和涡度场上低层辐合高层辐散作用明显。

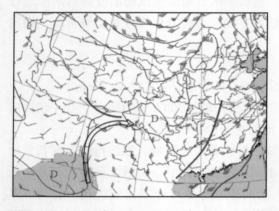

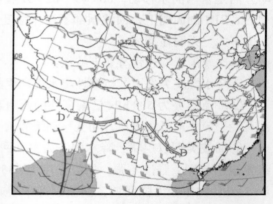

附图 1.20　2017 年 7 月 2 日 20 时 500 hPa 形势场　　附图 1.21　2017 年 7 月 2 日 20 时 700 hPa 风场

（2）回波特征

第一阶段降水：7 月 2 日 17：30—23：00，连续性降水。

附图 1.22 可见，2017 年 7 月 2 日 17：29 坝区及其西面、南面均有降水回波出现，回波强度不强、比较分散，无强回波中心，坝区开始出现下雨。回波生成区域主要在攀枝花到楚雄北部、西南涡南部西北气流带上，降水回波生成、发展，并向偏东方向移动。18：35 回波面积增大，边缘不规则，回波中无明显的对流单体存在，中心强度

35~40 dBZ，回波顶高 4~5 km。

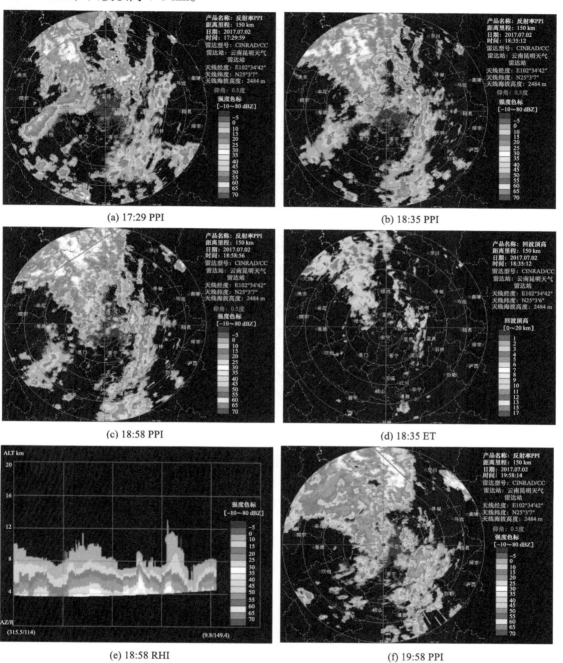

(a) 17:29 PPI

(b) 18:35 PPI

(c) 18:58 PPI

(d) 18:35 ET

(e) 18:58 RHI

(f) 19:58 PPI

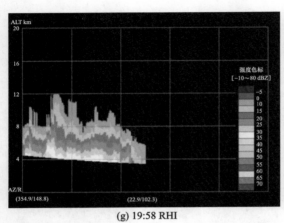

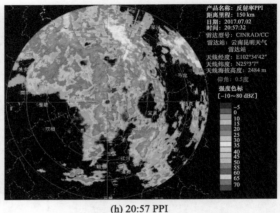

(g) 19:58 RHI

(h) 20:57 PPI

附图 1.22　2017 年 7 月 2 日昆明雷达 0.5° 仰角的雷达回波分布图

18:58 回波继续向偏东方向移动，最强回波值 36.7 dBZ，回波顶高最大值 5.7 km，无强回波中心，主要降水回波朝着坝区方向移动，RHI 图回波顶部虽然有起伏，但 30 dBZ 以上回波高度均 < 6 km。至 19:58，回波面积较大，但仍然比较分散，呈絮状，无强回波中心。坝区南侧的一块回波为最强，回波中心值 38.1 dBZ，回波顶高 6.7 km，其他回波强度均 < 35 dBZ，RHI 图上回波顶部相对较平坦，对流发展弱，最强回波中心值 38.5 dBZ，高度 4.5 km。

第二阶段降水：7 月 3 日 04:00—10:00，连续性降水。

附图 1.23 中可见，7 月 3 日 03:58 回波面积大、强度弱，属层状云降水，最强回波位于永仁县境内，中心强度 35 dBZ，坝区附近回波强度 25~30 dBZ，连续性小雨。04:57 雷达回波图上，回波面积继续扩大，回波主体向南移动，回波移动方向是向东偏南方向移动，回波强度弱，无强回波中心，最强回波 37 dBZ，位于元谋县附近，回波顶高均 < 5 km，属层状云降水，坝区为连续性小雨。一直到 10:00 主要降水结束，期间降水回波呈网状、不规则，呈间歇性东移影响坝区，小雨时降时停，小时降水量不大，持续时间长。

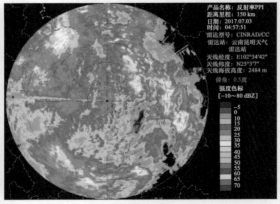

(a) 03:58 PPI

(b) 04:57 PPI

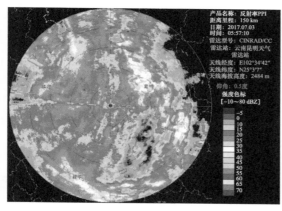 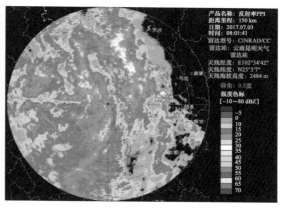

(c) 05:57 PPI　　　　　　　　　　　　(d) 08:01 PPI

附图 1.23　2017 年 7 月 3 日昆明雷达 0.5° 仰角 03：58—10：00 回波分布图

7 月 3 日 08 时 500 hPa 至 700 hPa 高空填图上，500 hPa 槽线即将过坝区，而 700 hPa 上切变已过坝区，影响系统移动较缓慢，带来坝区持续性降水，10 h 累积降水量达到暴雨级别。

这次暴雨天气过程的回波性质属层状云降水回波为主，属典型的持续性降水累计形成的暴雨。整个降水过程中，回波面积大、不规则，强度不强，无强回波中心。降水分为 2 个时间段（7 月 2 日 17：30—23：00 和 7 月 3 日 04：00—10：00），小时降水量不大，持续时间长，回波移动慢。

本次暴雨天气过程有如下特征：

①降水性质为连续性降水累积形成的暴雨，最大 1 h 降水量 14.2 mm，降水持续时间 10 h。

②环流形势为 500 hPa 高原槽和弱西南涡，孟加拉湾低压（向云南西北部输送暖湿水汽，与西南涡相遇），涡后有冷平流；700 hPa 为切变，切变后部有东北气流输送冷平流，地面为弱冷空气。

③物理量两场：有负垂直速度中心，500 hPa 垂直速度值为 –20 m/s，700 hPa 垂直速度值为 –15 m/s，辐合上升作用明显；500 hPa 和 700 hPa 相对湿度在 90% 以上，低层比湿大于高层比湿；坝区处于正涡度中心，700 hPa 中心涡度值 25 s^{-1}，700 hPa 涡度 > 500 hPa 涡度。

④回波类型为层状云降水回波。回波面积大、边缘不规则，强度弱（最强回波 < 40 dBZ）、回波顶高度较低，无强回波中心，小时降水量小、降水持续时间长。

⑤回波移动方向为自西北向东南，移动缓慢。

个例 5：2017 年 7 月 7 日暴雨天气过程分析

2017 年 7 月 6 日 23：30 至 7 日 11：00 坝区出现了一次暴雨天气过程。坝区各站降水量（mm）：乌东德站 92.0，大茶铺站 71.6，雷家包站 65.2，左导进站 95.1，前期营地站 82.3，马头上站 86.4，金坪子站 64.8（附图 1.24）。

这次暴雨过程坝区有 7 个站均为暴雨，突发性强，属短时强降水和持续性降水造成的暴雨。这次暴雨降水持续时间长达 11 个小时，小时降水量大，最大小时降水量达 42.0 mm（乌东德站，附图 1.25）。

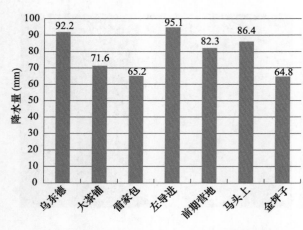

附图 1.24　2017 年 7 月 7 日坝区各站降水量　　附图 1.25　2017 年 7 月 7 日
乌东德站逐小时降水量

（1）环流形势分析

2017 年 7 月 6 日 20 时 500 hPa 受西南涡和高空槽影响，北方大槽南伸到四川盆地，给西南涡不断输送冷平流（附图 1.26）。700 hPa 西南涡和北方大槽的配置类似于 500 hPa，北方大槽南段在四川盆地东南部更加倾斜为横向切变，使低涡具有足够的动力条件、水汽条件和冷暖空气辐合作用，为低涡东南侧产生强对流天气提供了足够条件。另外，物理量场上坝区附近有较强的负垂直速度中心和涡度中心，说明动力条件充分（附图 1.27）。

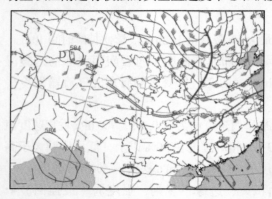
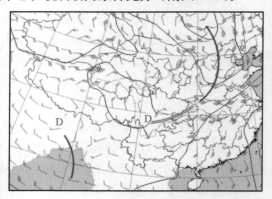

附图 1.26　2017 年 7 月 6 日 20 时 500 hPa 形势场　附图 1.27　2017 年 7 月 6 日 20 时 700 hPa 形势场

（2）回波特征

这次暴雨天气过程分 2 个阶段。

第一阶段（6 日 23：31 至 7 日 01：00）：超级回波单体影响造成的短时强降水。

2017 年 7 月 6 日 23：01 雷达回波图上，在坝区西侧 30 km 附近川滇交界四川一侧有对流单体出现，回波中心强度 41.5 dBZ。23：31 对流回波单体快速发展并向坝区移动，回波成块状，35 dBZ 以上回波面积约 100 km²，回波中心强度值 44.3 dBZ，回波顶高达到 12 km，已发展成超强单体，径向速度约 5 m/s，回波前沿已抵达坝区，电场仪曲线幅度加大，高海拔山上可见浓积云快速发展，坝区开始下雨。RHI 回波剖面图上，底部回波强度最大值 44.1 dBZ，离地 4.5 km，30 dBZ 回波值高度达到 8.5 km（附图 1.28）。

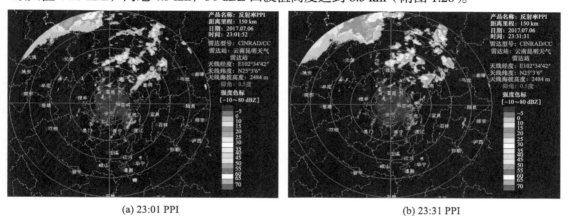

(a) 23:01 PPI　　　　　　　　　　　　　　　(b) 23:31 PPI

附图 1.28　2017 年 7 月 6 日 23：00 至 7 日 00：00 昆明雷达 0.5° 仰角回波特征

附图 1.29 可见，7 日 00：01 回波图上，降水回波自西向东正对坝区而来，其快速发展加强，回波中心值达到 50.1 dBZ，35 dBZ 以上回波面积扩大到 200 km²，对流单体发展旺盛，回波顶高 12 km（附图 1.30）。径向速度图（附图 1.31）上在强回波附近还存在逆风区，说明辐合上升运动强烈。RHI 剖面图（附图 1.32）上，强回波中心值 51.4 dBZ，高度 4.4 km，回波顶部凸起，30 dBZ 回波值最高发展到 8.8 km。属中尺度系统降水。

00：30 回波图上，超级回波单体开始减弱，强回波中心已移动到坝区东边，坝区西边回波顶高还有 11 km，坝区东边回波顶高下降明显，虽然回波中心强度值为 49 dBZ，但回波顶高已降到 9 km 以下，说明回波移过坝区时产生强降水，回波强度开始减弱。RHI 回波剖面上，回波中心值 49 dBZ，高度 4.5 km，30 dBZ 回波值的回波最高 9 km。

01：00 回波图上，超级回波单体已瓦解分散，降水回波主体已减弱移出坝区，超级对流单体带来的短时强降水天气结束。

00：00—01：00 坝区附近回波特征：最强回波 50.4 dBZ，回波顶高 12.4 km，30 dBZ 以上回波面积约 300 km²；RHI 回波呈柱状、顶部凸起，30 dBZ 以上回波达到 12 km，小时降水量 42 mm。

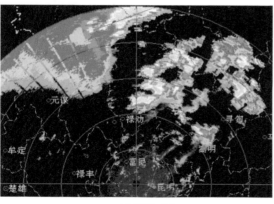　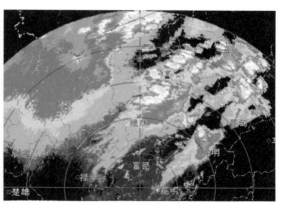

(a) 00:01 CR　　　　　　　　　　　　　　　(b) 00:13 CR

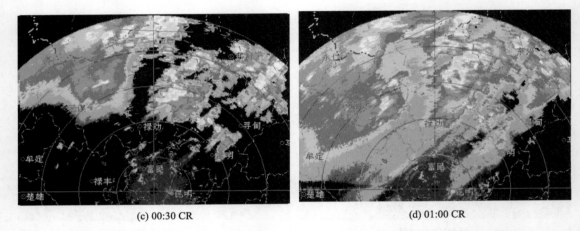

(c) 00:30 CR　　　　　　　　　　　(d) 01:00 CR

附图 1.29　2017 年 7 月 7 日 00：00—01：00 昆明雷达 0.5° 仰角回波反射率因子

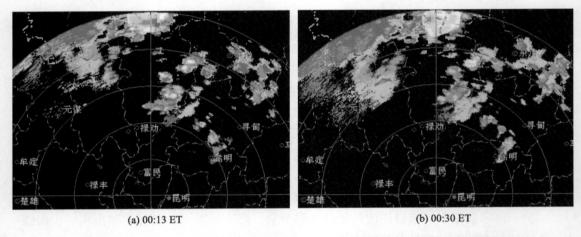

(a) 00:13 ET　　　　　　　　　　　(b) 00:30 ET

附图 1.30　2017 年 7 月 7 日 00：00—01：00 昆明雷达 0.5° 仰角回波顶高图

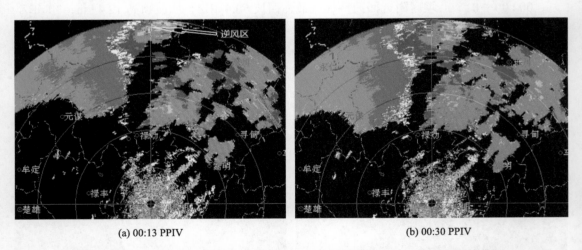

(a) 00:13 PPIV　　　　　　　　　　(b) 00:30 PPIV

附图 1.31　2017 年 7 月 7 日 00：00—01：00 昆明雷达 0.5° 仰角径向速度图

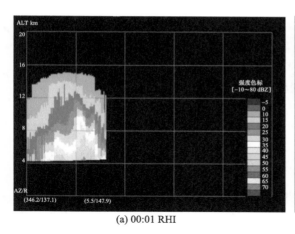
(a) 00:01 RHI

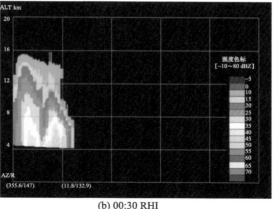
(b) 00:30 RHI

附图 1.32　2017 年 7 月 7 日 00：00—01：00 昆明雷达 0.5° 仰角回波剖面图

6 日 23：30 至 7 日 01：00，超级对流单体影响坝区 1 h 30 min，此阶段乌东德站降水量 53.7 mm，小时降水量 42 mm，并伴有强雷暴和 8 级大风。回波呈块状，回波最大面积约 200 km²，属中尺度云团，回波中心强度 50.1 dBZ，回波顶高达到 12 km。RHI 剖面图上回波呈柱状，回波顶部凸起，强回波中心值达 51.4 dBZ，30 dBZ 回波值最高发展到约 9 km。回波移动速度约 20 km/h，移动方向为自西向东，超级对流单体生消时间持续不足 1 h。从 6 日 20 时高空填图上也可看出，500 hPa 和 700 hPa 的北方大槽向位于坝区附近槽末端切变中输送冷平流，切变辐合上升产生强对流，出现了对流云团的快速发展，产生了这次短时强降水型暴雨天气。

第二阶段（7 日 01：01—10：00），持续性降水。

7 日 01：01—10：00 产生的降水属于系统性降水，小时降水量不大，但降水持续时间长，以层状云回波降水为主。附图 1.33 可见，7 日 01：41 超级回波单体已完全减弱东移，最强回波移到坝区东南方向 10 km 附近，最强回波值 40 dBZ；在坝区西面、西南面有大面积降水回波出现，陆续影响坝区，回波呈片状，最强回波 38.7 dBZ，回波顶高 6 km 以下，RHI 回波剖面图上，顶部较平，坝区降水以小雨为主。04：28 坝区西边出现 35~40 dBZ 回波，回波顶高 < 8 km。RHI 回波剖面图上，30 dBZ 以上回波高度 < 6 km。07：02 以后，主要降水回波结束。第二阶段降水回波主要以层状云降水回波为主，回波移动方向是自北向南移动，回波强度偏弱，持续时间长，属系统性降水。

本次暴雨天气过程有如下特征：

①降水性质为短时强降水、连续性降水形成的暴雨，最大 1 h 降水量 42 mm，降水持续时间 11 h。这次暴雨天气过程雷达回波分 2 个阶段：第一阶段（6 日 23：31 至 7 日 01：00）为超级回波单体影响造成的短时强降水；第二阶段（7 日 01：01—10：00）为持续性降水。

②环流形势为 500 hPa 西南涡和高空槽叠加，北方大槽和川西高原槽向西南涡输送冷平流，西南涡占主体；700 hPa 为西南涡与横向切变叠加，切变后部有东北气流输送冷平流。

③回波类型：第一阶段降水回波主要为对流云降水回波，回波呈块状，超级单体回波中心强度 50.1 dBZ，回波面积小（约 200 km²），回波顶高达到 12 km，径向速度图上

有逆风区存在，RHI 图上强回波呈柱状，最强回波达 51 dBZ；第二阶段降水回波主要为层状云降水回波，回波面积大，边缘不规则，强度弱，回波顶高度较低，无强回波中心，小时降水量小、降水持续时间长。

④回波移动方向：第一阶段降水回波的移动方向为自西向东移动，移动缓慢。第二阶段降水回波的移动方向为自北向南移动。

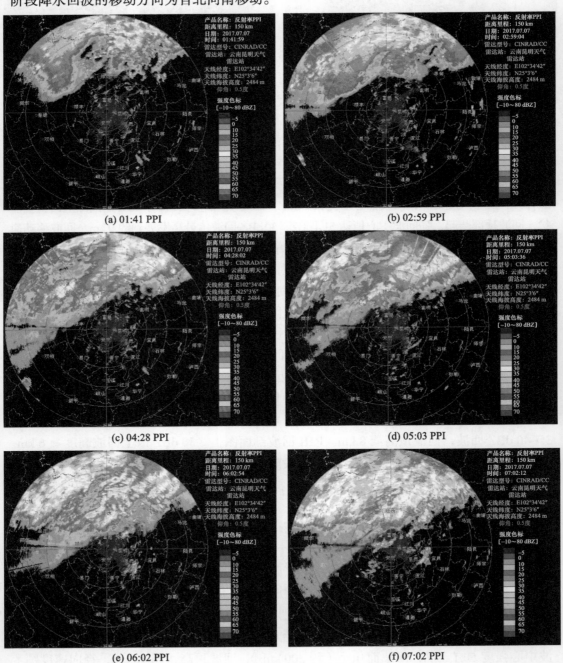

(a) 01:41 PPI

(b) 02:59 PPI

(c) 04:28 PPI

(d) 05:03 PPI

(e) 06:02 PPI

(f) 07:02 PPI

附图 1.33　2017 年 7 月 7 日 01∶00—07∶00 昆明雷达 0.5° 仰角回波特征

个例 6：2019 年 7 月 23 日暴雨天气过程分析

2019 年 7 月 22 日 19：45 至 23 日 09：00 坝区出现了暴雨天气，坝区各站降水量（mm）：乌东德站 32.2，大茶铺站 36.4，雷家包站 59.0，左导进站 37.0，马头上站 29.1，前期营地站 31.1，金坪子站 19.0（附图 1.34）。最大 1 h 降水量 12.6 mm（雷家包站），发生于 22 日 20：00—21：00（附图 1.35）。

降水特点：

①各站降水分布不均匀，1 个站测得暴雨，5 个站测得大雨，1 个站测得中雨；

②左岸大于右岸，主要集中在雷家包站；

③持续时间较长，小时降水量不大，降水持续而且较均匀，属系统性降水形成的暴雨。

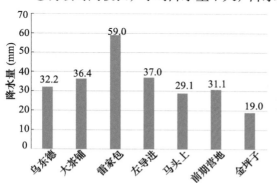

附图 1.34　2019 年 7 月 23 日坝区各站降水量

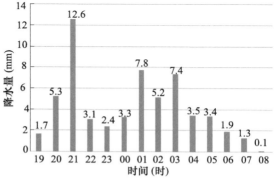

附图 1.35　2019 年 7 月 22—23 日雷家包站逐小时降水量

（1）高空环流形势

22 日 20 时 500 hPa 四川盆地南部有高空槽存在（附图 1.36），700 hPa 为西南涡东移南下到达坝区，滇东北到曲靖北部为切变，切变后冷平流输送到低涡中（附图 1.37）。

（2）雷达回波特征分析

附图 1.38 可见，2019 年 7 月 22 日 19：01 回波图上，坝区附近出现星星点点的对流云回波单体，西北方向 10~15 km 处有 2 个回波单体，回波面积很小，中心强度达到 49 dBZ 和 42 dBZ；西南方向 30 km 处回波单体中心强度为 41 dBZ，坝区东边山上的回波单体强度 35.6 dBZ。

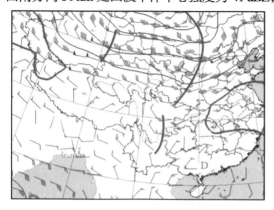

附图 1.36　2019 年 7 月 22 日 20 时 500 hPa

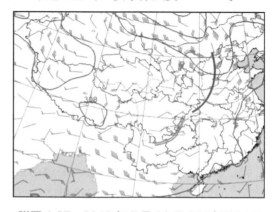

附图 1.37　2019 年 7 月 22 日 20 时 700 hPa

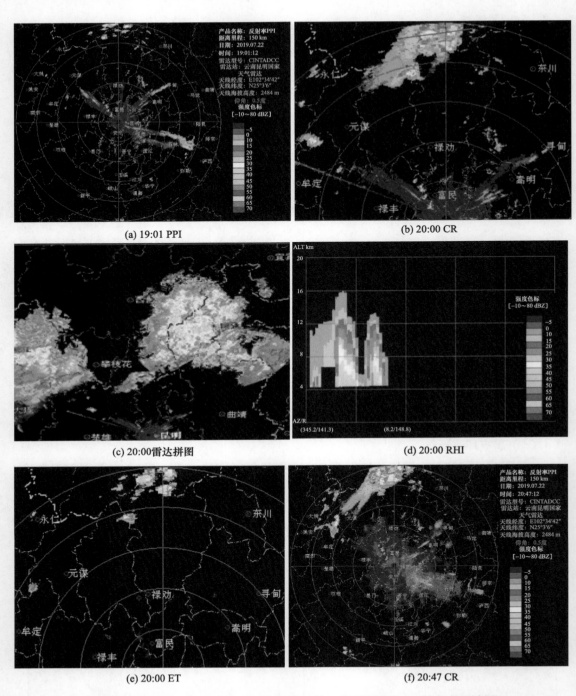

(a) 19:01 PPI

(b) 20:00 CR

(c) 20:00雷达拼图

(d) 20:00 RHI

(e) 20:00 ET

(f) 20:47 CR

附图 1.38　2019 年 7 月 22 日 19：00—20：47 昆明雷达 0.5°仰角回波图

　　20：00 回波图上，坝区附近的对流回波单体继续发展，坝区西边的回波单体中心强度 42.7 dBZ、回波顶高 10 km，东边的回波单体中心强度 40.1 dBZ、回波顶高 9.8 km，东南边的回波单体中心强度 42.8 dBZ、回波顶高 9.2 km，＞30 dBZ 回波面积约 130 km²，

> 20 dBZ 回波面积约 300 km²。20：00 雷达拼图上，昭通地区有大面积降水回波，回波强度大，滇西北也有大面积降水回波存在，其回波强度比昭通地区弱。坝区出现的对流性降水回波是昭通回波在西南方向的延伸部分。这与 700 hPa 填图的切变位置相对应。RHI 图上，回波呈柱状，顶部凸起，中心强度 42.9 dBZ，20 dBZ 以上回波高度达到 11 km。19：45 坝区开始降水。

20：47 回波图上，仍以对流云降水回波为主，降水回波向西南发展、面积扩大，> 30 dBZ 回波面积约 190 km²，> 20 dBZ 回波面积约 530 km²，坝区附近回波中心强度 37.3 dBZ，主要降水回波移到坝区南面和西南面。受此阶段对流云降水回波影响，22 日 19：45—20：45 的 1 h 最大降水量为 17.6 mm（雷家包站），达到短时强降水标准。

由附图 1.39 可知，21：00 坝区附近对流云降水回波逐渐减弱为以层状云降水回波为主，回波面积继续扩大。22：03 楚雄北部的降水回波开始出现，并向东北方向移动，与坝区附件回波逐渐相汇，而且两个降水回波的边缘均有不同强度的对流单体回波存在。

23：02 的组合反射率因子回波图上，东边的昭通降水回波主体向东南方向移动，西南端回波继续向西南方向延伸，而西南边的楚雄降水回波主体向东偏北方向移动，东、西两片回波前沿在坝区西南方向 50~60 km 处相汇，接合部有多个分散状对流单体存在，中心强度 35~40 dBZ。23 日 00：01 回波图上，接合部出现了一个强对流回波单体，中心强度 49.5 dBZ，回波顶高 10.7 km。在 RHI 回波剖面上，回波顶部起伏大，但强对流回波单体垂直发展不突出，最强回波值 47.8 dBZ，高度 4.3 km。强回波单体的平均径向速度约 5.5 m/s，向偏北方向移动。坝区还是受东北方向来的回波影响，强度偏弱（20~35 dBZ），属层状云降水回波。

00：01 回波图上，东、西两片降水回波面积都在扩大，以层状云降水回波为主，中间有分散性对流单体存在，接合部的强回波单体减弱较快，坝区南侧 10 km 山上有较强回波出现，中心强度值 41 dBZ，回波顶高 7.7 km，移动方向是自东向西，从坝区南侧擦过，坝区连续小雨。

23 日 02：05 昆明雷达回波和雷达回波拼图上，坝区东北面的昭通降水回波主体已经东移到滇黔边界附近，滇西方向还在源源不断有降水回波移上来，坝区继续下雨。03：00 以后，昭通方向来的降水回波对坝区的影响逐渐减弱，转为以滇西方向上来的降水回波影响为主，坝区降水量也开始减弱，滇西方向来的回波强度要弱于滇东方向来的回波。05：00 以后滇西方向来的回波也开始减弱，而且移动方向也由西南—东北向变为自西向东，对坝区影响再减弱，至 23 日 07：00 坝区降水完全结束。

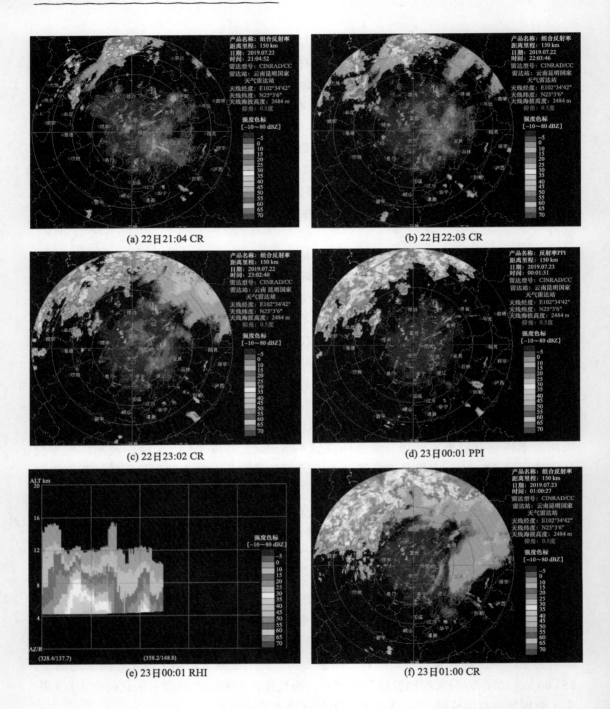

(a) 22日21:04 CR

(b) 22日22:03 CR

(c) 22日23:02 CR

(d) 23日00:01 PPI

(e) 23日00:01 RHI

(f) 23日01:00 CR

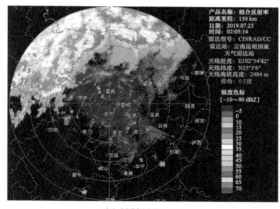
(g) 23日02:05 CR

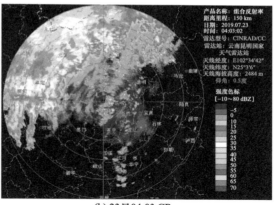
(h) 23日04:03 CR

附图 1.39 2019 年 7 月 22 日 21：00 至 23 日 06：00 昆明雷达 0.5° 仰角回波图

从这次暴雨天气过程的雷达回波连续变化来看，降水回波来自 2 个方向：一是东北方向的昭通地区降水回波向西南方向发展延伸影响坝区；二是从滇西方向的自西南向东北移动的降水回波。两片回波在云南元谋县和武定县北部汇合，先后对坝区带来影响，造成坝区持续性降水形成暴雨。坝区回波先期呈星点状、块状（对流云降水回波），后期呈片状（层状云降水回波）；东北方向移来的回波强度大于西南方向移过来的回波，东北方向移来的以对流云降水回波为主，中心强度最大值 49 dBZ，回波顶高 10 km；西南边移来的回波到达坝区时以层状云降水回波为主，回波强度 30~40 dBZ，回波顶高 6 km。

本次暴雨天气过程有如下特征：

①降水性质属连续性降水累积形成的系统性暴雨，最大小时降水量 17.6 mm，降水持续时间长，空间分布不均匀（1 个站测得暴雨，5 个站测得大雨，1 个站测得中雨），左岸大于右岸。

②这次暴雨形成的环流形势为 500 hPa 为北方大槽东移时其南端分裂出的川滇高空槽、位于四川南部的西南涡及其底部的南北向高空槽共同影响，700 hPa 为川滇斜槽切变和西南涡。

③回波类型属对流云降水回波和层状云降水回波都有的混合型回波。回波先期呈星点状、块状，对流单体发展时面积小、中心强度大，强回波中心值 49 dBZ，回波顶高 10 km；后期呈片状、幕状，边缘不规则，回波面积大，回波中心强度 30~40 dBZ，回波顶高 7 km。

④降水回波来自 2 个方向：一是东北方向的昭通地区降水回波向西南方向发展延伸影响坝区，二是从滇西方向的自西南向东北移动的降水回波。两片回波在云南元谋县和武定县北部汇合，先后对坝区带来影响，造成坝区持续性降水形成暴雨。东北方向移来的回波以对流云降水回波为主，面积小、强度大；西南方移来的回波以层状云降水为主，面积大、强度偏弱。

个例 7：2019 年 8 月 7 日暴雨天气过程分析

2018 年 8 月 7 日 06—11 时坝区出现了暴雨天气，坝区各站降水量（mm）：乌东德 51.2、大茶铺 36.9、雷家包 32.7、左导进 49.3、前期营地 79.7、马头上 51.7、金坪子 15.5（附图 1.40）。最大 1 h 降水量 52.3（前期营地站），出现时间为 7 日 06：00—07：00（附图 1.41）。

这次暴雨天气过程，突发性强，小时降水量大，持续时间短，空间分布不均匀，主要降水时段为 06：00—08：00，降水持续 5 h，属突发性强降水。

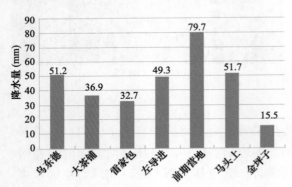

附图 1.40　2019 年 8 月 7 日坝区各站降水量　　附图 1.41　2019 年 8 月 7 日前期营地站逐小时降水量

（1）环流形势

2019 年 8 月 6 日 20 时 500 hPa 图（附图 1.42）上，北方大槽向南延伸到四川盆地东南部，槽后有 8~10 m/s 的东北风，向四川盆地中东部输送冷平流；川西高原上有倒槽，倒槽中有冷平流输送，孟加拉湾和南海存在双热低压，孟加拉湾热低压将暖湿水汽向滇西北输送，与倒槽中的冷平流在滇西北相遇。700 hPa 四川盆地东部有东北—西南向切变存在，中南半岛有暖湿气流顺着南风向坝区附近输送（附图 1.43）。

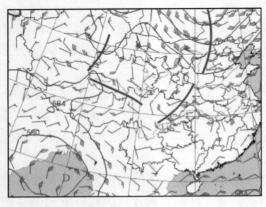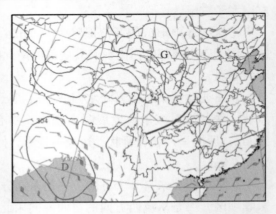

附图 1.42　2019 年 8 月 6 日 20 时 500 hPa 形势场　　附图 1.43　2019 年 8 月 6 日 20 时 700 hPa 形势场

（2）雷达回波特征分析

由附图 1.44 可知，2019 年 8 月 7 日 03：04，坝区东面 10 km 外的四川境内新马乡山上出现了对流云降水回波，中心强度 40.5 dBZ，回波顶高 6.6 km，曲靖北部和楚雄北部也有分散性降水回波出现。04：03，坝区东西两面回波开始发展，并缓慢向坝区靠近，在坝区附近聚合叠加，此后回波得到快速发展加强。05：02，坝区东边、东川北部回波再次加强，出现半弧形带状回波，回波中心强度 43.5 dBZ，回波顶高 9.2 km。05：37，坝区东北方向 5 km 处有强回波发展加强，中心强度 42.6 dBZ，回波顶高 10.2 km，回波呈块状，边缘整齐，回波面积约 200 km²，坝区可见积雨云中的明显闪电。RHI 回波剖面图上，回波垂直发展旺盛，回波顶部凸起，最强回波 41 dBZ，高度 4.5 km，25 dBZ 以上回波高度达到 10 km，在该块回波的东边，还有对流回波靠近。东边来的回波明显强于西边的回波。05：50 坝区开始出现雷雨天气。

06：00，坝区东北方向的强对流降水回波快速移到坝区，跨过金沙江进入云南境内，在坝区右岸爬山抬升，云团继续加强。至 06：30，回波中心值增强到 51 dBZ，回波顶高达到 12.5 km，30 dBZ 以上回波面积达到 350 km²，强回波覆盖整个坝区，强回波中心刚好在坝区的前期营地站附近。RHI 回波剖面图上，回波垂直发展旺盛，呈柱状，顶部凸起，最强回波值 51.0 dBZ，所在高度 4.3 km，45 dBZ 高度到达 6 km，25 dBZ 达到 9.5 km，20 dBZ 达到 13.5 km。

07：00，回波继续向西南方向移动，此时，坝区左岸降水减弱，右岸继续强降水。06：00—07：00 前期营地站 1 h 降水量 52.3 mm。07：29 CR 回波图上，主要降水回波减弱，坝区强降水减弱。

08：00，对流云降水回波已移到坝区西南方向 15 km 以外，而且强度减弱，坝区以层状云降水回波为主，回波强度 < 30 dBZ，整个回波呈西北—东南向，边界清楚。09：04，整个回波带继续缓慢向西南方向移动，坝区附近仍以层状云降水回波为主，回波略有增强，回波减弱到 32 dBZ 以下，回波顶高 < 4 km，降水减小。

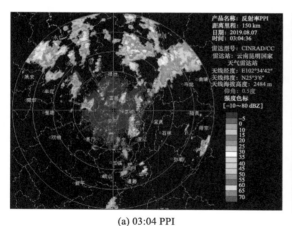

(a) 03:04 PPI　　　　　　　　　　　　　(b) 05:37 CR

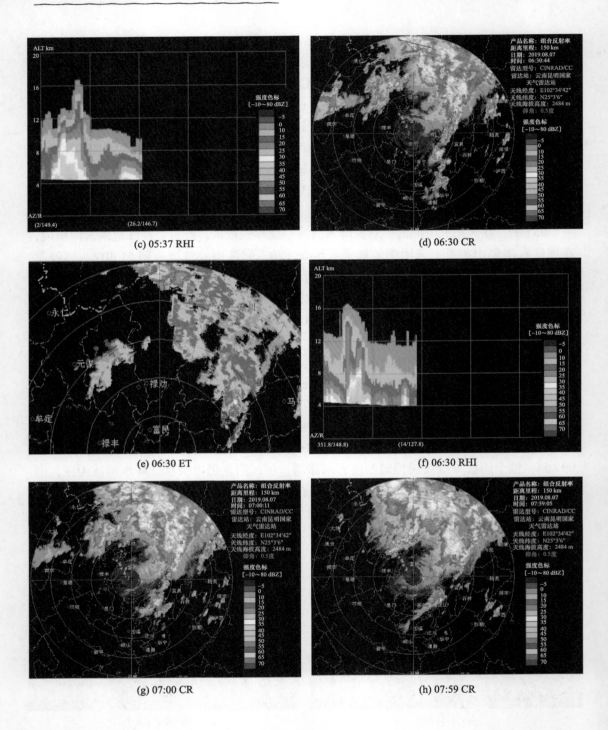

(c) 05:37 RHI

(d) 06:30 CR

(e) 06:30 ET

(f) 06:30 RHI

(g) 07:00 CR

(h) 07:59 CR

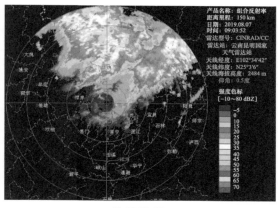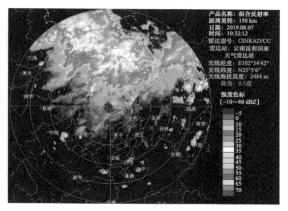

(i) 09:03 CR　　　　　　　　　　　　　　(j) 10:32 CR

附图 1.44　2019 年 8 月 7 日昆明雷达 0.5° 仰角回波特征分布

　　坝区附近的对流云降水回波的回波顶高度变化反映了对流云团的垂直发展情况，06:01，坝区东北方向和偏西北方向均有强回波存在，偏西北方向的回波顶高最大值 10.6 km，东北方向的回波顶高最大值 8.6 km。06:31，回波向坝区移动并发展加强，回波顶高最大值增加到 12.5 km，达到本次过程回波顶高极大值。07:00 回波开始减弱，回波顶高 10.0 km，07:29 回波顶高 9.8 km。从 06:00 至 07:29 回波顶高度变化得知，强对流云团在坝区左岸高海拔山上发展，然后向南移动，跨过金沙江河谷，到达坝区右岸，遇山爬升，云团再次发展加强，形成短时强降水。到达右岸高海拔山上时因降水能量得以释放，云团减弱，高度降低（附图 1.45）。

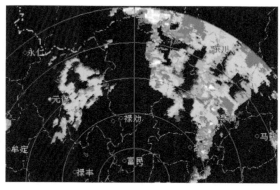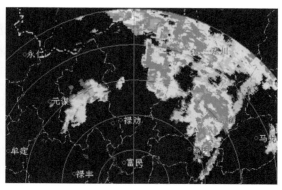

(a) 06:01 ET　　　　　　　　　　　　　　(b) 06:31 ET

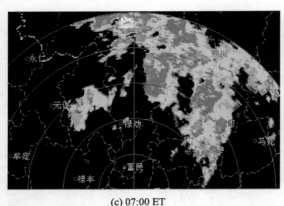

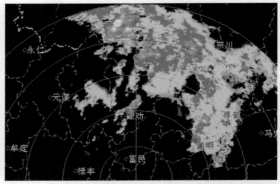

(c) 07:00 ET

(d) 07:29 ET

附图 1.45　2019 年 8 月 7 日昆明雷达 0.5° 仰角回波顶高度变化

从 8 月 7 日 03 时 FY-4 红外卫星云图上看（附图 1.46），曲靖北部、昭通南部有对流云团出现，边缘清晰整齐，云层紧密，而且是局地生成的，云团边缘已覆盖到坝区。同时，川西高原、滇西北有分散性云层出现。06 时，曲靖北部对流云团缓慢向西偏南方向移动，最强云层刚好到达坝区，川西高原分散云系逐渐向南移动并合成一体，前沿云系已与西行云系相连。07 时，曲靖北部对流云团中心到达坝区上空，并继续向西南移动，滇西北下来的云系继续在攀枝花附近发展，东西两个云系基本融为一体，坝区受东面云系影响为主。08 时以后，东面对流云团主体向南已经移过坝区了，滇西北云系继续东南移到达坝区，直至 11 时影响结束，与雷达回波探测结果完全一致。

从这次暴雨雷达回波连续演变来看，以对流云降水回波为主，层状云降水回波为辅。降水回波来自两个方向：一是昭通南部、曲靖北部地区局地云生并快速发展，缓慢向西偏南方向移动到坝区（对坝区而言，回波来自东北方向），影响坝区时以对流云降水回波为主，PPI 回波呈块状、RHI 回波呈柱状，回波中心强度最大值 51 dBZ，回波顶高 12.5 km。二是从滇西北方向移动来的降水回波，影响坝区时以层状云降水回波为主，回波呈片状，回波中心强度 35 dBZ，回波顶高 6 km。

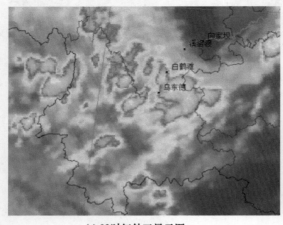

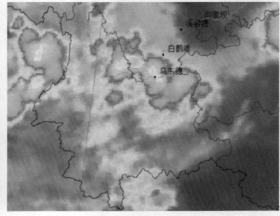

(a) 03 时红外卫星云图

(b) 06 时红外卫星云图

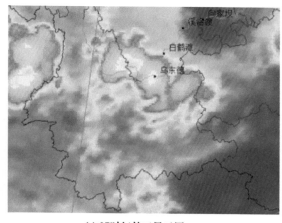
(c) 07时红外卫星云图

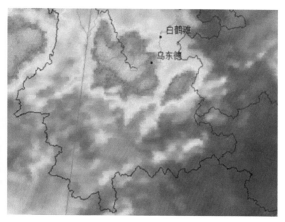
(d) 11时红外卫星云图

附图 1.46　2019 年 8 月 7 日 FY-4 红外卫星云图

本次暴雨天气过程有如下特征：

①降水性质属局地强对流形成的暴雨，最大小时降水量 52.3 mm。突发性强、小时降水量大，降水持续时间短（持续 5 h）、空间分布不均匀（3 个站测得暴雨，3 个站测得大雨，1 个站测得中雨），左岸小于右岸。

②环流形势为 500 hPa 上北方大槽南端延伸至四川盆地，槽走向为东北—西南向，川西高原有倒槽；700 hPa 和 850 hPa 有切变存在，孟加拉湾低压和南海低压向北输送暖湿水汽，槽后偏北气流输送冷平流；地面冷空气不明显。

③回波类型以对流云降水回波为主、层状云降水回波为辅。对流云降水回波呈块状，回波中心强度达 51 dBZ，回波顶高 12.5 km，回波面积小，发展迅速，移动缓慢；层状云降水回波呈片状，回波中心强度 35 dBZ，回波顶高 6 km，回波面积大，回波边缘整齐，回波顶高度变化明显。

④回波移动方向主要有两个，一是东北方向的昭通南部、曲靖北部局地生成的对流云强回波，向西南方向发展延伸影响坝区；二是从滇西北方向的自西北向东南移动的层状云降水回波。

个例 8：2020 年 8 月 13 日暴雨天气过程分析

2020 年 8 月 13 日坝区出现了暴雨天气，并伴有雷暴。坝区各站降水量（mm）：乌东德 74.4、雷家包 39.9、前期营地 73.0、马头上 72.6、金坪子 41.1（附图 1.47）。最大小时降水量 31.9 mm（乌东德站，附图 1.48）。

这次降水持续时间长、强度大、降水量空间分布不均，3 个站测得暴雨，2 个站测得大雨。8 月 13 日 06：15 前期营地站开始出现降水，07：41 坝区各站先后开始下雨，13：10 降水基本结束，降水持续 8 h，属短时强降水、系统性降水形成的暴雨。

暴雨造成了坝区左岸会河公路灰泥坡隧道口道路垮塌，造成道路中断；右岸出线场洞口山体滑坡；左岸河门口隧道进口边坡有掉块；大坪山体下滑，河流堵塞。这次暴雨天气过程给坝区带来了明显的自然灾害。

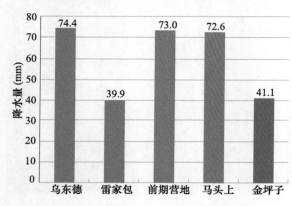

附图 1.47 2020 年 8 月 13 日各站降水量

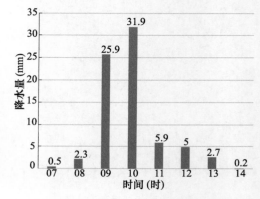

附图 1.48 2020 年 8 月 13 日乌东德站逐时降水量

（1）高空环流形势分析

2020 年 8 月 13 日 08 时 500 hPa 图（附图 1.49）上，四川盆地西南部为低涡切变，西太平洋副高西伸，副高外围偏南气流向坝区输送暖湿水汽，滇西北有冷平流输送，两股气流在滇中地区汇合，使低涡切变云系在滇中地区发展加强。700 hPa 图（附图 1.50）上，滇东北—四川盆地—滇西北有东北—西南向的较强辐合切变存在，动力条件好。中南半岛到云南中东部有明显的西南气流，使昆明到坝区范围内有充足的低层暖湿水汽输送，水汽条件很好。

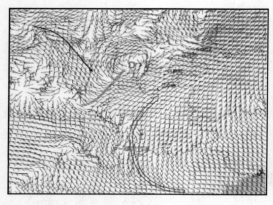

附图 1.49 2020 年 8 月 13 日 08 时
500 hPa 风场

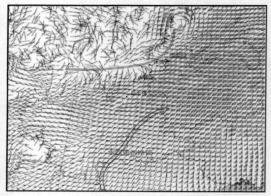

附图 1.50 2020 年 8 月 13 日 08 时
700 hPa 风场

（2）雷达回波特征分析

2020 年 8 月 13 日 03 时在雷达回波图上，昆明北部、西北部、四川盆地南部均有分散对流回波单体出现，随后回波开始发展并向坝区方向移动，不断聚合发展加强。06：00，西面和南面来的降水回波陆续达到坝区，此时的回波比较分散，强度不强，坝区部分站点开始出现分散性降水。07：05，坝区南部的回波明显加强，形成南北向对流回波带，并加速向坝区移动，中心回波值 41 dBZ，回波顶高 5~6 km，径向速度 11~12 m/s。07：41，回波主体前沿到达坝区，坝区各站开始出现连续性降水。

08：04，纵向回波带明显，坝区附近回波强度 30~35 dBZ，西南方向的回波带在向北移动时发展加强，回波中心强度 41.5 dBZ，回波带密度不是太密，回波顶高 6~9 km。此时的径向速度图上，零速度线正好在纵向回波带中间，与 700 hPa 和 500 hPa 西南气流重合，故该纵向回波带在向北移动过程中将会得到发展加强。RHI 回波剖面图上可见南—北向回波带上有多个对流单体存在，回波单体呈柱状，不同单体强度和回波高度均不同，南部回波强于北部回波（附图 1.51）。

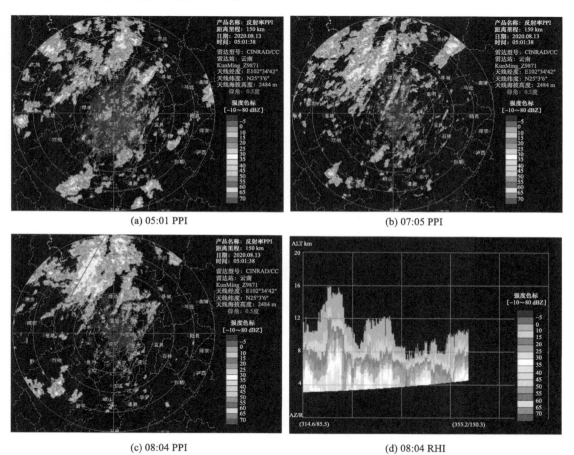

(a) 05:01 PPI

(b) 07:05 PPI

(c) 08:04 PPI

(d) 08:04 RHI

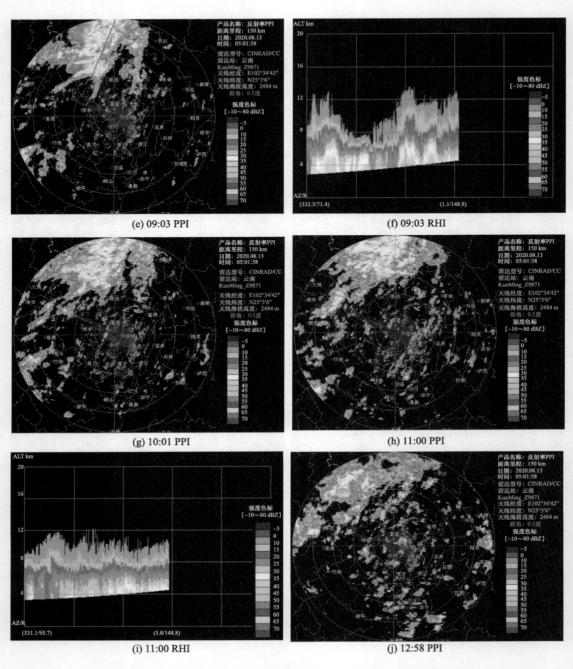

(e) 09:03 PPI　　　　　　　　　　　　　(f) 09:03 RHI

(g) 10:01 PPI　　　　　　　　　　　　　(h) 11:00 PPI

(i) 11:00 RHI　　　　　　　　　　　　　(j) 12:58 PPI

附图 1.51　2020 年 8 月 13 日昆明雷达 0.5°仰角回波特征分布图

　　09:03，回波面积较大，呈南北向带状，坝区附近回波强度中心值 40.1 dBZ，回波顶高 5~7 km，移动方向自南向北。回波剖面图上，坝区南侧 5~10 km 乌东德镇附近回波单体中心强度 42.5 dBZ、高度 4.2 km，南北回波带上对流单体相比较 08:04，强度有所加强，也就是说对流单体在向北移动过程中因地形抬升作用，强度有所加强。10:01，中心强度 38 dBZ，而且回波带状结构发生改变，强回波区由南北向转为东北—西南向，回波区域向北收缩，坝区附近回波强度减弱，回波顶高度降低，径向速度的南北向零速度线发生较大变化，坝区附近风向顺时针旋转，回波移动方向由自南向北移动改变为西南—东北向，坝区后续降水回波补充不足。

　　11：00，整个回波继续向北收缩，带状结构已经不见，回波呈现东西向，回波单体也已基本消失，呈现层状云降水回波为主了，坝区附近回波中心强度 38 dBZ，回波顶高 5.5 km 以下。回波剖面图上顶部变为平坦，对流回波单体基本上消失，说明大气已由对流性降水回波为主转为层状云降水回波为主。12：58，回波结束对坝区影响，降水停止。

　　08：04 回波图上，回波顶高最大值 8.3 km，坝区附近 5~6 km；09：03 回波顶高最大值 7.4 km，而且回波带上比较均匀；10：01 图上，坝区东南侧回波顶高最大值 9.6 km，坝区附近回波带上大部分区域回波顶高度比较均匀；11：00 回波顶高图上，回波顶高 5.5 km 以下，而且高度比较均匀（附图 1.52）。

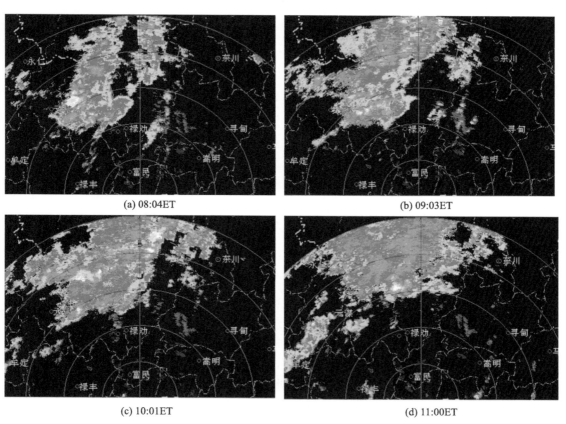

(a) 08:04ET　　　　　　　　　　　(b) 09:03ET

(c) 10:01ET　　　　　　　　　　　(d) 11:00ET

附图 1.52　2020 年 8 月 13 日昆明雷达 0.5° 仰角回波顶高分布图

　　08：04 径向速度图上，南北回波带的径向速度值东边大于西边，最大径向速度值 13.5 m/s，移动方向自南向北直接奔向坝区。零速度线呈南北向，而且是在回波带的中心线上，说明回波带是发展加强的。09：03 径向速度图上，零速度线整体东移，并发生顺时针旋转，径向速度仍然较大。10：01径向速度图上，径向速度值明显减小，南北向零速度线变化剧烈，不再是南北向了，说明回波带整体移动方向发生了改变（附图1.53）。

此次暴雨天气的雷达回波特征比较明显，回波面积大、强度较强，回波呈南—北向带状分布，属对流云降水回波和层状云降水回波组成的混合型降水回波。降水回波在副高外围偏南气流上生成（禄劝及以西县域内），然后向北移动，逐渐发展加强，回波带上有多个对流单体出现，回波中心强度41.5 dBZ，坝区附近回波强度35~40 dBZ，回波顶高6~9 km。南北向带状回波剖面图上可见多个对流单体存在，回波单体呈柱状。径向速度图上正负速度分界明显，正径向速度值较大（13.5 m/s），南北向零速度线正好在回波带中间区域，与西南气流重合。

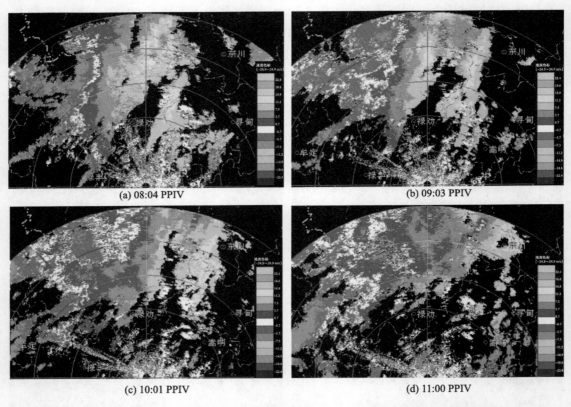

(a) 08:04 PPIV

(b) 09:03 PPIV

(c) 10:01 PPIV

(d) 11:00 PPIV

附图1.53　2020年8月13日昆明雷达0.5°仰角回波径向速度分布图

本次暴雨天气过程有如下特征：

①降水性质属短时强降水、连续性降水形成的暴雨，最大1 h降水量31.9 mm。降水强度大、小时降水量大，降水持续时间长（8 h），空间分布不均匀。

②环流形势500 hPa为西南涡及副高外围偏南气流（暖湿气流）；700 hPa为东北—西南向辐合切变存在，中南半岛到云南中东部有明显的西南气流，使昆明到坝区范围内有充足的低层暖湿水汽输送，水汽条件很好。

③回波类型属东南、西北两天气系统聚合发展型回波，是对流云降水回波和层状云降水回波组成的混合型降水回波，回波面积大、强度较强，回波呈南—北向带状分布。

禄劝及以西县域内副高外围西南气流上局地生成降水回波，然后自南向北移动，逐渐发展加强，回波带上有多个对流单体，多个纵向分布的对流单体移动到坝区附近不断增强，形成"列车效应"，回波中心强度 41.5 dBZ，坝区附近回波强度 35~40 dBZ，回波顶高 6~9 km。对流单体回波剖面图上柱状结构明显。径向速度图上正负速度分界明显，正径向速度值较大（13.5 m/s），南北向零速度线正好在回波带中间区域，与西南气流重合。

④回波移动方向为自南向北移动。

个例 9：2014 年 8 月 18 日暴雨天气过程分析

2014 年 8 月 18 日坝区发生了一次伴有雷电、大风、强降水的暴雨天气过程，过程降水量（mm）：乌东德站 35.2、大茶铺站 26.6、雷家包站 23.6、左导进站 58.4、前期营地站 31.2、马头上站 31.5、金坪子站 23.4（附图 1.54）。这次降水天气过程降水量空间分布不均、短时强降水突出，坝区 1 个站测得暴雨（左导进站），4 个站测得大雨，2 个站测得中雨。最大 1 h 降水量 38.0 mm（12：00—13：00，左导进站，附图 1.55），10 min 最大降水量 11.2 mm（12：30—12：40）。

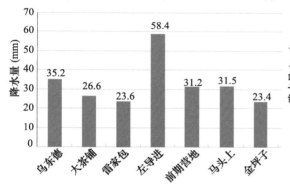

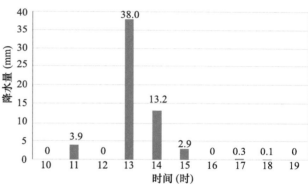

附图 1.54　2014 年 8 月 18 日各站降水量　　附图 1.55　2014 年 8 月 18 日左导进站小时降水量

（1）环流形势

2014 年 8 月 18 日 08 时 500 hPa 受北方大槽西南端影响，与四川南部西南涡连通（附图 1.56）。700 hPa 为横向切变，地面有冷空气加强西伸（附图 1.57）。

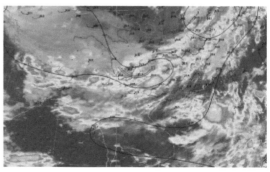

附图 1.56　2014 年 8 月 18 日 08 时　　　　附图 1.57　2014 年 8 月 18 日 08 时
　　500 hPa 高空填图　　　　　　　　　　　700 hPa 高空填图

（2）雷达回波特征分析

8月18日10：27有分散性回波从楚雄西北部东移，翻过皎平渡横断山系到达坝区，坝区出现阵雨。11：50低涡主体南压东移，低涡产生的降水回波已出现在金沙江北岸，雷达回波上可看出回波边缘比较整齐，外边缘距离坝区不足20 km，大面积降水回波中有分散对流单体回波存在，最强回波值40.3 dBZ，移动速度15~20 km/h，回波顶高最大值5.5 km（附图1.58）。12：07降水回波快速东移，跨过金沙江进入云南境内，因地形抬升作用回波得以加强，前沿已抵近坝区，在低涡东南侧形成东北—西南向强回波带，中间有对流回波单体加强并开始演变成带状结构。从径向速度图上看（附图1.59），此时在该带状回波的北段东侧为正径向速度区、西侧为负径向速度区，表明低层存在中尺度径向风辐合，低层辐合区的存在会造成中尺度垂直环流的形成，对流云体将会发展，辐合区正好与强回波区对应。在雷达回波顶高分布上（附图1.60），回波顶高达到5.9 km，回波正在发展。

12：25东北—西南向带状回波完全形成，而且东段凸出并分裂形成南—北向长约25 km的条状回波，快速移近坝区，回波中心强度41.6 dBZ，回波顶高最大值6.4 km，坝区开始出现短时强降水。从此时的径向速度图上可看见在条状回波附近有一个逆风区存在（蓝色箭头所示），进一步说明该区域有中小尺度系统产生，利于上升运动加强，也利于低层的水汽向上传输，从而利于强降水发生。13：00带状回波已东移过坝区，但系统性降水回波继续在坝区上空，13：53该低涡切变天气系统的降水回波强度才完全减弱，降水逐渐减弱停止。

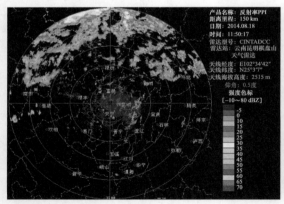
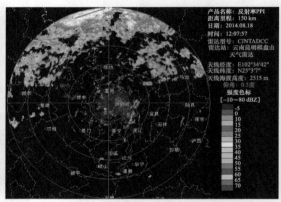

(a) 11:50 PPI   (b) 12:07PPI

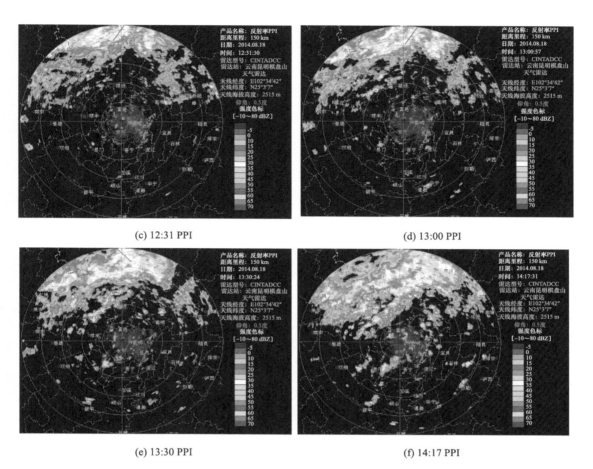

(c) 12:31 PPI

(d) 13:00 PPI

(e) 13:30 PPI

(f) 14:17 PPI

附图 1.58　2014 年 8 月 18 日昆明雷达 0.5° 的 PPI 回波特征

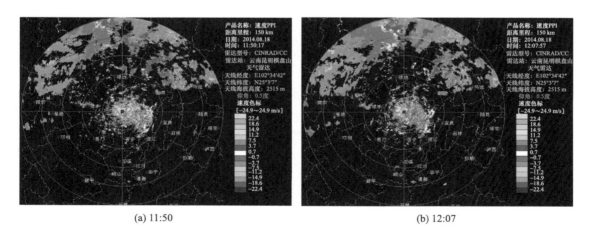

(a) 11:50

(b) 12:07

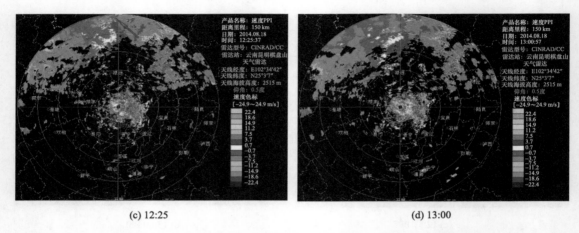

(c) 12:25 (d) 13:00

附图 1.59　2014 年 8 月 18 日昆明雷达 0.5° 仰角回波径向速度图

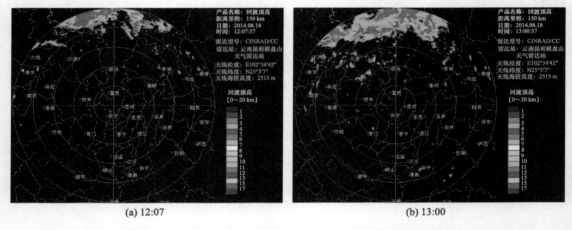

(a) 12:07 (b) 13:00

附图 1.60　2014 年 8 月 18 日 0.5° 仰角雷达回波顶高分布图

从连续的雷达回波可以看出，18 日 11：50 坝区西部、西北部不断有对流回波单体生消，回波发展比较快，对流单体在结构上呈现出东北—西南走向的带状结构，形成长约 100 km 的雷雨带，回波强度为 35~40 dBZ，强雷雨回波带以大约 20 km/h 的速度东南移。到 12：19 和 12：31 强雷雨回波带移到坝区上空。12：00—14：00 不断有强雷雨回波带南移过坝区，回波强度为 35~40 dBZ，出现了雷暴和 6 级大风，雨强最大。14：17 强雷雨回波带东南移出坝区，回波强度减弱，降水量开始减小。此次强降水天气过程，回波边界非常清晰，移动速度快，降水集中，回波自西北向东南移动，回波特征明显。

径向速度图上，12：07 低涡东南侧的强回波带北段的正、负速度分界非常清楚，其正、负径向速度绝对差值达到 21 m/s，表明其低层有明显的径向风辐合，而南段处在负径向速度区，其发展不如北段，带来的降水也相对有小。12：25 的径向速度图上，在条状回波附近有一个逆风区，也是有利于对流发展和降水的。

回波顶高图上，11：50 低涡回波在金沙江北岸出现时，回波顶高最大值 5.2 km，

12∶02 回波顶高最大值 5.7 km，12∶07 回波顶高最大值 5.9 km，12∶31 回波顶高最大值 6.3 km，13∶00 条状回波翻过山脉移到坝区上空时，回波顶高明显降低了，而且回波变得比较均匀，回波顶高降为 4~5 km。从连续回波顶高演变来看，降水云团从西北向东南移动时，云团逐渐发展加强，回波顶高也在逐渐增加。当云团翻过山脉到达坝区上空时，云团下坡，云底下降，回波顶高开始降低。

回波垂直剖面图上，12∶07、12∶25、13∶00、13∶35 降水回波红色实线的垂直剖面。由图可以看出，回波顶高发展不高，在 6~8 km，42 dBZ 强回波高度在 4~5 km。回波顶在 12∶07 前和 13∶00 以后较为平坦，但在爬山过程中回波顶增高而且顶部呈菜花状，对流发展旺盛（附图 1.61）。

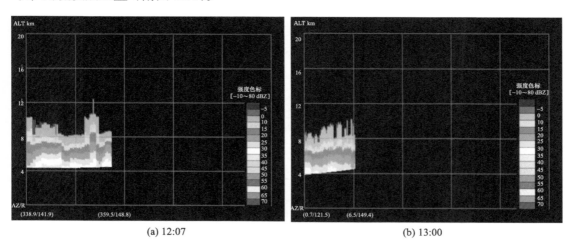

(a) 12:07　　　　　　　　　　　　　　(b) 13:00

附图 1.61　2014 年 8 月 18 日昆明雷达 0.5° 仰角的 RHI 分布

本次暴雨天气过程有如下特征：

①降水性质为大到暴雨（主要为短时强降水），小时雨强大。

②环流形势为 500 hPa 东北—西南斜槽，天气尺度影响系统低涡，槽后偏北风；700 hPa 影响系统为低涡切变；地面为弱冷空气。

③回波类型为带状回波，回波边缘非常清晰，强回波带两侧存在明显的正、负径向速度中心（绝对差 22.1 m/s）。

④回波移动方向为自西北向东南，降水过程坝区回波中心强度 35~42 dBZ，回波顶高 5.5~6.5 km，强回波中心高度为 4~5 km。

⑤径向速度场上存在明显移动的逆风区。

个例 10：2018 年 7 月 31 日暴雨天气过程分析

2018 年 7 月 30 日夜间昆明至禄劝局地生成强对流云团，然后该云团自南向北移动，翻越撒云盘、大松树乡镇后直达坝区，跨过金沙江到左岸后，遇迎风坡云系加强造成坝区左岸马头上站、下白滩站出现大暴雨，并伴有 8 级大风和强雷暴。坝区各站降水量（mm）：乌东德站 17.6、大茶铺站 35.4、左导进站 37.6、雷家包站 18.6、马头上站 81.4、前期营地站 4.0、金坪子站 3.9、下白滩站 94.4（附图 1.62）。最大 1 h 降水量为下白滩站 80.8 mm，出现时段为 7 月 30 日 23：10 至 31 日 00：10（附图 1.63）。

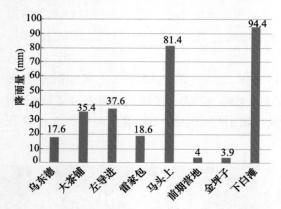

附图 1.62　2018 年 7 月 31 日坝区各站降水量　　附图 1.63　2018 年 7 月 30 日 23：10 至 31 日 00：10 降水量

这次暴雨特点：

①各站降水量空间分布极不均匀，2 个站测得暴雨，2 个站测得大雨，2 个站测得中雨，2 个站测得小雨。

②降水量左岸大于右岸，主要集中在马头上、下白滩站。

③持续时间较短，降水量大，突发性强。

④降水持续 5 h，出现时间为 30 日 23：10 至 31 日 04：00。

（1）环流形势

2018 年 7 月 30 日 20 时 500 hPa 上，副高 588 线北抬至河套附近地区，孟加拉湾低压存在，中南半岛有明显偏南风向云南中西部输送暖湿水汽，四川东部有弱低涡（附图 1.64）。700 hPa 上，四川盆地中部有东西向切变，孟加拉湾低压向云南西部输送暖湿水汽，同时北部湾也有热低压向云南中部输送暖湿水汽，两支气流同时向云南中西部输送暖湿水汽，坝区水汽条件特别好（附图 1.65）。

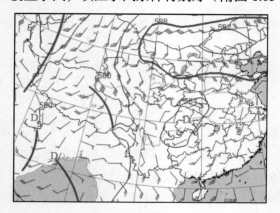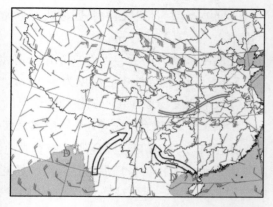

附图 1.64　2018 年 7 月 30 日 20 时 500 hPa 形势　　附图 1.65　2018 年 7 月 30 日 20 时 700 hPa 形势

（2）雷达回波特征分析

2018 年 7 月 30 日 21：01 楚雄中部和北部有降水回波出现，回波中心强度 52 dBZ，回波边缘距坝区约 50 km；同时，禄劝县境内东部有对流回波生成。22：00，楚雄境内的大片降水回波开始发散，而禄劝县境内的回波快速发展加强，并开始向北延伸，形成南北向分散的多个对流单体降水回波。23：05，坝区南面到禄劝县城方向有一条南北向的由多个对流单体组成的带状回波，回波强度 35~40 dBZ，回波顶高 < 6 km。但坝区金沙江北岸出现的一小块回波，强度达到 40 dBZ。23：34，坝区附近的小块回波迅速发展加强，回波面积虽不足 50 km²，但回波中心强度 43.7 dBZ，回波顶高迅速发展到 13 km，它给坝区北岸的马头上站和下白滩站带来短时强降水。RHI 回波剖面图上，回波呈柱状，顶部凸起，回波中心值 43.7 dBZ 的高度为 4.5 km，25 dBZ 的回波高度达到 12.8 km，说明该回波对流作用十分旺盛。随后坝区附近云团迅速发展加强，至 23：52，回波面积扩大到约 300 km²，中心强度 43 dBZ，回波顶高 12 km，最强回波正好在坝区。RHI 回波剖面图上，强回波中心 42.5 dBZ，高度 4.5 km，25 dBZ 回波伸到 11 km。31 日 00：10 PPI 图上，回波开始就地减弱，至 00：28 回波完全减弱，强降水结束。23：10—00：10 坝区 1 h 降水量马头上站 73.6 mm、下白滩 80.8 mm，为坝区史上小时降水量极大值（附图 1.66）。

从这次暴雨的雷达回波连续变化来看，这次暴雨天气过程的雷达回波属典型的对流云降水回波，回波面积小，突发性和局地性强，持续时间短，降水强度大，回波发展演变与地形有关，强回波中心值 43 dBZ，回波顶高 13 km。云层在禄劝境内生成后翻山进入金沙江河谷，在河谷北岸爬坡，迅速发展加强，形成强降水。

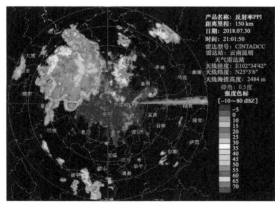

(a) 30 日 21：01 PPI

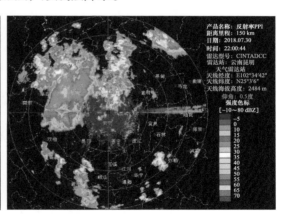

(b) 30 日 22：00 PPI

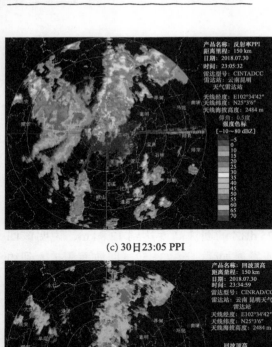

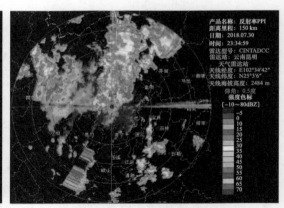

(c) 30日23:05 PPI

(d) 30日23:34 PPI

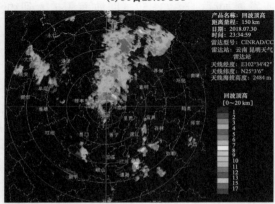

(e) 30日23:34 ET

(f) 30日23:34 RHI

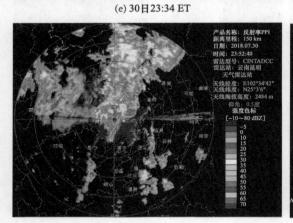

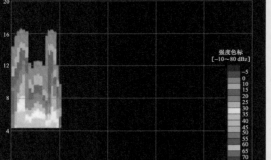

(g) 30日23:52 PPI

(h) 30日23:52 RHI

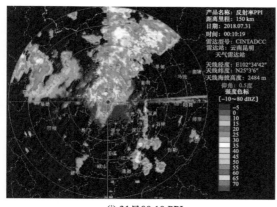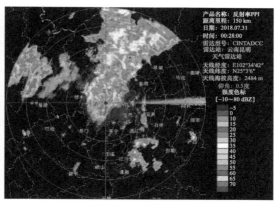

(i) 31 日 00：10 PPI　　　　　　　　　(j) 31 日 00：28 PPI

附图 1.66　2018 年 7 月 30 日 23：00 至 31 日 00：30 昆明雷达 0.5° 仰角回波图

本次暴雨天气过程有如下特征：

①降水性质为短时强降水暴雨，最大 1 h 降水量 80.8 mm，降水持续时间短，空间分布极不均匀，突发性和局地性强。降水集中于大坝上游左侧相邻站点（马头上站、下白滩站），上游右岸次之，大坝下游站点为小雨。

②环流形势为 500 hPa 为副高外围偏南气流；700 和 850 hPa 北部湾到云南南部有热低压，滇中为南风；地面为弱冷空气。

③回波类型属对流云降水回波。回波呈块状、边缘不规则，面积小、强度大、持续时间短，强回波中心值 43 dBZ，对流发展旺盛，局地性和突发性强，回波顶高达到 13 km。RHI 图上强回波呈柱状，顶部凸起。

④回波移动方向自南向北，然后在坝区局地发展加强。

个例 11：2020 年 7 月 9 日暴雨天气过程分析

2020 年 7 月 8 日 21 时至 9 日 08 时，坝区出现了暴雨天气。坝区各站降水量（mm）：乌东德 55.0、雷家包 49.3、前期营地 54.4、马头上 52.8、金坪子 52.2（附图 1.67）。最大 1 h 降水量为 24.9 mm（前期营地站），出现时间为 8 日 21：00—22：00（附图 1.68）。

这次暴雨天气过程，突发性强，小时降水量大，持续时间长，空间分布均匀，主要降水时段为 8 日 20：00 至 9 日 08：00，降水持续 12 h。属系统性暴雨，3 个站测得暴雨，2 个站测得大雨。

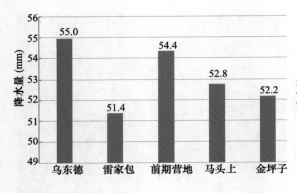

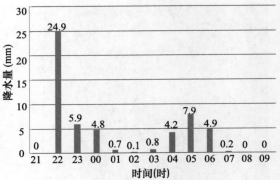

附图 1.67　2020 年 7 月 8 日坝区各站降水量　　　　附图 1.68　2020 年 7 月 8—9 日前期营地站小时降水量

（1）环流形势

2020 年 7 月 8 日 20 时 500 hPa 形势场上（附图 1.69），坝区位于副高北侧的偏西气流里，川西高原的西北气流里有弱冷平流输送到坝区，无明显的天气影响系统。700 hPa 风场上（附图 1.70），云南大部为平直的西风气流，云南西面的西南气流将孟加拉湾暖湿水汽输送到坝区。坝区附近中低层大气无切变，动力条件不足。

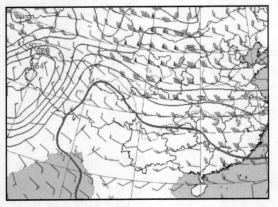

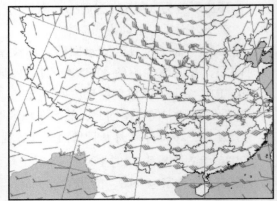

附图 1.69　2020 年 7 月 8 日 20 时 500 hPa 形势场　　附图 1.70　2020 年 7 月 8 日 20 时 700 hPa 风场

（2）雷达回波特征分析

2020 年 7 月 8 日 17：05，坝区东面、南面有降水回波出现，回波比较分散，强度在 25~45 dBZ，回波顶高 < 5 km。坝区西面回波较弱。18：04 回波发展演变较快，坝区南面回波快速发展加强，回波中心强度 40 dBZ，离坝区约 5 km，回波顶高 4.5~5.5 km。19：03 回波继续在东面至南面一线发展，坝区西南面 15 km 处皎平渡镇附近形成 42.8 dBZ 的强回波中心，但回波面积较小，回波顶高 5.2 km。坝区东南面回波面积较大的回波强度在 30~35 dBZ，回波顶高不足 5 km，回波强度偏弱，回波边缘离坝区不足 5 km。20：02 回波边缘已移动到坝区，皎平渡附近强回波单体减弱也较快（地形原因），回波整体强度偏弱，回波中心值 < 35 dBZ，重点关注坝区西边 20 km 处的降水回波，发展比较快，而且

移动方向是自西向东，朝坝区靠近，可能与坝区东边的降水回波叠加。17：05—20：02 坝区东边的回波总体移动方向是自东向西移动的，发展演变和移动均较慢（附图 1.71）。

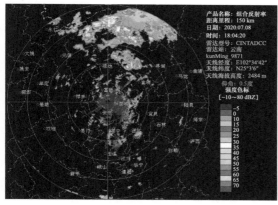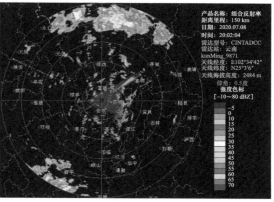

(a) 18:04 PPI　　　　　　　　　　　　　　　(b) 20:02 PPI

附图 1.71　2020 年 7 月 8 日 17：00—20：02 昆明雷达 0.5° 仰角回波特征分布

21：00 坝区西边的回波快速东移，在坝区西侧 5 km 处形成南北向弧形带状回波，回波中心强度值 41 dBZ，回波顶高 6 km。RHI 回波剖面图上，回波呈柱状，回波顶部凸起，最强回波 42.8 dBZ 离地高度 4 km，20 dBZ 以上回波高度达到 8 km，对流发展较强。径向速度图上，零速度线分界线不是太明显，总体上看是以偏西风为主。坝区东边回波以层状云回波为主，强度 25~35 dBZ，回波顶高 < 5 km。东、西两块回波间距约 20 km。21：10 西边回波移到坝区，带状回波发展演变成南北两个对流单体回波，回波面积不大，边缘整齐，中心强度 40.5 dBZ，回波顶高 5.6 km，坝区开始下雨。21：46，东西两块降水回波已连为一体，强降水回波正在坝区上空，回波强度有所减弱，回波中心强度 39.9 dBZ，回波顶高 5.6 km。RHI 回波剖面图上，回波柱状结构明显减弱，顶部开始变平，对流回波单体强度大大减弱。径向速度图上，回波西部有 1 条南北向零速度线，说明是以西风气流为主，零速度线附近是辐合型流场。受对流回波影响，21：00 至 22：00 坝区出现了短时强降水，小时降水量 22 mm。

22：05 PPI 图上，回波中心值 40.9 dBZ 已移到坝区及其东北方向，西边回波 32 dBZ 以下，回波顶高 ≤ 7 km，南北向 0 径向速度线正好移到坝区上空，回波移动缓慢，说明强降水回波即将移过坝区。23：04 PPI 上，回波整体减弱了，回波呈幕状，以层状云降水回波为主，回波强度 ≤ 32 dBZ，回波顶高 7 km 以下。RHI 回波图上，顶部变平坦，回波高度降低。径向速度图上，南北向零速度线发生顺时针旋转，分界线变得模糊、不整齐，由西风变为西南风。9 日 00：03 PPI 图上，坝区位于降水回波后部边缘，00：27 降水回波减弱东移出坝区，降水停止（附图 1.72）。

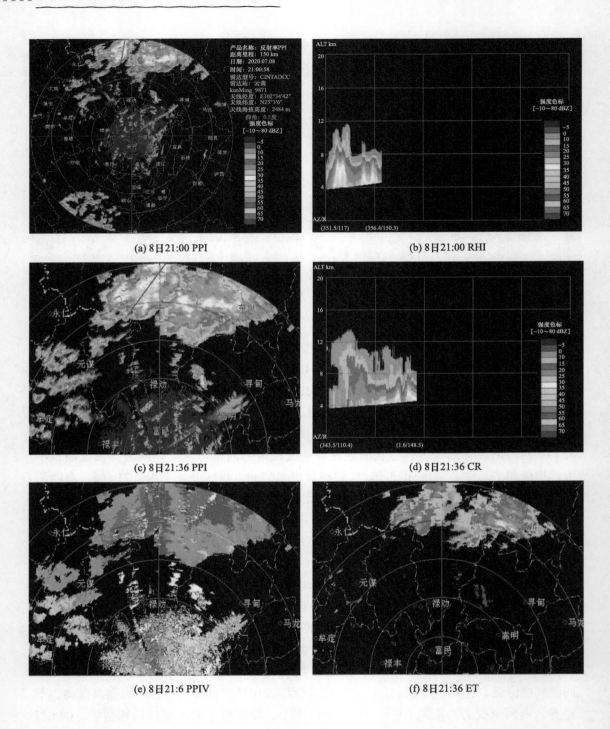

(a) 8日21:00 PPI

(b) 8日21:00 RHI

(c) 8日21:36 PPI

(d) 8日21:36 CR

(e) 8日21:6 PPIV

(f) 8日21:36 ET

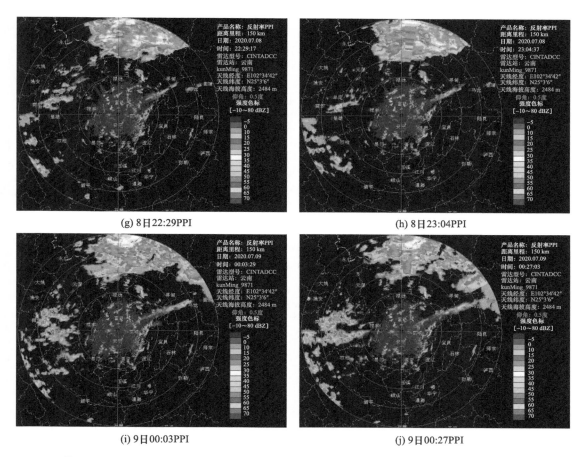

(g) 8日22:29PPI

(h) 8日23:04PPI

(i) 9日00:03PPI

(j) 9日00:27PPI

附图 1.72　2020 年 7 月 8 日 21：00 至 9 日 00：30 昆明雷达 0.5°仰角回波特征分布

　　9 日 02：01，自西向东的降水回波已减弱东移结束对坝区的影响，但在雷达回波图上，坝区东北方向又出现降水回波，中心强度值 35 dBZ，回波顶高 6.8 km。03：00 至 06：00 降水回波围绕坝区做逆时针旋转，给坝区带来连续性降水。期间，回波强度 30~38 dBZ，回波顶高 5~6 km，以层状云降水回波为主。RHI 回波剖面图上，顶部平坦，高度较低，对流性不强。06：20 坝区降水结束。

　　04：04 径向速度图上，零速度线边界较宽，边界模糊，但"S"形结构明显。05：03 径向速度图上，零速度线的"S"形结构依然明显，说明回波处于气旋性流场中（附图 1.73）。

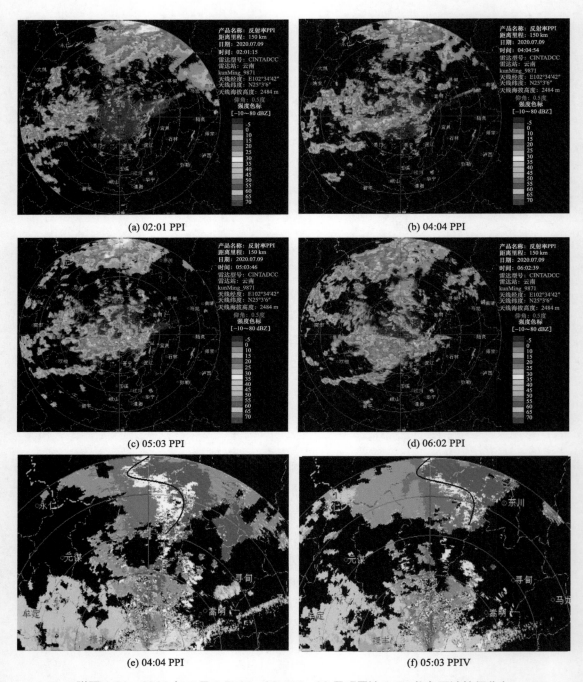

(a) 02:01 PPI

(b) 04:04 PPI

(c) 05:03 PPI

(d) 06:02 PPI

(e) 04:04 PPI

(f) 05:03 PPIV

附图1.73　2020年7月9日00∶30—05∶03昆明雷达0.5°仰角回波特征分布

　　从这次暴雨雷达回波连续演变来看，回波演变过程比较复杂，是以对流云性降水回波和层状云降水回波组成的混合型降水回波。降水回波是在坝区周围生成并围绕坝区发展演变的。回波先是在坝区东、西两侧局地生成发展，并向坝区靠近。给坝区带来降水量的是西边来的对流性降水回波，该回波在靠近坝区时呈弧形带状，回波中心强度 41 dBZ，回波面积不大，边缘整齐，回波顶高 6 km，对流单体回波剖面图上呈柱状，给坝区带来短时强降水，此为第一阶段降水。第二阶段，东、西回波合并，后发生逆时针旋转，回波强度 30~38 dBZ，回波顶高 ≤ 6 km，以层状云降水回波为主，给坝区带来连续性降水。径向速度图上，弧形带状回波东移时，南北向零速度线明显，表明此阶段以西风气流为主；第二阶段零速度线呈"S"形，表明气旋性明显，而且以坝区为中心。

本次暴雨天气过程有如下特征：

①降水性质属短时强降水、连续性降水形成的暴雨，最大小时降水量 22 mm。突发性强，小时降水量大，降水持续 6 h，空间分布均匀。

②产生暴雨的环流形势很不明显，500 hPa 为副高北侧偏西气流，700 hPa 西风气流明显，四川盆地南部有弱低涡，地面冷空气不强。这次暴雨过程无明显槽、切变、涡等降水天气系统配合。

③回波类型属混合型降水回波。回波演变过程比较复杂，第一阶段以对流性降水回波为主，回波呈弧形带状，中心强度 41 dBZ，边缘整齐，回波顶高 6 km，对流单体回波剖面图上呈柱状，坝区出现短时强降水；第二阶段回波以坝区为中心，逆时针旋转，回波强度 30~38 dBZ，回波顶高 ≤ 6 km，以层状云降水回波为主，给坝区带来连续性降水。径向速度图上，弧形带状回波东移时南北向零速度线明显，表明此阶段以西风气流为主；第二阶段零速度线呈"S"形，表明气旋性明显，而且以坝区为中心。

④回波移动情况为，第一阶段，坝区东、西两边局地云生，然后向坝区靠近，以西边回波影响为主，移动方向是自西向东；第二阶段，回波以坝区为中心，逆时针旋转。

个例 12：2018 年 7 月 8 日暴雨天气过程分析

2018 年 7 月 8 日 03∶00 至 08∶00 坝区出现了一次暴雨天气过程。坝区各站降水量（mm）：乌东德站 49.2、大茶铺站 57.4、雷家包站 18.3、左导进站 50.3、前期营地站 42.8、马头上站 55.1、金坪子站 9.8（附图 1.74）。最大小时降水量为 20.5 mm（大茶铺站）（附图 1.75）。

这次暴雨过程坝区各站分布极不均匀，降水持续时间 7 个小时，主要降水时段为 04∶00—08∶00。降水特点：

①各站降水分布极不均匀，持续 4 h 中雨，3 个站暴雨，2 个站大雨，1 个站中雨，1 个站小雨；

②左岸大于右岸；

③持续时间相对较短，小时降水量不大，但较强降水持续了 4 h，属于连续型降水的暴雨。

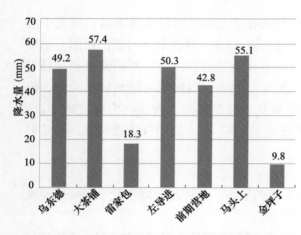

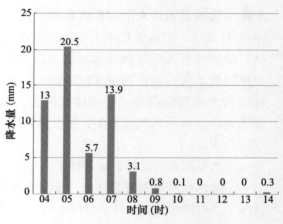

附图 1.74　2018 年 7 月 8 日坝区各站降水量　　附图 1.75　2018 年 7 月 8 日大茶铺站小时降水量

（1）环流形势

2018 年 7 月 7 日 20 时 500 hPa 上（附图 1.76），青藏高原东部—四川盆地—长江中下游为纬向高压带，云南南部有低涡，高压带南侧的东风气流（6~8 m/s）将暖湿水汽从西太平洋一直向西输送到贵州、云南北部区域，坝区正好位于该东风带上。8 日 08 时，高压带向南移动，低涡也向南移出云南。700 hPa 形势场上（附图 1.77），坝区附近有弱切变，川西高原也有弱切变存在，云南南部为低涡，切变、低涡的风速均不大（4 m/s）。

造成这次暴雨的环流形势：500 hPa 上副高南侧的东风气流在低涡北侧相遇，700 hPa 为切变。

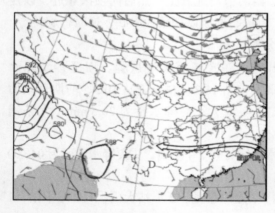

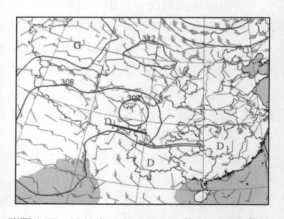

附图 1.76　2018 年 7 月 7 日 20 时 500 hPa 形势场　附图 1.77　2018 年 7 月 7 日 20 时 700 hPa 形势场

（2）雷达回波特征分析

2018 年 7 月 8 日 03：19 雷达回波图上，坝区附近有稀散的弱回波出现，坝区开始出现降水。04：01 回波图上，坝区北侧回波加强，回波中心值 35 dBZ，回波面积较小，＞ 25 dBZ 的回波面积约 60 km²，回波顶高＜ 6 km。从 03：19 至 04：01 的 40 min 里，回波就在坝区及坝区北面发展加强，40 min 降水量大茶铺站 13 mm、左导进站 13.8 mm，乌东德站 6.8 mm，而马头上站 2.8 mm。雷达回波图上显示回波较弱，且回波发展最强在坝区西北面，但最强降水却是从坝区的东北方向而来，然后再缓慢向西北方向推进。这与雷达探测到的回波有偏差，应该是由于坝区南面、禄劝北部山脉海拔较高，而坝区降水云系又是从四川境内向云南移来，云底高度偏低、云层厚度不厚，雷达探测受限所致。

04：30 PPI 显示，回波有所发展加强，但雷达回波强度依然不强，25 dBZ 以上回波面积不足 100 km²，坝区上空雷达回波 PPI 值 30~35 dBZ，回波顶高 3.5~5 km。强回波中心在坝区西北方向四川境内，中心回波值 38.3 dBZ。RHI 回波剖面图上，最强回波 35.9 dBZ，坝区最强回波 33.9 dBZ，回波顶部发展弱，25 dBZ 以上回波高度 < 7 km。04：59 PPI 显示，回波已开始减弱，坝区回波值 20~30 dBZ，回波顶高 3~4.5 km。04：00—05：00 回波发展不强、移动缓慢，强度不强，回波顶高较低，坝区 1 h 降水量（mm）：乌东德 14.4，大茶铺 20.5，左导进 13.6，前期营地 11.2，马头上 11.2，雷家包 2.0，金坪子 0.1，降水量大坝上游大于下游。

05：00 以后，回波面积开始扩大，并在云南境内发展。06：00 PPI 图上，回波面积显著扩散，但回波呈分散状（实际云层应该是连成一体的），强度中心值 < 35 dBZ，回波顶高 < 5 km。07：01 PPI 图上，回波连成一片，回波强度 30~37 dBZ，回波顶高 4~5 km。RHI 回波剖面图上，回波顶部虽然不平，但发展太弱，25 dBZ 以上回波高度 < 5.5 km，无强回波中心。05：00—07：00 坝区为连续性降水，最大小时降水量 13.9 mm。

08：26 PPI 图上，坝区上空回波减弱，坝区降水结束。

从这次暴雨的雷达回波连续变化来看，这次暴雨天气过程的雷达回波强度较弱，全程回波中心强度值 < 40 dBZ，无强回波中心，回波顶高度 < 6 km，属混合型降水回波，也是属典型的弱回波强降水。整个降水过程中，回波面积不大，边缘不规则，对流性发展弱。对流云层先在坝区北侧的四川境内局地生成，然后向南发展过坝区，进入云南境内，移动缓慢，云层高度低、云层厚度薄（附图 1.78）。

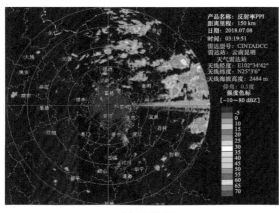

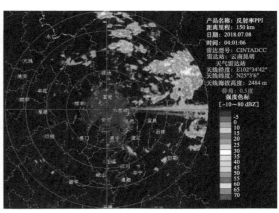

(a) 03:19 PPI   (b) 04:01 PPI

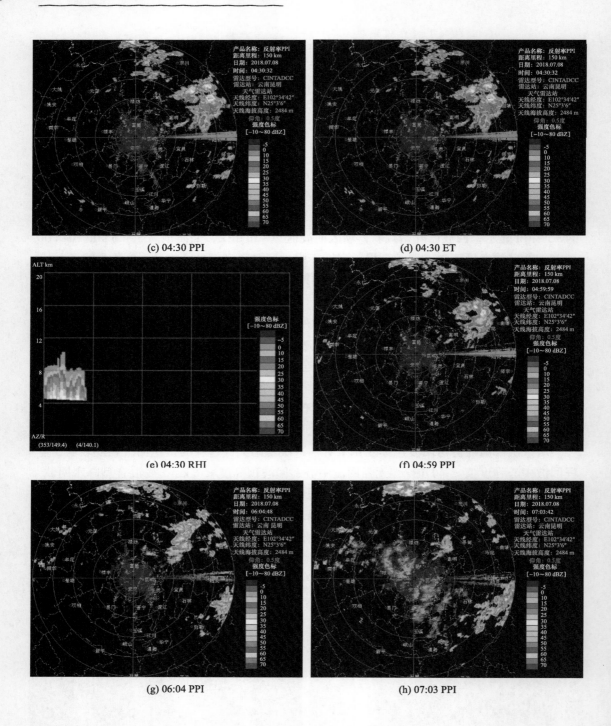

(c) 04:30 PPI

(d) 04:30 ET

(e) 04:30 RHI

(f) 04:59 PPI

(g) 06:04 PPI

(h) 07:03 PPI

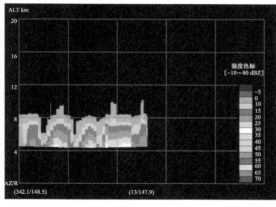

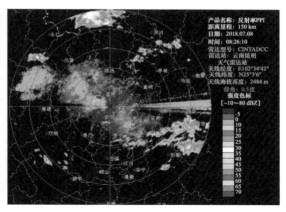

(i) 07:01 RHI　　　　　　　　(j) 08:26 PPI

附图 1.78　2018 年 7 月 8 日昆明雷达 0.5° 仰角回波特征

本次暴雨天气过程有如下特征：

①降水性质为短时强降水、连续性降水形成的暴雨，最大 1 h 降水量 20.5 mm，降水持续时间 5 h，突发性强。

②环流形势为 500 hPa 为高压南侧的偏东气流，700 hPa 为弱切变，地面为弱冷空气。

③回波类型属混合型降水回波。回波边缘不规则，面积小、强度弱（＜ 40 dBZ），无强回波中心，发展和移动缓慢，回波顶高＜ 6 km。RHI 图上强回波顶部起伏大，但回波高度低（25 dBZ 以上回波＜ 6 km）。

④回波移动方向为自东北向西南移动，回波在坝区北侧的四川境内局地生成发展，跨过坝区，到达云南境内。

个例 13：2019 年 6 月 23 日暴雨天气过程分析

2019 年 6 月 23 日 11：00—18：00 坝区出现了暴雨天气过程。坝区各站降水量（mm）：乌东德站 29.8、大茶铺站 28.6、雷家包站 14.1、左导进站 26.2、前期营地站 22.1、马头上站 52.0、金坪子站 14.0（附图 1.79）。最大 1 h 降水量（mm）：23.2（马头上站），出现时段：6 月 23 日 12：01—13：00（附图 1.80）。

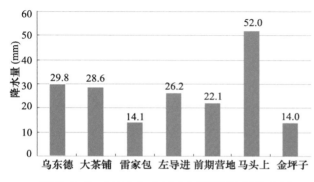

附图 1.79　2019 年 6 月 23 日坝区各站降水量

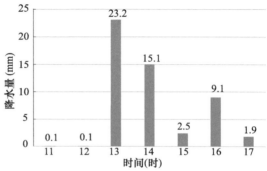

附图 1.80　2019 年 6 月 23 日马头上站逐小时降水量

这次暴雨天气过程，突发性强，各站降水分布极不均匀，1个站测得暴雨、3个站测得大雨、3个站测得中雨；降水量左岸大于右岸，主要集中在马头上站；降水持续时间较短，小时降水量大，主要降水时段为12：00—14：00，属强对流性暴雨。

（1）环流形势

2019年6月22日20时500 hPa图上，内蒙古东部为阻塞高压，东亚大槽末端分裂并延伸到滇黔交界处，内蒙古中部有高空冷槽存在，副高588线南退，坝区处于副高东北侧的偏北气流控制下。700 hPa上长江中下游至滇东北北部形成横向切变，同时川西高原也有南北向高原槽存在，二者连通，均向四川南部输送冷平流。随着横槽转竖，此形势容易形成冷空气向南爆发而形成强降水（附图1.81、附图1.82）。

（2）雷达回波特征分析

2019年6月23日10：01 PPI回波图上（附图1.83），坝区东边有降水回波出现，11：00回波出现在坝区，强度36.1 dBZ，回波顶高5.1 km，回波面积小，坝区出现阵雨。

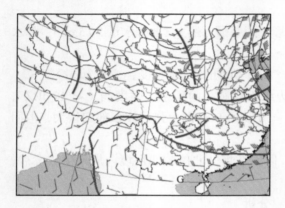

附图1.81　2019年6月22日20时500 hPa　　附图1.82　2019年6月22日20时700 hPa

12：05 PPI图上，坝区降水回波面积开始加强，而且是在坝区附近原地发展加强的，> 30 dBZ回波面积为70 km²。至12：35，回波呈条状（西北—东南向），坝区回波增强至39 dBZ，坝区附近回波中心强度达42.5 dBZ，> 30 dBZ回波面积增大到125 km²，回波顶高5~7 km。RHI回波剖面图上，回波顶部起伏不平，坝区最强回波值43 dBZ，高度4.5 km，25 dBZ回波高度最高为8 km。坝区开始出现短时强降水。

13：04 PPI图上，回波由条状演变发展为片状，强度有所减弱，中心强度值38.9 dBZ，回波顶高7 km，> 30 dBZ回波面积136 km²。RHI回波剖面图上，回波高度大大降低，25 dBZ回波高度最高为7 km。13：33 PPI图上，强回波面积进一步收缩，> 30 dBZ回波面积76 km²，回波中心强度39.4 dBZ，回波顶高6.2 km。RHI回波剖面图上，回波顶部变平坦，最强回波值39.9 dBZ，高度4.5 km，25 dBZ回波高度最高7 km。坝区降水最强时段在12：30—13：00，短时强降水。

13：33以后，坝区附近回波快速减弱，至14：03，第一波对流云强降水结束。但在坝区东部还有一片层状云降水回波存在，回波中心值31.1 dBZ，回波顶高4.4 km。该回波快速西移到坝区附近后，又开始发展加强，至 15：02，回波在坝区附近回波中心值 37.1 dBZ，回波顶高 7 km，回波面积扩大，15：02—16：00 受此回波影响，给坝区带来第二波连续性降水，至 17：00 降水结束。

从此次暴雨的连续回波演变来看，属对流云降水回波为主、层状云降水回波为辅，回波先是呈条状、后演变为片状，移动方向总体呈自东向西，回波在坝区东面生成，然后向坝区移动，在坝区附近快速发展加强并形成强降水，在移过坝区后就开始减弱。回波边缘不规则，移动缓慢，强回波中心值达到 42.5 dBZ，回波顶高 7 km，回波面积相对较小，回波持续时间约 7 h。RHI 回波剖面图上，最强回波 43 dBZ，回波顶部起伏大，回波顶高度＜ 9 km，对流发展一般。

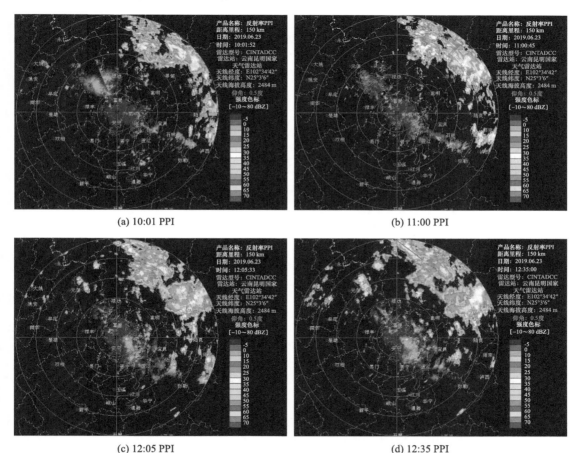

(a) 10:01 PPI　　　　　　　　　　　　　　(b) 11:00 PPI

(c) 12:05 PPI　　　　　　　　　　　　　　(d) 12:35 PPI

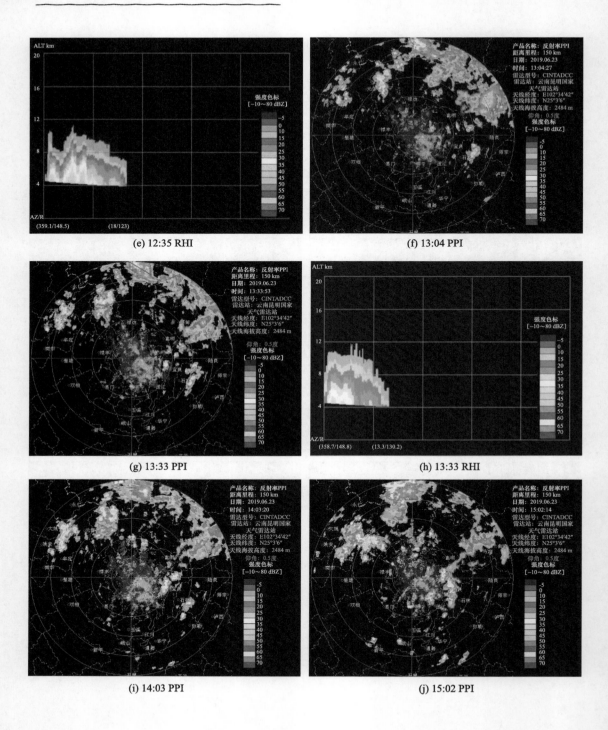

(e) 12:35 RHI

(f) 13:04 PPI

(g) 13:33 PPI

(h) 13:33 RHI

(i) 14:03 PPI

(j) 15:02 PPI

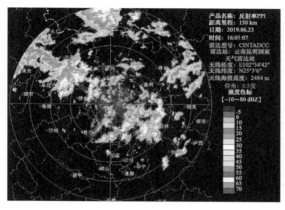

(k) 16:01 PPI

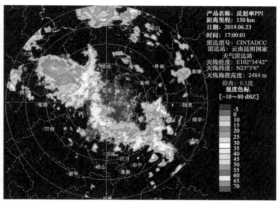

(l) 17:00 PPI

附图 1.83　2019 年 6 月 23 日昆明雷达 0.5° 仰角回波特征分布

本次暴雨天气过程有如下特征：

①降水性质：属强对流性暴雨，小时降水量大，最大 1 h 降水量 23.2 mm，降水持续时间短，突发性和局地性强，空间分布极不均匀（1 个站暴雨，3 个站大雨，3 个站中雨），左岸大于右岸。

②环流形势：500 hPa 为东亚大槽末端分裂槽影响，700 hPa 为西南涡横向切变和川西高原切变共同影响，地面有冷空气入侵、准静止锋西推影响。

③回波类型：属对流云降水回波为主、层状云降水回波为辅。回波呈条状、片状，边缘不规则，回波面积小、中心强度大，持续时间短，强回波中心值 42.5 dBZ，局地性和突发性强，回波顶高 7 km，对流垂直发展一般。

④回波移动方向：回波自东向西，在坝区局地发展加强。

附录 2　短时强降水过程典型个例集

附 2.1　低涡（低压）型短时强降水过程典型个例集

个例 1：2014 年 6 月 28 日乌东德水电站坝区短时强降水过程

（1）降水特点概述

2014 年 6 月 27 日 20：00—28 日 20：00 乌东德水电站坝区（以下简称坝区）出现了一次短时强降水过程，降水量空间分布不均，24 h 累积降水量（mm）：乌东德站 34.1、大茶铺站 18.9、雷家包站 20.5、左导进站 33.1、前期营地站 31.1、马头上站 31.3、金坪子站 24.0。乌东德站逐小时降水量变化显示（附图 2.1），降水主要出现在 27 日 20：00—21：00、28 日 05：00—13：00，降水强度大，最大小时雨强为 17.3 mm/h（28 日 9：00—10：00），强降水持续时间为 1 h。小时雨强在时间演变上呈现的不均匀特征表明降水过程中存在着中尺度甚至小尺度强对流系统活动。这次短时强降水过程具有降水量空间分布不均、局地性明显、强度大、强降水持续时间短的特点。

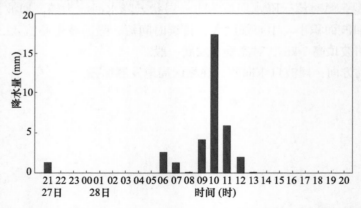

附图 2.1　2014 年 6 月 27 日 20：00 至 28 日 20：00 乌东德站逐小时降水量

（2）环流背景分析

分析 500 hPa 位势高度场和风场，28 日 14 时（附图 2.2）西太平洋副热带高压 588 线西脊点位于 118°E 附近，孟加拉湾北部为脊区，南海地区有热带低压，昆明、曲靖地区有低涡，坝区位于低涡西北象限。15 日 20 时至 16 日 20 时形势维持，坝区为西偏南/西偏北/西风/东北（WSW/WNW/W/NE）气流（27 日 20 时为西偏南气流（WSW），风速为 2 m/s；28 日 02 时为西偏北气流（WNW），风速为 4 m/s；28 日 08 时为西风气流（W），风速为 1 m/s；28 日 20 时为东北气流（NE），风速为 2 m/s）。

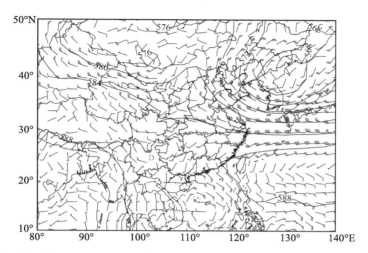

附图 2.2　2014 年 6 月 28 日 14 时 500 hPa 位势高度场（蓝线，单位：dagpm）和
风场（单位：m/s）（D：低压中心，红点：坝区）

　　分析 700 hPa 位势高度场、风场和比湿场，27 日 20 时川西高原南部、坝区、曲靖形成 1 条西北—东南向的切变线，坝区比湿＞ 12 g/kg。28 日 08 时至 14 时坝区为低涡控制，比湿＞ 11 g/kg。28 日 14 时（附图 2.3）坝区为低涡控制，比湿＞ 11 g/kg。

　　分析海平面气压场，28 日 14 时（附图 2.4）坝区位于冷高压边缘，地面气压＞ 1007.5 hPa。从 27 日 20 时至 28 日 14 时，坝区 18 h 正变压为 2.5 hPa，近地层有浅薄冷空气影响坝区。

　　综合分析高低空系统配置，近地层有浅薄冷空气活动；低层有低涡和切变线，比湿＞ 11 g/kg；中层有低涡。在对流层低层高湿背景下，地面浅薄冷空气配合中低层低涡触发和维持了强降水。

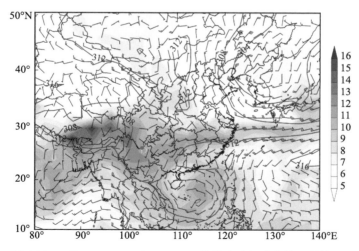

附图 2.3　2014 年 6 月 28 日 14 时 700 hPa 位势高度场（蓝线，单位：dagpm）、
风场（单位：m/s）和比湿（阴影，单位：g/kg）（D：低涡，红点：坝区）

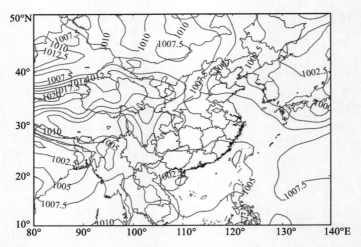

附图 2.4　2014 年 6 月 28 日 14 时海平面气压场（蓝线，单位：hPa）（红点：坝区）

个例 2：2014 年 7 月 4 日乌东德水电站坝区短时强降水过程

（1）降水特点概述

2014 年 7 月 3 日 20：00—4 日 20：00 乌东德水电站坝区出现了一次短时强降水过程，降水量空间分布不均，24 h 累积降水量（mm）：乌东德站 24.0、大茶铺站 11.0、雷家包站 16.8、左导进站 31.3、前期营地站 23.3、马头上站 25.5、金坪子站 14.6。左导进站逐小时降水量变化显示（附图 2.5），降水主要出现在 3 日 20：00—4 日 01：00，降水强度大，最大小时雨强为 24.9 mm/h（3 日 20：00—21：00），强降水持续时间为 1 h。小时雨强在时间演变上呈现的不均匀特征表明降水过程中存在着中尺度甚至小尺度强对流系统活动。这次短时强降水过程具有降水量空间分布不均、局地性明显、强度大、强降水持续时间短的特点。

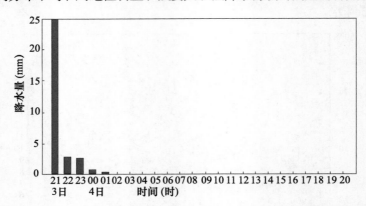

附图 2.5　2014 年 7 月 3 日 20：00 至 4 日 20：00 左导进站逐小时降水量

（2）环流背景分析

分析 500 hPa 位势高度场和风场，3 日 20 时（附图 2.6）孟加拉湾北部有热带低压发展，西太平洋副热带高压 588 线西脊点位于 120°E 附近，重庆至坝区以东形成 1 条东北—西南向的槽，坝区为槽后西北（NW）气流，风速为 6 m/s，孟湾低压向坝区输送了充沛的水汽和能量。

　　分析 700 hPa 位势高度场、风场和比湿场，与 500 hPa 形势类似，3 日 20 时（附图 2.7）孟加拉湾北部有热带低压发展，云贵交界地区有低涡形成。孟湾低压向坝区输送了充沛的水汽和能量，坝区比湿 > 11 g/kg。

　　分析海平面气压场，4 日 02 时（附图 2.8）坝区位于冷高压边缘，地面气压 > 1005.0 hPa。从 3 日 14 时至 4 日 02 时，坝区 12 h 正变压为 2.5 hPa，近地层有浅薄冷空气影响坝区。

　　综合分析高低空系统配置，近地层有浅薄冷空气活动；低层有低涡，比湿 > 11 g/kg；中层为槽后西北（NW）气流。孟湾低压向坝区输送了充沛的水汽和能量，在对流层低层高湿背景下，地面浅薄冷空气配合低层低涡触发和维持了强降水。

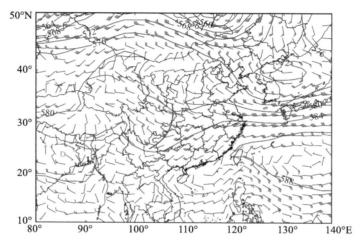

附图 2.6　2014 年 7 月 3 日 20 时 500 hPa 位势高度场（蓝线，单位：dagpm）和
风场（单位：m/s）（D：孟湾低压中心，棕粗线：槽线，红点：坝区）

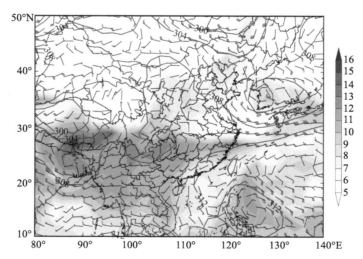

附图 2.7　2014 年 7 月 3 日 20 时 700 hPa 位势高度场（蓝线，单位：dagpm）、
风场（单位：m/s）和比湿（阴影，单位：g/kg）（D：低压中心，红点：坝区）

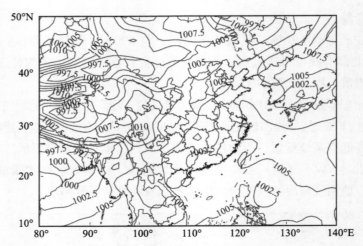

附图2.8　2014年7月4日02时海平面气压场（蓝线，单位：hPa）
（G：高压中心，红点：坝区）

个例3：2018年6月22日乌东德水电站坝区短时强降水过程

（1）降水特点概述

2018年6月21日20：00—22日20：00乌东德水电站坝区（以下简称坝区）出现了一次短时强降水过程，降水量空间分布不均，24 h累积降水量（mm）：乌东德站27.5、大茶铺站40.4、雷家包站41.9、左导进站40.8、前期营地站25.3、马头上站25.2、金坪子站47.6。金坪子站逐小时降水量变化显示（附图2.9），降水出现在22日02：00—12：00、16：00—17：00，降水强度大，最大小时雨强为26.0 mm/h（22日03：00—04：00），强降水持续时间为2 h。这次短时强降水过程具有降水量空间分布均匀、强度大、强降水持续时间长的特点。

（2）环流背景分析

分析500 hPa位势高度场和风场，22日02时（附图2.10）孟加拉湾西部有热带低压发展，滇缅地区为高压环流，坝区为高压环流外围（东北部）的西风（W）气流，风速为2 m/s，孟湾低压向坝区输送了充沛的水汽和能量。

分析700 hPa位势高度场、风场和比湿场，与500 hPa形势类似，22日02时（附图2.11）孟加拉湾有热带低压发展，低涡中心位于滇东北，坝区为低涡西部的西南（SW）气流，风速为4 m/s，比湿＞11 g/kg。孟湾低压向坝区输送了充沛的水汽和能量。

分析海平面气压场，22日02时（附图2.12）坝区位于冷高压边缘，地面气压＞1002.5 hPa。从21日20时至22日08时，坝区12 h正变压为2.5 hPa，近地层有浅薄冷空气影响坝区。

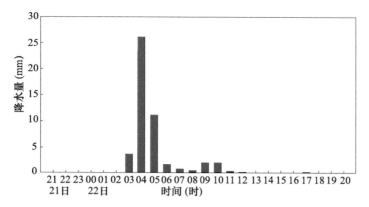

附图 2.9　2018 年 6 月 21 日 20：00 至 22 日 20：00 金坪子站逐小时降水量

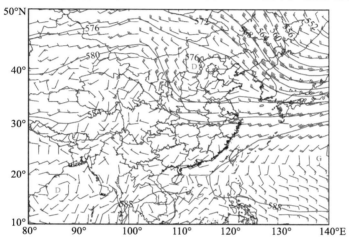

附图 2.10　2018 年 6 月 22 日 02 时 500 hPa 位势高度场（蓝线，单位：dagpm）和
风场（单位：m/s）（D：孟湾低压中心，棕粗线：槽线，红点：坝区）

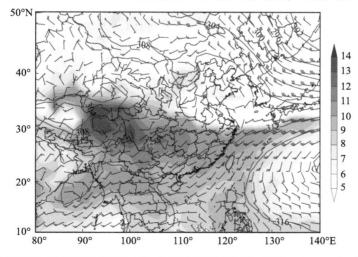

附图 2.11　2018 年 6 月 22 日 02 时 700 hPa 位势高度场（蓝线，单位：dagpm）、风场（单位：m/s）
和比湿（阴影，单位：g/kg）（G：高压中心，D：低压中心，红点：坝区）

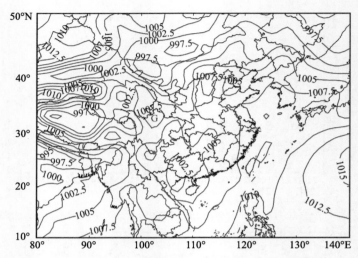

附图 2.12　2018 年 6 月 22 日 02 时海平面气压场（蓝线，单位：hPa）
（G：高压中心，红点：坝区）

综合分析高低空系统配置，近地层有浅薄冷空气活动；低层有低涡，比湿 > 11 g/kg；中层为高压环流外围（东北部）的西风（W）气流。孟湾低压向坝区输送了充沛的水汽和能量，在对流层低层高湿背景下，地面浅薄冷空气配合低层低涡触发和维持了强降水。

个例 4：2014 年 7 月 8 日乌东德水电站坝区短时强降水过程

（1）降水特点概述

2014 年 7 月 7 日 20：00—8 日 20：00 乌东德水电站坝区（以下简称坝区）出现了一次短时强降水过程，降水量空间分布不均，24 h 累积降水量（mm）：乌东德站 8.4、大茶铺站 33.8、雷家包站 27.6、左导进站 39.5、前期营地站 4.2、马头上站 27.1、金坪子站 27.2。左导进站逐小时降水量变化显示（附图 2.13），降水主要出现在 7 日 01：00—03：00、8 日 15：00—16：00，降水强度大，最大小时雨强为 38.3 mm/h（7 日 01：00—02：00），强降水持续时间为 1 h。小时雨强在时间演变上呈现的不均匀特征表明降水过程中存在着中尺度甚至小尺度强对流系统活动。这次短时强降水过程具有降水量空间分布不均、局地性明显、强度大、强降水持续时间短的特点。

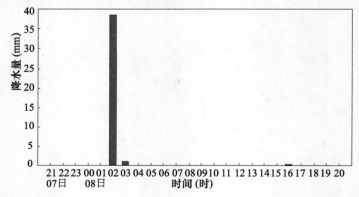

附图 2.13　2014 年 7 月 7 日 20：00 至 8 日 20：00 左导进站逐小时降水量

（2）环流背景分析

分析 500 hPa 位势高度场和风场，8 日 02 时（附图 2.14）中南半岛北部有热带低压形成，坝区大陆高压南侧的东风（E）气流，风速为 2 m/s。

分析 700 hPa 位势高度场、风场和比湿场，与 500 hPa 形势类似，8 日 02 时（附图 2.15）中南半岛北部有热带低压形成，坝区大陆高压西侧的偏南（SSE）气流，风速为 4 m/s。中南半岛北部热带低压向坝区输送了充沛的水汽和能量，坝区比湿＞ 11 g/kg。

分析海平面气压场，8 日 02 时（附图 2.16）坝区位于冷高压边缘，地面气压＞ 1005.0 hPa。从 7 日 20 时至 8 日 02 时，坝区 6 h 正变压为 2.5 hPa，近地层有浅薄冷空气影响坝区。

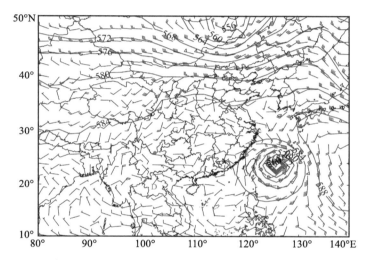

附图 2.14　2014 年 7 月 8 日 02 时 500 hPa 位势高度场（蓝线，单位：dagpm）和风场（单位：m/s）（D：低压中心，G：高压中心，红点：坝区）

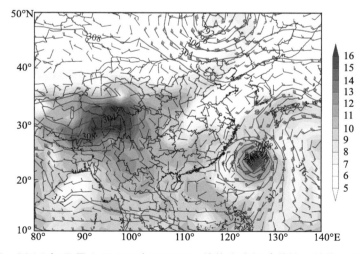

附图 2.15　2014 年 7 月 8 日 02 时 700 hPa 位势高度场（蓝线，单位：dagpm）、风场（单位：m/s）和比湿（阴影，单位：g/kg）（D：低压中心，G：高压中心，红点：坝区）

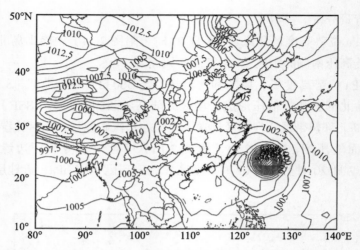

附图 2.16　2014 年 7 月 8 日 02 时海平面气压场（蓝线，单位：hPa）
（G：高压中心，红点：坝区）

综合分析高低空系统配置，近地层有浅薄冷空气活动；中低层中南半岛北部有热带低压形成，向坝区输送了充沛的水汽和能量，比湿 > 11 g/kg。中南半岛北部有热带低压形成，向坝区输送了充沛的水汽和能量，在对流层低层高湿背景下，地面浅薄冷空气配合中低层热带低压触发和维持了强降水。

个例 5：2014 年 8 月 5 日乌东德水电站坝区短时强降水过程

（1）降水特点概述

2014 年 8 月 4 日 20：00—5 日 20：00 乌东德水电站坝区（以下简称坝区）出现了一次短时强降水过程，降水量空间分布不均，24 h 累积降水量（mm）：乌东德站 42.2、大茶铺站 15.7、雷家包站 4.2、左导进站 33.7、前期营地站 32.0、马头上站 10.0、金坪子站 0.1。乌东德站逐小时降水量变化显示（附图 2.17），降水主要出现在 5 日 00：00—03：00、10：00—11：00、14：00—16：00，降水强度大，最大小时雨强为 38.7 mm/h（5 日 14：00—15：00），强降水持续时间为 1 h。小时雨强在时间演变上呈现的不均匀特征表明降水过程中存在着中尺度甚至小尺度强对流系统活动。这次短时强降水过程具有降水量空间分布不均、局地性明显、强度大、强降水持续时间短的特点。

（2）环流背景分析

分析 500 hPa 位势高度场和风场，5 日 14 时（附图 2.18）孟加拉湾和中南半岛有热带低压发展，台湾东南部有台风"夏浪"，副高中心位于长江口，坝区为副高外围的偏东（ESE）气流，风速为 2 m/s。

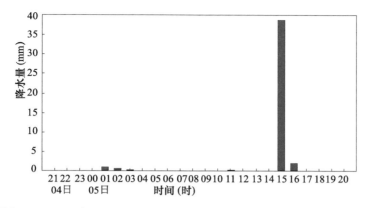

附图 2.17   2014 年 8 月 4 日 20：00 至 5 日 20：00 乌东德站逐小时降水量

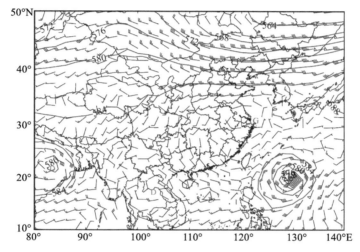

附图 2.18   2014 年 8 月 5 日 14 时 500 hPa 位势高度场（蓝线，单位：dagpm）和
风场（单位：m/s）（D：低压中心，G：高压中心，红点：坝区）

　　分析 700 hPa 位势高度场、风场和比湿场，与 500 hPa 形势类似，5 日 14 时（附图 2.19）孟加拉湾和中南半岛有热带低压发展，台湾东南部有台风"夏浪"，副高中心位于安徽南部，坝区为副高外围（西侧）的西南（SW）气流，风速为 2 m/s，坝区比湿＞ 10 g/kg。

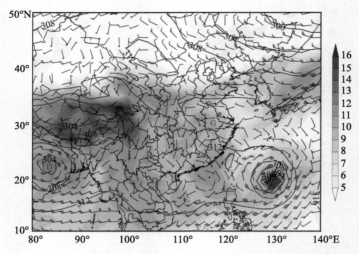

附图 2.19　2014 年 8 月 5 日 14 时 700 hPa 位势高度场（蓝线，单位：dagpm）、
风场（单位：m/s）和比湿（阴影，单位：g/kg）（D：低压中心，G：高压中心，红点：坝区）

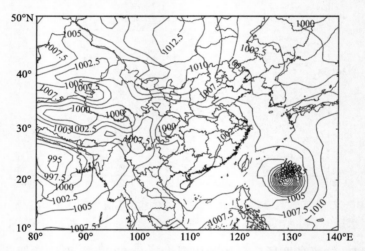

附图 2.20　2014 年 8 月 5 日 14 时海平面气压场（蓝线，单位：hPa）
（G：高压中心，红点：坝区）

分析海平面气压场，5 日 14 时（附图 2.20）坝区地面气压 > 1005.0 hPa，近地层无冷空气影响。

综合分析高低空系统配置，近地层无冷空气影响；中低层中南半岛有热带低压形成，向坝区输送了充沛的水汽和能量，比湿 > 10 g/kg。中南半岛有热带低压形成，向坝区输送了充沛的水汽和能量，在对流层低层高湿背景下，中低层热带低压触发和维持了强降水。

个例 6：2018 年 7 月 22 日乌东德水电站坝区短时强降水过程

（1）降水特点概述

2018 年 7 月 21 日 20：00—22 日 20：00 乌东德水电站坝区（以下简称坝区）出现了一次短时强降水过程，降水量空间分布不均，24 h 累积降水量（mm）：乌东德站 21.8、大茶铺站 20.9、雷家包站 11.5、左导进站 22.4、前期营地站 19.3、马头上站 22.8、金坪子站 14.5。马头上站逐小时降水量变化显示（附图 2.21），降水出现在 21 日 21：00—23：00、22 日 01：00—02：00，降水强度大，最大小时雨强为 22.6 mm/h（21 日 21：00—22：00），强降水持续时间为 1 h。这次短时强降水过程具有降水量空间分布均匀、强度大、强降水持续时间短的特点。

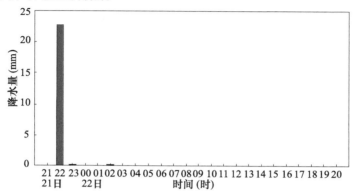

附图 2.21　2018 年 7 月 21 日 20：00 至 22 日 20：00 马头上站逐小时降水量

（2）环流背景分析

分析 500 hPa 位势高度场和风场，21 日 20 时（附图 2.22）南海、孟加拉湾有热带低压发展，西行台风"安比"中心位于浙江以东洋面，西太平洋副热带高压中心位于朝鲜西部，坝区为高压环流外围（南侧）偏东（ENE）气流，风速为 6 m/s。

分析 700 hPa 位势高度场、风场和比湿场，与 500 hPa 形势类似，21 日 20 时（附图 2.23）南海、孟加拉湾有热带低压发展，西行台风"安比"中心位于浙江以东洋面，西太平洋副热带高压中心位于朝鲜西部，坝区为副高外围（西侧）的东南（SE）气流，风速为 2 m/s，比湿 > 10 g/kg。南海热带低压向坝区输送了充沛的水汽和能量。

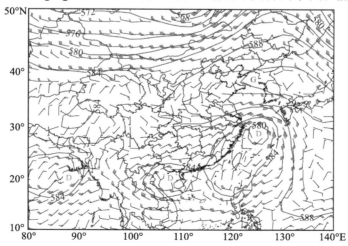

附图 2.22　2018 年 7 月 21 日 20 时 500 hPa 位势高度场（蓝线，单位：dagpm）和风场（单位：m/s）（D：低压中心，G：高压中心，红点：坝区）

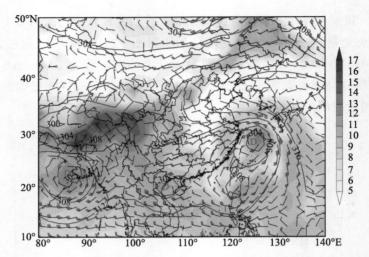

附图 2.23　2018 年 7 月 21 日 20 时 700 hPa 位势高度场（蓝线，单位：dagpm）、风场（单位：m/s）和比湿（阴影，单位：g/kg）（D：低压中心，G：高压中心，红点：坝区）

　　分析海平面气压场，21 日 20 时（附图 2.24）坝区位于冷高压边缘，地面气压＞1005.0 hPa。从 21 日 20 时至 22 日 02 时，坝区 6 h 正变压为 2.5 hPa，近地层有浅薄冷空气影响坝区。

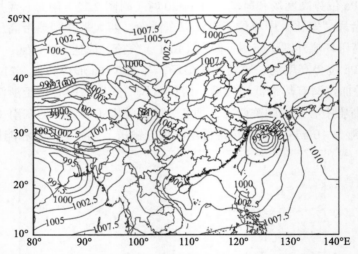

附图 2.24　2018 年 7 月 21 日 20 时海平面气压场（蓝线，单位：hPa）
（G：高压中心，红点：坝区）

　　综合分析高低空系统配置，近地层有浅薄冷空气活动；中低层南海有热带低压形成，向坝区输送了充沛的水汽和能量，比湿＞10 g/kg。南海有热带低压形成，向坝区输送了充沛的水汽和能量，在对流层低层高湿背景下，地面浅薄冷空气配合中低层南海低压触发和维持了强降水。

附 2.2　低空切变线型短时强降水过程典型个例集

个例 1：2014 年 5 月 2 日乌东德水电站坝区短时强降水过程

（1）降水特点概述

2014 年 5 月 1 日 20：00—2 日 20：00 乌东德水电站坝区（以下简称坝区）出现了一次短时强降水过程，降水量空间分布不均，24 h 累积降水量（mm）：乌东德站 22.9、大茶铺站 9.1、雷家包站 3.8、左导进站 16.1、前期营地站 18.5、马头上站 19.3、金坪子站 2.0。乌东德站逐小时降水量变化显示（附图 2.25），降水主要出现在 2 日 3：00—5：00，降水强度大，最大小时雨强为 22.1 mm/h（2 日 3：00—4：00），强降水持续时间为 1 h。小时雨强在时间演变上呈现的不均匀特征表明降水过程中存在着中尺度甚至小尺度强对流系统活动。这次短时强降水过程具有降水量空间分布不均、局地性明显、强度大、强降水持续时间短的特点。

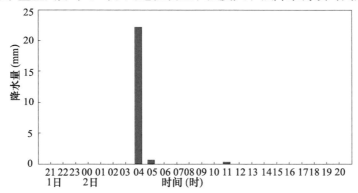

附图 2.25　2014 年 5 月 1 日 20：00 至 2 日 20：00 乌东德站逐小时降水量

（2）环流背景分析

分析 500 hPa 位势高度场和风场，2 日 02 时（附图 2.26）90°E 附近有低涡低槽，呈准南—北向，低涡中心位于青藏高原南部，坝区为低槽前西南气流控制，风速为 6 m/s。

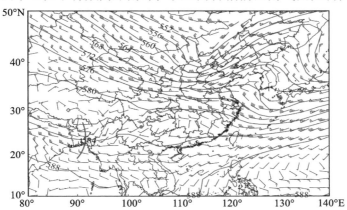

附图 2.26　2014 年 5 月 2 日 02 时 500 hPa 位势高度场（蓝线，单位：dagpm）和风场（单位：m/s）（D：低压中心，棕粗线：槽线，红点：坝区）

分析700 hPa位势高度场、风场和比湿场，2日02时（附图2.27）西太平洋副热带高原西脊点位于110°E附近，孟加拉湾为高压环流控制，川西高原南部、坝区、贵州东部形成1条西北—东南向的切变线，坝区比湿＞7 g/kg。

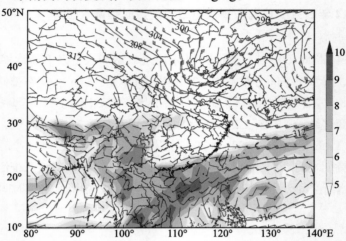

附图2.27　2014年5月2日02时700 hPa位势高度场（蓝线，单位：dagpm）、
风场（单位：m/s）和比湿（阴影，单位：g/kg）（红粗线：切变线，红点：坝区）

分析海平面气压场，2日02时（附图2.28）坝区位于冷高压边缘，地面气压＞1012.5 hPa。从1日20时至2日02时，坝区6h正变压达5 hPa，近地层有浅薄冷空气影响坝区。

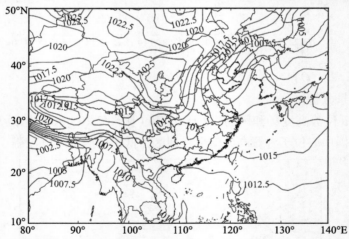

附图2.28　2014年5月2日02时海平面气压场（蓝线，单位：hPa）（G：高压中心，红点：坝区）

综合分析高低空系统配置，近地层有浅薄冷空气活动；低层有切变线，比湿＞7 g/kg，中层为低涡低槽槽前西南气流。在对流层低层高湿背景下，地面浅薄冷空气配合低层切变线触发和维持了强降水。

个例2：2014年6月16日乌东德水电站坝区短时强降水过程

（1）降水特点概述

2014年6月15日20：00—16日20：00乌东德水电站坝区（以下简称坝区）出现了

一次短时强降水过程，降水量空间分布不均，24 h 累积降水量（mm）：乌东德站 33.3、大茶铺站 14.7、雷家包站 13.5、左导进站 18.9、前期营地站 43.2、马头上站 32.9、金坪子站 14.6。前期营地站逐小时降水量变化显示（附图 2.29），降水主要出现在 16 日 00：00—05：00、11：00—20：00，降水强度大，最大小时雨强为 26.5 mm/h（16 日 3：00—4：00），强降水持续时间为 1 h。小时雨强在时间演变上呈现的不均匀特征表明降水过程中存在着中尺度甚至小尺度强对流系统活动。这次短时强降水过程具有降水量空间分布不均、局地性明显、强度大、强降水持续时间短的特点。

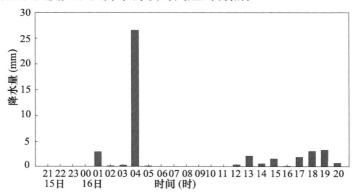

附图 2.29　2014 年 6 月 15 日 20：00 至 16 日 20：00 前期营地站逐小时降水量

（2）环流背景分析

分析 500 hPa 位势高度场和风场，16 日 02 时（附图 2.30）孟加拉湾东部有热带低压发展，四川盆地至青藏高原东部有横槽，坝区为副高外围 WSW 气流 6 m/s。15 日 20 时至 16 日 20 时形势维持，坝区为副高外围 WSW/SW/W 气流（15 日 20 时坝区为 WSW 气流 4 m/s、16 日 08 时坝区为 SW 气流 8 m/s、16 日 14 时坝区为 W 气流 6 m/s、16 日 20 时坝区为 WSW 气流 8 m/s）。

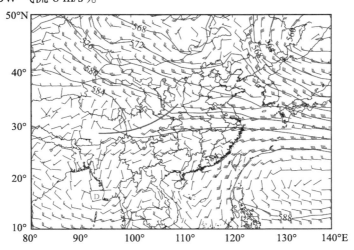

附图 2.30　2014 年 6 月 16 日 02 时 500 hPa 位势高度场（蓝线，单位：dagpm）和风场（单位：m/s）（D：低压中心，棕粗线：槽线，红点：坝区）

分析 700 hPa 位势高度场、风场和比湿场，16 日 02 时（附图 2.31）川西高原南部、坝区、昭通形成 1 条西北—东南向的切变线，坝区比湿＞ 11 g/kg。16 日 14 时（图略）滇西北、坝区、昭通形成 1 条西北—东南向的切变线，坝区比湿＞ 10 g/kg。

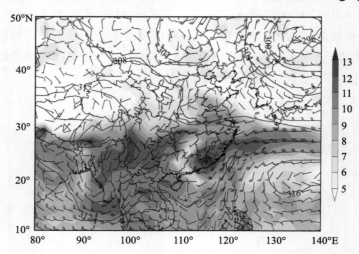

附图 2.31　2014 年 6 月 16 日 02 时 700 hPa 位势高度场（蓝线，单位：dagpm）、风场（单位：m/s）和比湿（阴影，单位：g/kg）（红粗线：切变线，红点：坝区）

分析海平面气压场，16 日 02 时（附图 2.32）坝区位于冷高压边缘，地面气压＞ 1005 hPa。从 15 日 20 时至 16 日 20 时，坝区 24 h 正变压为 5.0 hPa，近地层有浅薄冷空气影响坝区。

综合分析高低空系统配置，近地层有浅薄冷空气活动；低层有切变线，比湿＞ 10 g/kg；中层为副高外围 WSW/SW/W 气流，孟加拉湾东部有热带低压发展，坝区北部有横槽维持。在对流层低层高湿背景下，地面浅薄冷空气配合低层切变线触发和维持了强降水。

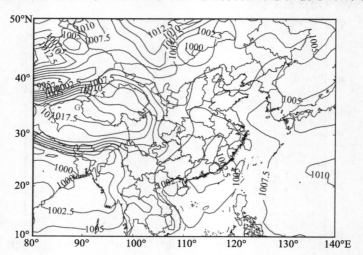

附图 2.32　2014 年 6 月 16 日 02 时海平面气压场（蓝线，单位：hPa）（G：高压中心，红点：坝区）

个例 3：2015 年 7 月 2 日乌东德水电站坝区短时强降水过程

（1）降水特点概述

2015 年 7 月 1 日 20：00—2 日 20：00 乌东德水电站坝区（以下简称坝区）出现了一次短时强降水天气过程，降水量空间分布不均，24 h 累积降水量（mm）：乌东德站 30.3、大茶铺站 30.7、雷家包站 28.9、左导进站 35.2、前期营地站 24.6、马头上站 22.3、金坪子站 25.4。左导进站逐小时降水量变化显示（附图 2.33），降水出现在 1 日 21：00—2 日 00：00，降水强度大，最大小时雨强为 24.0 mm/h（1 日 23：00—2 日 00：00），强降水持续时间为 2 h。小时雨强在时间演变上呈现的不均匀特征表明降水过程中存在着中尺度甚至小尺度强对流系统活动。这次短时强降水过程具有降水量空间分布均匀、强度大、强降水持续时间长的特点。

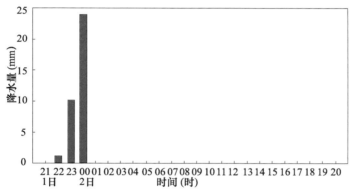

附图 2.33　2015 年 7 月 1 日 20：00—2 日 20：00 左导进站逐小时降水量

（2）环流背景分析

分析 500 hPa 位势高度场和风场，1 日 20 时（附图 2.34）孟加拉湾北部有热带低压发展，滇缅之间为高压环流，坝区为高压环流北侧西风气流，风速为 4 m/s。

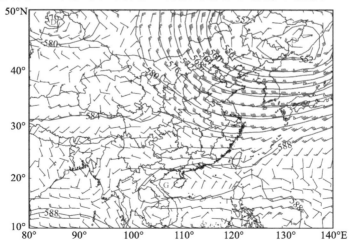

附图 2.34　2015 年 7 月 1 日 20 时 500 hPa 位势高度场（蓝线，单位：dagpm）和
风场（单位：m/s）（D：低压中心，G：高压中心，红点：坝区）

分析 700 hPa 位势高度场、风场和比湿场，1 日 20 时（附图 2.35）贵州、坝区、川西高原南部形成 1 条东—西向的切变线，坝区比湿＞ 11 g/kg。

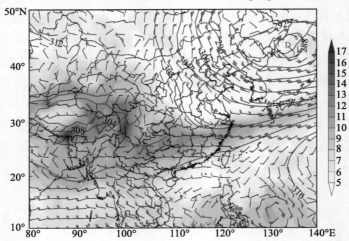

附图 2.35　2015 年 7 月 1 日 20 时 700 hPa 位势高度场（蓝线，单位：dagpm）、风场（单位：m/s）和比湿（阴影，单位：g/kg）（红粗线：切变线，红点：坝区）

分析海平面气压场，1 日 20 时（附图 2.36）坝区位于冷高压边缘，地面气压＞ 1002.5 hPa。从 1 日 20 时至 2 日 02 时，坝区 6 h 正变压 2.5 hPa，近地层有浅薄冷空气影响坝区。

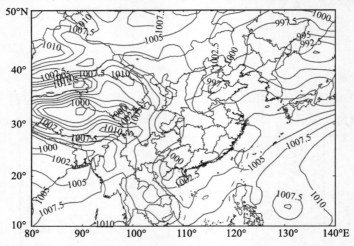

附图 2.36　2015 年 7 月 1 日 20 时海平面气压场（蓝线，单位：hPa）（G：高压中心，红点：坝区）

综合分析高低空系统配置，近低层有浅薄冷空气活动；低层有切变线，比湿＞ 11 g/kg，中层为高压环流北侧西风气流。在对流层低层高湿背景下，地面浅薄冷空气配合低层切变线触发和维持了强降水。

个例 4：2015 年 9 月 6 日乌东德水电站坝区短时强降水过程

（1）降水特点概述

2015 年 9 月 5 日 20：00—6 日 20：00 乌东德水电站坝区（以下简称坝区）出现了一次

短时强降水过程，降水量空间分布不均，24 h 累积降水量（mm）：乌东德站 54.7、大茶铺站 51.6、雷家包站 49.0、左导进站 48.4、前期营地站 65.0、马头上站 52.5、金坪子站 54.2。前期营地站逐小时降水量变化显示（附图 2.37），降水出现在 6 日 00：00—12：00，降水强度大，最大小时雨强为 22.1 mm/h（6 日 02：00—03：00），强降水持续时间为 3 h。这次短时强降水过程具有降水量空间分布均匀、强度大、强降水持续时间长的特点。

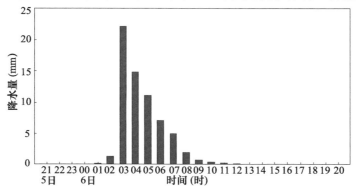

附图 2.37　2015 年 9 月 5 日 20：00 至 6 日 20：00 前期营地站逐小时降水量

（2）环流背景分析

分析 500 hPa 位势高度场和风场，6 日 02 时（附图 2.38）孟加拉湾有热带低压发展，坝区为西太平洋副热带高压外围的西南气流，风速为 2 m/s。至 6 日 14 时形势稳定少动，坝区为副高外围的西南或西北气流（6 日 08 时为西南气流，风速为 2 m/s，6 日 14 时为西北气流，风速为 2 m/s）。

分析 700 hPa 位势高度场、风场和比湿场，6 日 02 时（附图 2.39）滇东北、坝区、滇西北为东北—西南向切变线，坝区比湿＞11 g/kg。至 08 时切变线维持，坝区比湿＞11 g/kg。14 时后，切变线南压。

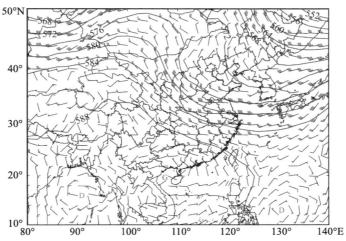

附图 2.38　2015 年 9 月 6 日 02 时 500 hPa 位势高度场（蓝线，单位：dagpm）和风场（单位：m/s）（D：低压中心，G：高压中心，红点：坝区）

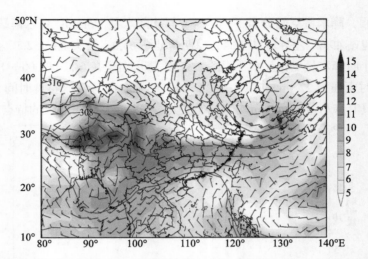

附图 2.39　2015 年 9 月 6 日 02 时 700 hPa 位势高度场（蓝线，单位：dagpm）、风场（单位：m/s）和比湿（阴影，单位：g/kg）（红粗线：切变线，红点：坝区）

分析海平面气压场，5 日 20 时（附图 2.40）坝区位于冷高压边缘，地面气压＞ 1007.5 hPa。从 5 日 20 时至 6 日 08 时，坝区 12 h 正变压 5.0 hPa，近地层有浅薄冷空气影响坝区。

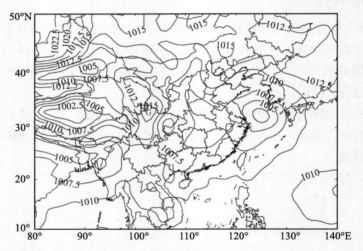

附图 2.40　2015 年 9 月 5 日 20 时海平面气压场（蓝线，单位：hPa）（G：高压中心，红点：坝区）

综合分析高低空系统配置，近低层有浅薄冷空气活动；低层有切变线，比湿＞ 11 g/kg，中层为副高外围的西南或西北气流。在对流层低层高湿背景下，地面浅薄冷空气配合低层切变线触发和维持了强降水。

个例 5：2017 年 7 月 1 日乌东德水电站坝区短时强降水过程

（1）降水特点概述

2017 年 6 月 30 日 20：00—7 月 1 日 20：00 乌东德水电站坝区（以下简称坝区）出现了一次短时强降水过程，降水量空间分布不均，24 h 累积降水量（mm）：乌东德站 25.4、大茶铺站 22.7、雷家包站 18.5、左导进站 23.8、前期营地站 22.4、马头上站 36.9、金坪子站 19.5。马头上站逐小时降水量变化显示（附图 2.41），降水出现在 30 日 20：00—1 日 00：00、02：00—06：00、19：00—20：00，降水强度大，最大小时雨强为 25.3 mm/h（30 日 20：00—21：00），强降水持续时间为 1 h。这次短时强降水过程具有降水量空间分布均匀、强度大、强降水持续时间短的特点。

（2）环流背景分析

分析 500 hPa 位势高度场和风场，30 日 20 时（附图 2.42）孟加拉湾有热带低压发展，重庆、贵州中部、滇东为一东北—西南向高空槽，坝区为槽后西北气流，风速为 6 m/s。至 7 月 1 日 02 时，高空槽东移至湖北西部、贵州中部、滇东南一线，呈东北—西南向，坝区为槽后北风气流，风速为 4 m/s。

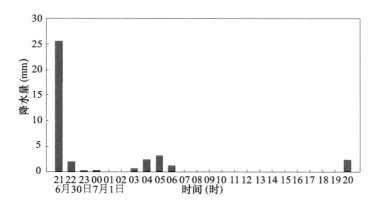

附图 2.41　2017 年 6 月 30 日 20：00 至 7 月 1 日 20：00 马头上站逐小时降水量

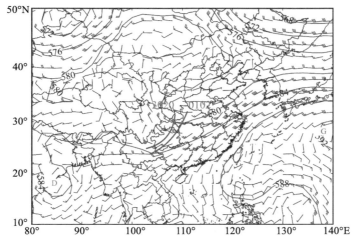

附图 2.42　2017 年 6 月 30 日 20 时 500 hPa 位势高度场（蓝线，单位：dagpm）和风场（单位：m/s）
（棕粗线：槽线，G：高压中心，D：低压中心，红点：坝区）

分析 700 hPa 位势高度场、风场和比湿场，30 日 20 时（附图 2.43）贵州中部、坝区、川西高原南部形成一条东—西向切变线，坝区为西偏南（WSW）气流，风速为 2 m/s，比湿＞ 10 g/kg。至 7 月 1 日 02 时切变线稳定少动，坝区为西南（SW）气流，风速为 2 m/s，比湿＞ 10 g/kg。

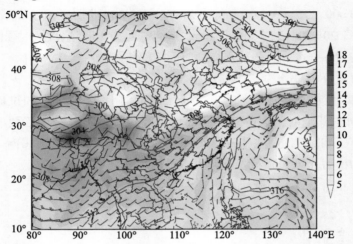

附图 2.43　2017 年 6 月 30 日 20 时 700 hPa 位势高度场（蓝线，单位：dagpm）、风场（单位：m/s）和比湿（阴影，单位：g/kg）（G：高压中心，D：低压中心，红粗线：切变线，红点：坝区）

分析海平面气压场，30 日 20 时（附图 2.44）至 1 日 02 时坝区地面气压＞ 1005.0 hPa，坝区无冷空气影响。

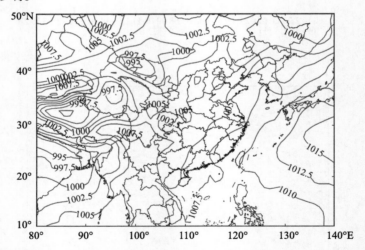

附图 2.44　2017 年 6 月 30 日 20 时海平面气压场（蓝线，单位：hPa）
（G：高压中心，红点：坝区）

综合分析高低空系统配置，低层有切变线，比湿＞ 10 g/kg，中层为高空槽后的西北或北风（NW/N）气流。在对流层低层高湿背景下，低层切变线触发和维持了强降水。

个例 6：2017 年 8 月 2 日乌东德水电站坝区短时强降水过程

（1）降水特点概述

2017 年 8 月 1 日 20：00—2 日 20：00 乌东德水电站坝区（以下简称坝区）出现了一次

短时强降水过程，降水量空间分布不均，24 h 累积降水量（mm）：乌东德站 21.9、大茶铺站 7.2、雷家包站 8.8、左导进站 6.2、前期营地站 14.5、马头上站 4.3、金坪子站 9.2。乌东德站逐小时降水量变化显示（附图 2.45），降水出现在 1 日 21：00—23：00，降水强度大，最大小时雨强为 21.8 mm/h（1 日 21：00—22：00），强降水持续时间为 1 h。这次短时强降水过程具有降水量空间分布不匀、局地性明显、强度大、强降水持续时间短的特点。

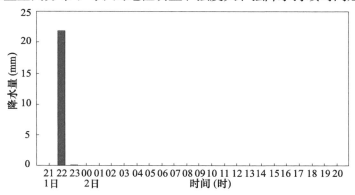

附图 2.45　2017 年 8 月 1 日 20：00 至 2 日 20：00 乌东德站逐小时降水量

（2）环流背景分析

分析 500 hPa 位势高度场和风场，8 月 1 日 20 时（附图 2.46）滇缅之间为高压脊，坝区为脊前的东北（NE）气流，风速为 4 m/s。至 2 日 02 时形势稳定少动。

分析 700 hPa 位势高度场、风场和比湿场，1 日 20 时（附图 2.47）滇东南、滇西北形成西北—东南向低涡切变线，坝区为切变线北侧东风（E）气流，风速为 2 m/s，比湿＞ 11 g/kg。至 2 日 02 时，切变线东移北抬，滇东南、坝区、川西高原南部形成一条南—北向切变线，坝区为南风（S）气流，风速为 4 m/s，比湿＞ 10 g/kg。

分析海平面气压场，1 日 20 时（附图 2.48）坝区位于冷高压边缘，地面气压＞ 1002.5 hPa。从 1 日 20 时至 2 日 02 时，坝区 6 h 正变压 2.5 hPa，近地层有浅薄冷空气影响坝区。

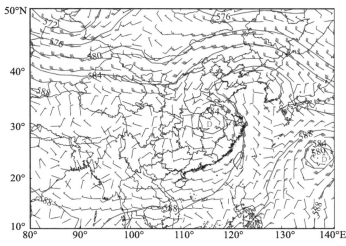

附图 2.46　2017 年 8 月 1 日 20 时 500 hPa 位势高度场（蓝线，单位：dagpm）和
风场（单位：m/s）（D：低压中心，红点：坝区）

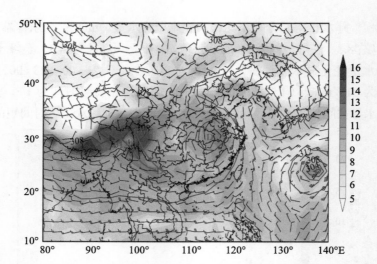

附图 2.47　2017 年 8 月 1 日 20 时 700 hPa 位势高度场（蓝线，单位：dagpm）、
风场（单位：m/s）和比湿（阴影，单位：g/kg）（D：低压中心，红粗线：切变线，红点：坝区）

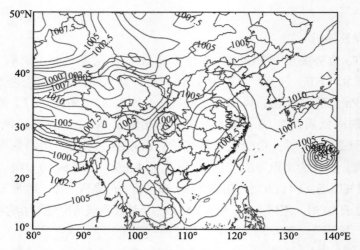

附图 2.48　2017 年 8 月 1 日 20 时海平面气压场（蓝线，单位：hPa）
（G：高压中心，红点：坝区）

　　综合分析高低空系统配置，近低层有浅薄冷空气活动；低层有切变线，比湿＞10 g/kg，中层为高压脊前东北（NE）气流。在对流层低层高湿背景下，地面浅薄冷空气配合低层切变线触发和维持了强降水。

个例 7：2019 年 6 月 23 日乌东德水电站坝区短时强降水过程

（1）降水特点概述

　　2019 年 6 月 22 日 20：00—23 日 20：00 乌东德水电站坝区（以下简称坝区）出现了一次短时强降水过程，降水量空间分布不均，24 h 累积降水量（mm）：乌东德站 29.8、大茶铺站 28.6、雷家包站 14.1、左导进站 26.2、前期营地站 22.1、马头上站 52.0、金坪子站

14.0。马头上站逐小时降水量变化显示（附图 2.49），降水出现在 23 日 10：00—17：00，降水强度大，最大小时雨强为 23.2 mm/h（23 日 12：00—13：00），强降水持续时间为 2 h。这次短时强降水过程具有降水量空间分布不均、局地性明显、强度大、强降水持续时间长的特点。

（2）环流背景分析

分析 500 hPa 位势高度场和风场，23 日 08 时（附图 2.50）坝区为高压环流外围（东北侧）的西北（NW）气流，风速为 4 m/s。至 14 时，形势维持，坝区为高压环流外围（东北侧）的西北（NW）气流，风速为 4 m/s。

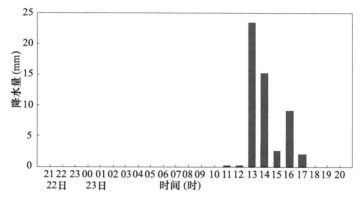

附图 2.49　2019 年 6 月 22 日 20：00—23 日 20：00 马头上站逐小时降水量

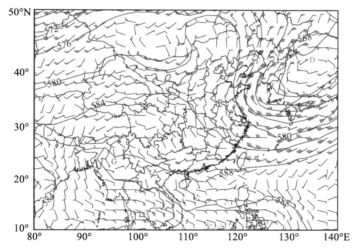

附图 2.50　2019 年 6 月 23 日 08 时 500 hPa 位势高度场（蓝线，单位：dagpm）和风场（单位：m/s）（G：高压中心，D：低压中心，红点：坝区）

分析 700 hPa 位势高度场、风场和比湿场，23 日 08 时（附图 2.51），贵州南部、坝区、川西高原南部形成一条东—西向切变线，坝区为偏南（SSW）气流，风速为 4 m/s，比湿 > 12 g/kg。至 14 时，切变线维持少动，坝区为西南（SW）气流，风速为 4 m/s，比湿＞ 13 g/kg。

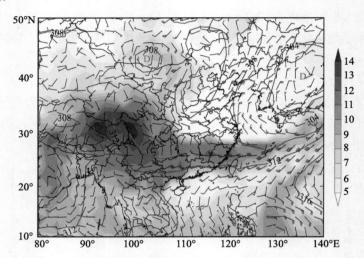

附图 2.51　2019 年 6 月 23 日 08 时 700 hPa 位势高度场（蓝线，单位：dagpm）、风场（单位：m/s）和比湿（阴影，单位：g/kg）（G：高压中心，D：低压中心，红粗线：切变线，红点：坝区）

分析海平面气压场，23 日 08 时（附图 2.52）坝区位于冷高压边缘，地面气压＞1005.0 hPa，近地层有浅薄冷空气影响坝区。

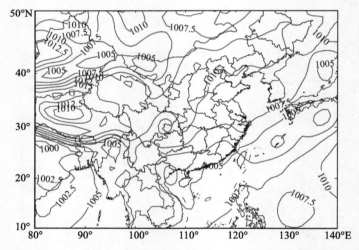

附图 2.52　2019 年 6 月 23 日 08 时海平面气压场（蓝线，单位：hPa）（G：高压中心，红点：坝区）

综合分析高低空系统配置，近低层有浅薄冷空气活动；低层有切变线，比湿＞ 12 g/kg，中层为高压环流外围（东北侧）的西北（NW）气流。在对流层低层高湿背景下，地面浅薄冷空气配合低层切变线触发和维持了强降水。

附 2.3　两高辐合区型短时强降水过程典型个例集

个例 1：2014 年 8 月 18 日乌东德水电站坝区短时强降水过程

（1）降水特点概述

2014 年 8 月 17 日 20：00—18 日 20：00 乌东德水电站坝区（以下简称坝区）出现了一次短时强降水过程，降水量空间分布不均，24 h 累积降水量（mm）：乌东德站 35.2、大茶铺站 26.6、雷家包站 23.6、左导进站 58.4、前期营地站 31.2、马头上站 31.5、金坪子站 23.4。左导进站逐小时降水量变化显示（附图 2.53），降水主要出现在 18 日 10：00—11：00、12：00—15：00、16：00—18：00，降水强度大，最大小时雨强为 38.0 mm·h⁻¹（18 日 12：00—13：00），强降水持续时间为 2 h。小时雨强在时间演变上呈现的不均匀特征表明降水过程中存在着中尺度甚至小尺度强对流系统活动。这次短时强降水过程具有降水量空间分布不均、局地性明显、强度大、强降水持续时间长的特点。

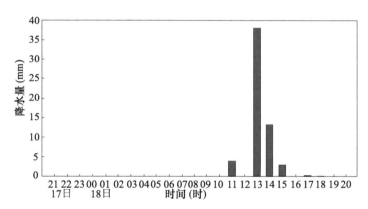

附图 2.53　2014 年 8 月 17 日 20：00—18 日 20：00 左导进站逐小时降水量

（2）环流背景分析

分析 500 hPa 位势高度场和风场，18 日 14 时（附图 2.54）坝区南北各有一个高压，中心分别位于青海北部、北部湾，坝区为两高之间的辐合区。

分析 700 hPa 位势高度场、风场和比湿场，18 日 14 时（附图 2.55）与 500 hPa 相似，坝区南北各有一个高压，中心分别位于青海北部、北部湾，坝区为两高之间的辐合区。坝区比湿 > 10 g/kg。

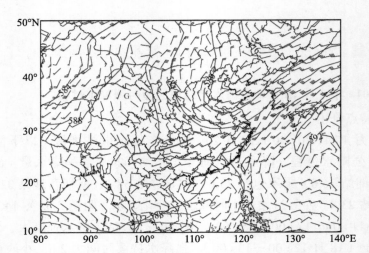

附图 2.54　2014 年 8 月 18 日 14 时 500 hPa 位势高度场（蓝线，单位：dagpm）和
风场（单位：m/s）（G：高压中心，棕粗线：辐合区，红点：坝区）

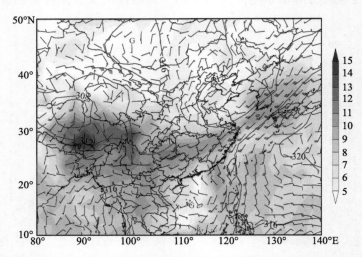

附图 2.55　2014 年 8 月 18 日 14 时 700 hPa 位势高度场（蓝线，单位：dagpm）、风场（单位：m/s）
和比湿（阴影，单位：g/kg）（G：高压中心，红粗线：辐合区，红点：坝区）

　　分析海平面气压场，18 日 14 时（附图 2.56）坝区位于冷高压边缘，地面气压
＞ 1012.5 hPa。从 18 日 08 时至 14 时，坝区 6 h 正变压为 2.5 hPa，近地层有浅薄冷空气
影响坝区。

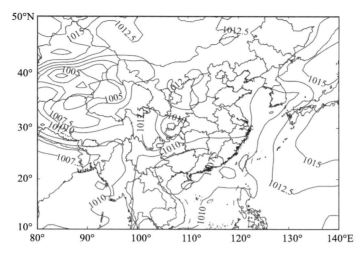

附图 2.56　2014 年 8 月 1 日 08 时海平面气压场（蓝线，单位：hPa）（红点：坝区）

综合分析高低空系统配置，近地层有浅薄冷空气活动；中低层为两高辐合区，比湿 > 10 g/kg。在对流层低层高湿背景下，地面浅薄冷空气配合中低层两高辐合区触发和维持了强降水。

个例 2：2015 年 6 月 11 日乌东德水电站坝区短时强降水过程

（1）降水特点概述

2015 年 6 月 10 日 20∶00—11 日 20∶00 乌东德水电站坝区（以下简称坝区）出现了一次短时强降水过程，降水量空间分布不均，24 h 累积降水量（mm）：乌东德站 20.9、大茶铺站 19.7、雷家包站 26.2、左导进站 17.0、前期营地站 12.6、马头上站 13.7、金坪子站 19.0。雷家包站逐小时降水量变化显示（附图 2.57），降水出现在 9 日 00∶00—11∶00、19∶00—20∶00，降水强度大，最大小时雨强为 23.3 mm/h（10 日 20∶00—21∶00），强降水持续时间为 1 h。小时雨强在时间演变上呈现的不均匀特征表明降水过程中存在着中尺度甚至小尺度强对流系统活动。这次短时强降水过程具有降水量空间分布均匀、强度大、强降水持续时间短的特点。

（2）环流背景分析

分析 500 hPa 位势高度场和风场，10 日 20 时（附图 2.58）坝区西北和东南方向各有一高压环流，中心分别位于新疆和西太平洋，贵州北部、坝区、滇西北为东—西向的两高辐合区（西太平洋副热带高压和大陆高压）。充沛的水汽和能量从孟加拉湾向坝区输送。

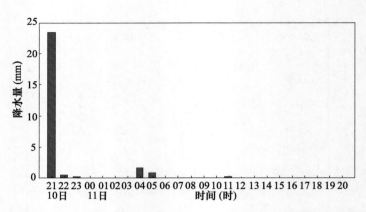

附图 2.57　2015 年 6 月 10 日 20：00—11 日 20：00 雷家包站逐小时降水量

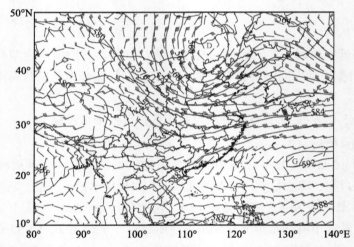

附图 2.58　2015 年 6 月 10 日 20 时 500 hPa 位势高度场（蓝线，单位：dagpm）和风场（单位：m/s）
（D：低压中心，G：高压中心，棕粗线：辐合区，红点：坝区）

　　分析 700 hPa 位势高度场、风场和比湿场，10 日 20 时（附图 2.59）与 500 hPa 相似，坝区西北和东南方向各有一高压环流，中心分别位于青藏高原东部和西太平洋，贵州北部、坝区、滇西北为东—西向两高辐合区（副高和大陆高压）。充沛的水汽和能量从孟加拉湾向坝区输送，坝区比湿＞ 10 g/kg。

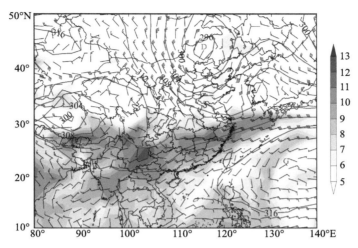

附图 2.59　2015 年 6 月 10 日 08 时 700 hPa 位势高度场（蓝线，单位：dagpm）、风场（单位：m/s）和比湿（阴影，单位：g/kg）（D：低压中心，G：高压中心，红粗线：辐合区，红点：坝区）

分析海平面气压场，10 日 20 时（附图 2.60）坝区位于冷高压边缘，地面气压＞1005.0 hPa。近地层有浅薄冷空气影响坝区。

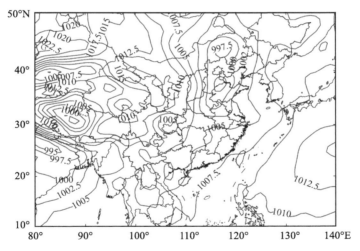

附图 2.60　2015 年 6 月 10 日 20 时海平面气压场（蓝线，单位：hPa）（G：高压中心，红点：坝区）

综合分析高低空系统配置，近地层有浅薄冷空气活动；中低层为两高辐合区，充沛的水汽和能量从孟加拉湾向坝区输送，比湿＞10 g/kg。充沛的水汽和能量从孟加拉湾向坝区输送；在对流层低层高湿背景下，地面浅薄冷空气配合中低层两高辐合区触发和维持了强降水。

个例 3：2016 年 7 月 15 日乌东德水电站坝区短时强降水过程

（1）降水特点概述

2016 年 7 月 14 日 20：00—15 日 20：00 乌东德水电站坝区（以下简称坝区）出现了一次短时强降水过程，降水量空间分布不均，24 h 累积降水量（mm）：乌东德站 44.3、大茶铺站 43.2、雷家包站 19.5、左导进站 39.3、前期营地站 35.5、马头上站 56.4、金坪子站 22.3。马头上站逐小时降水量变化显示（附图 2.61），降水出现在 14 日 22：00—15日 08：00、10：00—12：00，降水强度大，最大小时雨强为 28.8 mm/h（14 日 22：00—23：00），强降水持续时间为 1 h。这次短时强降水过程具有降水量空间分布均匀、强度大、强降水持续时间短的特点。

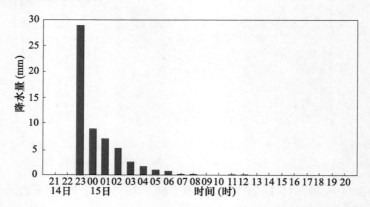

附图 2.61　2016 年 7 月 14 日 20：00 至 15 日 20：00 马头上站逐小时降水量

（2）环流背景分析

分析 500 hPa 位势高度场和风场，14 日 20 时（附图 2.62）坝区东西方向分别有两个高压中心，中心分别位于缅甸、中国台湾东部，四川中部、坝区、云南中部为南—北向的两高辐合区。

分析 700 hPa 位势高度场、风场和比湿场，14 日 20 时（附图 2.63）与 500 hPa 相似，坝区西北、东南方向分别有两个高压中心，中心分别位于青海西部、太平洋中部（西太平洋副热带高压），滇东北、坝区、滇西北为东—西向两高辐合区，坝区为南风（S）气流，风速为 2 m/s，坝区比湿＞12 g/kg。

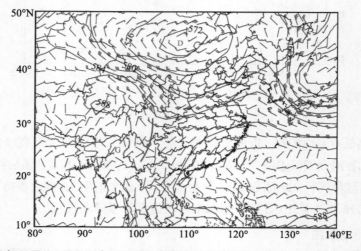

附图 2.62　2016 年 7 月 14 日 20 时 500 hPa 位势高度场（蓝线，单位：dagpm）和风场（单位：m/s）
（G：高压中心，D：低压中心，棕粗线：辐合区，红点：坝区）

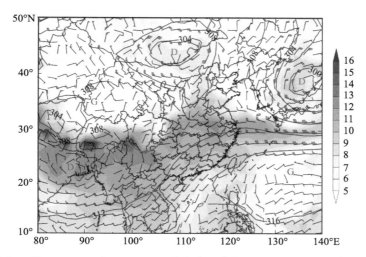

附图 2.63　2016 年 7 月 14 日 20 时 700 hPa 位势高度场（蓝线，单位：dagpm）、风场（单位：m/s）和比湿（阴影，单位：g/kg）（G：高压中心，D：低压中心，红粗线：辐合区，红点：坝区）

　　分析海平面气压场，14 日 20 时（附图 2.64）坝区位于冷高压边缘，地面气压＞1005.0 hPa。从 14 日 20 时至 15 日 02 时，坝区 6 h 正变压为 5.0 hPa，近地层有浅薄冷空气影响坝区。

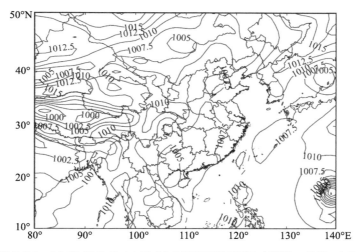

附图 2.64　2016 年 7 月 14 日 20 时海平面气压场（蓝线，单位：hPa）
（红点：坝区）

　　综合分析高低空系统配置，近地层有浅薄冷空气活动；中低层为两高辐合区，比湿＞ 12 g/kg。在对流层低层高湿背景下，地面浅薄冷空气配合中低层两高辐合区触发和维持了强降水。

　　个例 4：2017 年 7 月 7 日乌东德水电站坝区短时强降水过程

（1）降水特点概述

2017 年 7 月 6 日 20：00 至 7 日 20：00 乌东德水电站坝区（以下简称坝区）出现了

一次短时强降水过程，降水量空间分布不均，24 h 累积降水量（mm）：乌东德站 92.2、大茶铺站 71.6、雷家包站 65.2、左导进站 95.1、前期营地站 82.3、马头上站 86.4、金坪子站 64.8。左导进站逐小时降水量变化显示（附图 2.65），降水出现在 6 日 23：00—7 日 11：00，降水强度大，最大小时雨强为 46.1 mm/h（7 日 00：00—01：00），强降水持续时间为 2 h。这次短时强降水过程具有降水量空间分布均匀、强度大、强降水持续时间长的特点。

（2）环流背景分析

分析 500 hPa 位势高度场和风场，7 日 02 时（附图 2.66）坝区东西方向各有一个高压环流，中心分别位于缅甸北部和台湾东部 132°E 附近，四川南部、坝区、滇中为南—北向两高辐合区，坝区为南风（S）气流，风速为 2 m/s。充沛的水汽和能量从孟加拉湾和南海向坝区输送。

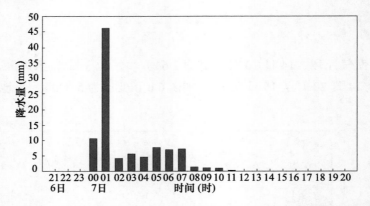

附图 2.65　2017 年 7 月 6 日 20：00—7 日 20：00 左导进站逐小时降水量

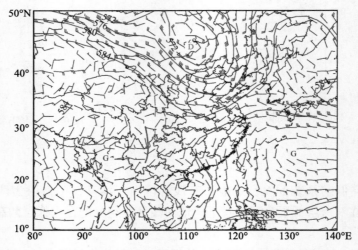

附图 2.66　2017 年 7 月 7 日 02 时 500 hPa 位势高度场（蓝线，单位：dagpm）和
风场（单位：m/s）（D：低压中心，G：高压中心，棕粗线：辐合区，红点：坝区）

　　分析 700 hPa 位势高度场、风场和比湿场，7 日 02 时（附图 2.67），滇东北、坝区、川西高原南部形成一条东—西向切变线，坝区为西南（SW）气流，风速为 6 m/s，比湿＞ 11 g/kg。

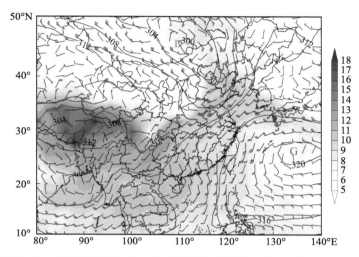

附图 2.67　2017 年 7 月 7 日 02 时 700 hPa 位势高度场（蓝线，单位：dagpm）、风场（单位：m/s）和比湿（阴影，单位：g/kg）（红粗线：切变线，D：低压中心，G：高压中心，红点：坝区）

　　分析海平面气压场，6 日 20 时（附图 2.68）坝区位于冷高压边缘，地面气压＞ 1002.5 hPa。从 6 日 20 时至 7 日 08 时，坝区 12 h 正变压 5.0 hPa，坝区受地面浅薄冷空气影响。

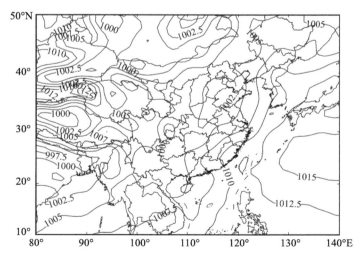

附图 2.68　2017 年 7 月 6 日 20 时海平面气压场（蓝线，单位：hPa）
（G：高压中心，红点：坝区）

　　综合分析高低空系统配置，近地层有浅薄冷空气活动；低层有切变线，中层为两高辐合区，充沛的水汽和能量从孟加拉湾和南海向坝区输送，比湿＞ 11 g/kg。充沛的水汽和能量从孟加拉湾和南海向坝区输送；在对流层低层高湿背景下，地面浅薄冷空气配合中层两高辐合区触发和维持了强降水。

附2.4 高空槽切变线型短时强降水过程典型个例集

个例1：2015年8月28日乌东德水电站坝区短时强降水过程

（1）降水特点概述

2015年8月27日20：00至28日20：00乌东德水电站坝区（以下简称坝区）出现了一次短时强降水过程，降水量空间分布不均，24 h累积降水量（mm）：乌东德站42.6、大茶铺站27.6、雷家包站27.0、左导进站27.9、前期营地站58.6、马头上站41.1、金坪子站36.9。前期营地站逐小时降水量变化显示（附图2.69），降水出现在27日20：00—28日06：00，降水强度大，最大小时雨强为24.1 mm/h（27日21：00—22：00），强降水持续时间为1 h。小时雨强在时间演变上呈现的不均匀特征表明降水过程中存在着中尺度甚至小尺度强对流系统活动。这次短时强降水过程具有降水量空间分布均匀、强度大、强降水持续时间短的特点。

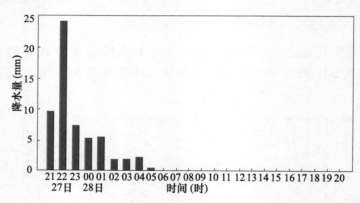

附图2.69 2015年8月27日20：00至28日20：00前期营地站逐小时降水量

（2）环流背景分析

分析500 hPa位势高度场和风场，27日20时（附图2.70）孟加拉湾有热带低压发展，贵州北部、川西高原南部为东—西横槽，坝区为西北（NW）气流，风速为4 m/s。至28日08时，横槽南压至贵州北部、坝区南部呈东北—西南向高空槽，坝区为西北（NW）气流，风速为2 m/s。

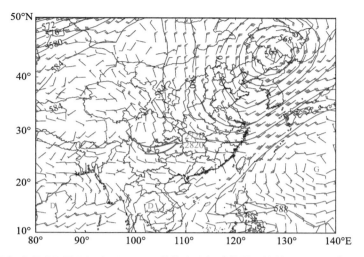

附图 2.70　2015 年 8 月 27 日 20 时 500 hPa 位势高度场（蓝线，单位：dagpm）和风场（单位：m/s）
（棕粗线：槽线，D：低压中心，G：高压中心，红点：坝区）

　　分析 700 hPa 位势高度场、风场和比湿场，27 日 20 时（附图 2.71）孟加拉湾有热带低压发展，贵州北部、坝区、川西高原南部为东—西向切变线，坝区比湿 > 11 g/kg。27 日 20 时至 28 日 02 时切变线维持，坝区比湿 > 11 g/kg。08 时以后，切变线南压。

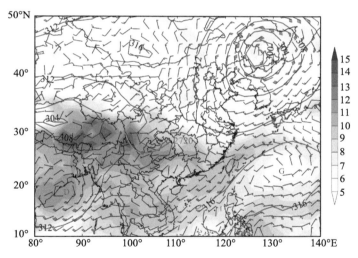

附图 2.71　2015 年 8 月 27 日 20 时 700 hPa 位势高度场（蓝线，单位：dagpm）、风场（单位：m/s）
和比湿（阴影，单位：g/kg）（红粗线：切变线，红点：坝区）

　　分析海平面气压场，27 日 20 时（附图 2.72）坝区位于冷高压边缘，地面气压 > 1007.5 hPa。从 27 日 20 时至 28 日 08 时，坝区 12 h 正变压 2.5 hPa，近地层有浅薄冷空气影响坝区。

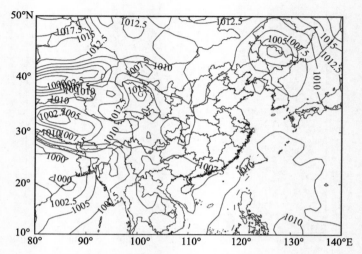

附图 2.72　2015 年 8 月 27 日 20 时海平面气压场（蓝线，单位：hPa）

（G：高压中心，红点：坝区）

综合分析高低空系统配置，近低层有浅薄冷空气活动；低层有切变线，比湿＞ 11 g/kg，中层有高空槽。在对流层低层高湿背景下，地面浅薄冷空气配合中层高空槽和低层切变线触发和维持了强降水。

个例 2：2018 年 6 月 8 日乌东德水电站坝区短时强降水过程

（1）降水特点概述

2018 年 6 月 7 日 20：00—8 日 20：00 乌东德水电站坝区（以下简称坝区）出现了一次短时强降水过程，降水量空间分布不均，24 h 累积降水量（mm）：乌东德站 3.2、大茶铺站 15.1、雷家包站 22.6、左导进站 14.4、前期营地站 3.3、马头上站 7.2、金坪子站 26.7。金坪子站逐小时降水量变化显示（附图 2.73），降水出现在 8 日 18：00—20：00，降水强度大，最大小时雨强为 21.4 mm/h（8 日 18：00—19：00），强降水持续时间为 1 h。这次短时强降水过程具有降水量空间分布不均、局地性明显、强度大、强降水持续时间短的特点。

（2）环流背景分析

分析 500 hPa 位势高度场和风场，8 日 14 时（附图 2.74）孟加拉湾有热带低压发展，四川盆地、四川南部、滇西形成一条东北—西南向的高空槽，坝区为高空槽前的偏西（WSW）气流，风速为 4 m/s。至 20 时形势维持，坝区为高空槽前的偏西（WSW）气流，风速为 4 m/s。

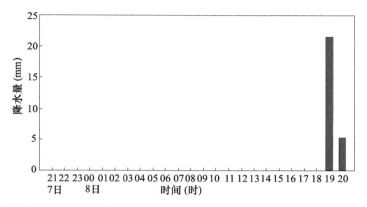

附图 2.73　2018 年 6 月 7 日 20：00—8 日 20：00 金坪子站逐小时降水量

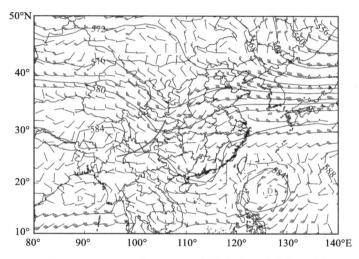

附图 2.74　2018 年 6 月 8 日 14 时 500 hPa 位势高度场（蓝线，单位：dagpm）和
风场（单位：m/s）（棕粗线：槽线，G：高压中心，D：低压中心，红点：坝区）

　　分析 700 hPa 位势高度场、风场和比湿场，8 日 14 时（附图 2.75），孟加拉湾有热带低压发展，滇东北、坝区、滇西北形成一条东—西向的切变线，坝区为西南（SW）气流，风速为 2 m/s，比湿＞ 10 g/kg。至 20 时，切变线南压，坝区为东风（E）气流，风速 2 m/s，比湿＞ 10 g/kg。

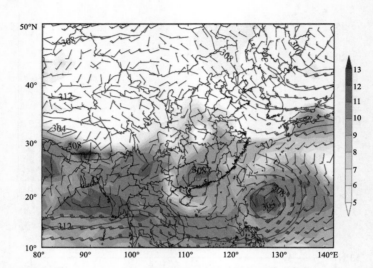

附图2.75　2018年6月8日14时700 hPa位势高度场（蓝线，单位：dagpm）、风场（单位：m/s）
和比湿（阴影，单位：g/kg）（G：高压中心，D：低压中心，红粗线：切变线，红点：坝区）

分析海平面气压场，8日14时（附图2.76）坝区位于冷高压边缘，地面气压＞
1002.5 hPa。从14时至20时，坝区6 h正变压5.0 hPa，坝区受地面浅薄冷空气影响。

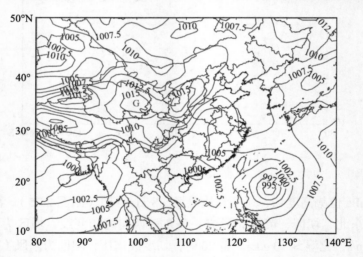

附图2.76　2018年6月8日14时海平面气压场（蓝线，单位：hPa）
（G：高压中心，红点：坝区）

综合分析高低空系统配置，近低层有浅薄冷空气；低层有切变线，比湿＞10 g/kg，
中层有高空槽。在对流层低层高湿背景下，地面浅薄冷空气配合中层高空槽和低层切变
线触发和维持了强降水。

附 2.5　副高外围偏南气流型短时强降水过程典型个例集

个例 1：2017 年 7 月 22 日乌东德水电站坝区短时强降水过程

（1）降水特点概述

2017 年 7 月 21 日 20：00—22 日 20：00 乌东德水电站坝区（以下简称坝区）出现了一次短时强降水过程，降水量空间分布不均，24 h 累积降水量（mm）：乌东德站 32.4、大茶铺站 15.7、雷家包站 10.5、左导进站 18.7、前期营地站 22.8、马头上站 16.3、金坪子站 34.8。金坪子站逐小时降水量变化显示（附图 2.77），降水出现在 22 日 05：00—12：00、15：00—17：00，降水强度大，最大小时雨强为 10.1 mm/h（22 日 07：00—08：00），强降水持续时间为 1 h。这次短时强降水过程具有降水量空间分布均匀、强度大、强降水持续时间短的特点。

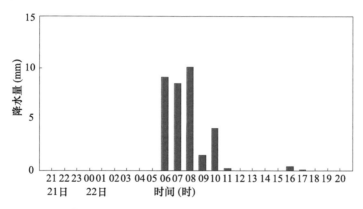

附图 2.77　2017 年 7 月 21 日 20：00—22 日 20：00 金坪子站逐小时降水量

（2）环流背景分析

分析 500 hPa 位势高度场和风场，22 日 08 时（附图 2.78）西太平洋副热带高压中心位于山东省，坝区为副高 588 线外围（西南侧）的偏东（ENE）气流，风速为 4 m/s。

分析 700 hPa 位势高度场、风场和比湿场，22 日 08 时（附图 2.79），南海有热带低压发展，西太平洋副热带高压中心位于浙江省，坝区为副高外围（西侧）偏南（SSE）气流，风速为 2 m/s，比湿 > 10 g/kg。

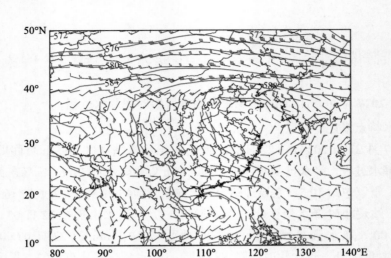

附图 2.78　2017 年 7 月 22 日 08 时 500 hPa 位势高度场（蓝线，单位：dagpm）和
风场（单位：m/s）（G：高压中心，红点：坝区）

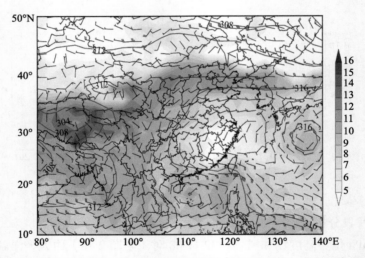

附图 2.79　2017 年 7 月 22 日 08 时 700 hPa 位势高度场（蓝线，单位：dagpm）、风场（单位：m/s）
和比湿（阴影，单位：g/kg）（G：高压中心，红点：坝区）

　　分析海平面气压场，21 日 20 时（附图 2.80）地面气压＞ 1007.5 hPa，从 21 日 20 时
至 22 日 08 时，坝区 12 h 正变压 5.0 hPa，坝区受地面浅薄冷空气影响。

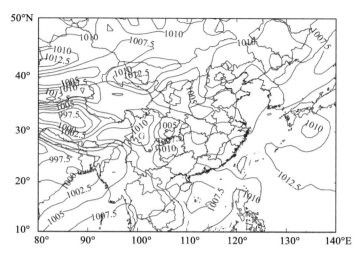

附图 2.80 2017 年 7 月 21 日 20 时海平面气压场（蓝线，单位：hPa）
（G：高压中心，红点：坝区）

综合分析高低空系统配置，近地层有浅薄冷空气；中层为副高外围的偏东（ENE）气流，低层为副高外围的偏南（SSE）气流，比湿 > 10 g/kg。在对流层低层高湿背景下，地面浅薄冷空气配合低层副高外围的偏南气流触发和维持了强降水。

附录3　降水预报结构框图

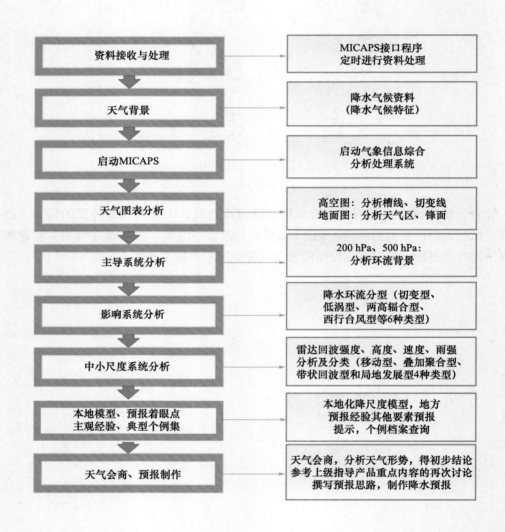

| 资料接收与处理 | → | MICAPS接口程序
定时进行资料处理 |

| 天气背景 | → | 降水气候资料
（降水气候特征） |

| 启动MICAPS | → | 启动气象信息综合
分析处理系统 |

| 天气图表分析 | → | 高空图：分析槽线、切变线
地面图：分析天气区、锋面 |

| 主导系统分析 | → | 200 hPa、500 hPa：
分析环流背景 |

| 影响系统分析 | → | 降水环流分型（切变型、
低涡型、两高辐合型、
西行台风型等6种类型） |

| 中小尺度系统分析 | → | 雷达回波强度、高度、速度、雨强
分析及分类（移动型、叠加聚合型、
带状回波型和局地发展型4种类型） |

| 本地模型、预报着眼点
主观经验、典型个例集 | → | 本地化降尺度模型，地方
预报经验其他要素预报
提示，个例档案查询 |

| 天气会商、预报制作 | → | 天气会商，分析天气形势，得初步结论
参考上级指导产品重点内容的再次讨论
撰写预报思路，制作降水预报 |

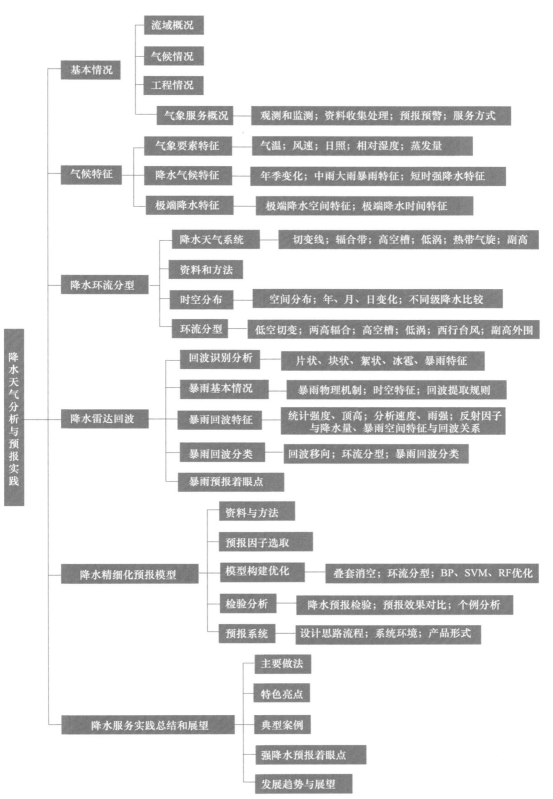

降水天气分析与预报实践
- 基本情况
  - 流域概况
  - 气候情况
  - 工程情况
  - 气象服务概况 — 观测和监测；资料收集处理；预报预警；服务方式
- 气候特征
  - 气象要素特征 — 气温；风速；日照；相对湿度；蒸发量
  - 降水气候特征 — 年季变化；中雨大雨暴雨特征；短时强降水特征
  - 极端降水特征 — 极端降水空间特征；极端降水时间特征
- 降水环流分型
  - 降水天气系统 — 切变线；辐合带；高空槽；低涡；热带气旋；副高
  - 资料和方法
  - 时空分布 — 空间分布；年、月、日变化；不同级降水比较
  - 环流分型 — 低空切变；两高辐合；高空槽；低涡；西行台风；副高外围
- 降水雷达回波
  - 回波识别分析 — 片状、块状、絮状、冰雹、暴雨特征
  - 暴雨基本情况 — 暴雨物理机制；时空特征；回波提取规则
  - 暴雨回波特征 — 统计强度、顶高；分析速度、雨强；反射因子与降水量、暴雨空间特征与回波关系
  - 暴雨回波分类 — 回波移向；环流分型；暴雨回波分类
  - 暴雨预报着眼点
- 降水精细化预报模型
  - 资料与方法
  - 预报因子选取
  - 模型构建优化 — 叠套消空；环流分型；BP、SVM、RF优化
  - 检验分析 — 降水预报检验；预报效果对比；个例分析
  - 预报系统 — 设计思路流程；系统环境；产品形式
- 降水服务实践总结和展望
  - 主要做法
  - 特色亮点
  - 典型案例
  - 强降水预报着眼点
  - 发展趋势与展望